东南亚区域地质与油气地质

姚永坚　高红芳　杨楚鹏　等　编著

海洋出版社

内 容 简 介

东南亚位于亚洲东南部，其东、南、西三面濒临太平洋和印度洋，是全球构造最复杂的地区之一，也是世界油气勘探开发比较早的地区之一，油气资源丰富，沉积盆地类型多样。这里不仅成为地球上研究板块构造、现代构造过程及中新生代地质构造活动最重要的区域和最好的天然实验室，而且找油找气仍然具有一定的潜力。《东南亚区域地质与油气地质》一书对现有资料和以往成果进行了全面的梳理和总结，结合已有的认识，深入研究了东南亚油气勘探现状与区域地质特征，系统阐述了18 个主要含油气盆地的油气地质特征，并通过对比研究，分析了东南亚南部岛弧盆地群的油气成藏特征及控制因素。该书的研究成果，希望能为进一步开展东南亚地区乃至西太平洋边缘大地构造、盆地地质与油气资源勘探开发研究等提供宝贵的素材。

本书可供从事区域地质、海洋地质、矿产资源勘探与开发的科技人员以及高等院校相关专业的师生参考。

图书在版编目(CIP)数据

东南亚区域地质与油气地质 / 姚永坚等编著.
北京 : 海洋出版社, 2024. 12. -- ISBN 978-7-5210
-1443-3

Ⅰ. P618.130.2

中国国家版本馆CIP数据核字第202549FC82号

审图号：GS（2024）1331 号

东南亚区域地质与油气地质
DONGNANYA QUYU DIZHI YU YOUQI DIZHI

责任编辑：王 溪 李世燕
责任印制：安 淼

海洋出版社 出版发行
http://www.oceanpress.com.cn
北京市海淀区大慧寺路 8 号 邮编：100081
鸿博昊天科技有限公司印刷 新华书店经销
2024年12月第1版 2024年12月第1次印刷
开本：880mm × 1230mm 1／16 印张：12.5
字数：320千字 图幅数：165幅 定价：238.00元
发行部：010-62100090 总编室：010-62100034
海洋版图书印、装错误可随时退换

《东南亚区域地质与油气地质》

作 者 名 单

姚永坚	高红芳	杨楚鹏	张伙带
朱荣伟	殷征欣	徐子英	吴　婵
唐江浪	徐　行	姚会强	韩　冰
王　哲	崔　娟	刘海龄	康永尚
祝　嵩	王改云	王历星	涂家铭
张　振			

序

东南亚位于亚洲的东南部，是欧亚板块、太平洋板块和印度–澳大利亚板块的交汇处，也是地质历史上特提斯构造域、太平洋构造域与印–澳构造域高度交叉复合的地区。该地区经历了板块俯冲、增生、拼合以及造山、裂谷、走滑等一系列地质作用，发育了一批具有洋壳性质的新生代边缘海和相应的沟弧体系，是全球构造最复杂的地区之一。因此，它成为地球上研究板块构造、现代构造过程及中新生代地质构造活动最重要的区域和最好的天然实验室。东南亚地区油气资源丰富，是世界油气勘探开发较早的地区之一，且沉积盆地众多、类型复杂，已发现近50个含油气盆地，其中以新生代沉积盆地为主。这些盆地分布在不同板块边缘和地质构造单元上，在油气成藏条件以及油气资源潜力上存在较大差异。虽然东南亚各国经济发展不平衡，油气勘探开发的时间和程度各不同，各含油气盆地投入的工作量也存在较大差别，但总体勘探开发程度仍然较低。根据从目前对该地区的地质认识，找油找气仍然具有一定的潜力。

《东南亚区域地质与油气地质》一书，在收集和整理大量区域地质、油气地质等资料的基础上，以图件结合文字说明的形式，较系统和全面地反映了东南亚区域地质、油气勘探历史和主要含油气盆地的油气地质特征。该书分为“东南亚油气勘探现状与区域地质”“含油气盆地各论”和“东南亚南部岛弧带盆地群对比研究”三大部分。其中，“东南亚油气勘探现状与区域地质”部分，详细展示了东南亚主要沉积盆地的勘探程度和油气田分布，在系统分析东南亚地区大地构造背景、区域地层分布规律、区域构造作用等地质特征的基础上，深入研究了东南亚地区特提斯缝合线、欧亚板块东南部边缘消减带以及板内断裂的线性构造特征，从成盆分析的角度划分了二级构造单元，对沉积盆地进行了系统的分类。“含油气盆地各论”部分，通过对盆地基础地质、油气成藏要素分析和典型油气藏的解剖，阐述了18个主要含油气盆地的油气地质特征，形成了对东南亚油气分布规律的整体认识。“东南亚南部岛弧带盆地群对比研究”部分，对缅甸—安达曼—苏门答腊—爪哇—班达岛弧带盆地群在地质构造特征及演化、生储盖组合等方面进行了对比研究，总结了该盆地群的油气成藏规律及控制因素。该书的研究成果不仅能深化对东南亚地区油气成藏规律的认识以及西太平洋边缘海许多重大地质问题的探讨，而且对这一地区含油气盆地、油气资源勘探与开发研究具有指导意义。

中国工程院院士 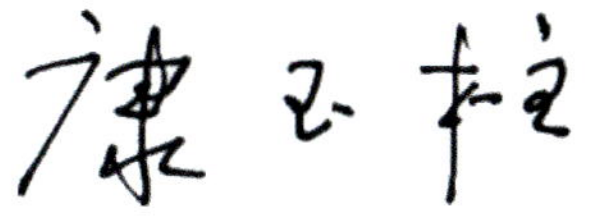

2024年7月25日

前　　言

东南亚地区位于亚洲东南部，即赤道附近，东、南、西三面濒临太平洋和印度洋，北靠亚洲大陆，包括中南半岛、加里曼丹岛、印度尼西亚群岛、巽他群岛和菲律宾群岛等岛屿，以及南海、苏禄海、苏拉威西海、班达海和安达曼海等边缘海，涉及国家有缅甸、老挝、柬埔寨、越南、泰国、新加坡、马来西亚、印度尼西亚、文莱、菲律宾和东帝汶11国。东南亚地区地质构造复杂，油气资源丰富，发育近百个规模大小不等的古、中、新生代沉积盆地或叠合盆地，盆地类型多样，分布在不同板块边缘和地质构造单元上，赋存油气资源的能力各异。各盆地油气地质特征不仅具有区域性，还存在差异性，总体表现“三多”的特点，即烃源岩和储层层位多，涵盖时代广，从古生界至新生界均有分布，以新生界为主；圈闭和油气藏类型多，以中新世圈闭和构造油气藏为主；生储盖组合方式多，油气评价和找油勘探目的层具有多样性。《东南亚区域地质与油气地质》是在系统总结分析东南亚区域地质基础上，以图件结合文字说明的形式，力求全面、明晰、科学、综合反映该地区主要含油气盆地的基础地质与油气地质特征，不仅能深化对该地区油气成藏规律的认识以及许多重大地质问题的探讨，而且对油气资源勘探和开发具有指导意义。

本书共分为三大部分，分别是“东南亚油气勘探现状与区域地质”部分、“含油气盆地各论”部分和“东南亚南部岛弧带盆地群对比研究”部分。其中，“东南亚油气勘探现状与区域地质”部分从整体上展示了东南亚地区油气勘探开发现状以及区域地质特征，包括沉积盆地与油气田分布、区域地层系统、区域构造背景以及主要盆地勘探程度等。该部分从成盆分析的角度划分了东南亚地区的二级构造单元，并对沉积盆地进行了分类。“含油气盆地各论”部分在本书中占据较大篇幅，重点介绍了东南亚地区18个主要含油气盆地的地层、构造、沉积-构造演化特征、油气成藏条件以及典型油气田（藏）的特点。研究表明，东南亚新生代沉积盆地中，弧后、前陆、裂谷和被动大陆边缘盆地最富集油气，也是东南亚各国油气资源勘探开发程度较高的盆地。“东南亚南部岛弧带盆地群对比研究”部分系统总结了缅甸—安达曼—苏门答腊—爪哇—班达岛弧带盆地群的地质构造特征、油气分布特点，并对岛弧主带弧后和弧前盆地群、西翼附带弧后盆地群进行了地层与构造、烃源岩、储层、盖层和油气成藏组合的对比研究，这些盆地在新生代沉积–构造演化上具有“早期有异，后期趋同”的特征，并综合分析了岛弧带盆地群油气分布的异同性及控制因素。

本书使用的资料主要来源为IHS 2009、IHS 2010、IHS 2021、Petroleum Geology of Southeast Asia（1997）、《BP世界能源统计（2009）》、USGS 2000、USGS 2009以及国内外公开发表的论文和出版的专著，以及项目组研究人员长期积累的成果，以图书出版的形式系统展示东南亚区域地质、盆地地质、油气地质以及油气分布规律的综合研究成果，目前尚属首次。在本书编辑过程中，得到了自然资源部油气资源战略研究中心各级领导和同志们的大力支持和热情帮助，在此表示衷心感谢！同时也要感谢编者所在单位领导和同仁们的支持！

本书编写分工：前言由姚永坚编写。第一部分由姚永坚、高红芳、吴婵、刘海龄、徐行、张伙带和殷征欣编写。第二部分，湄公盆地、马来-泰国湾盆地、文莱–沙巴盆地由高红芳、吴婵、徐子英编写；库泰盆地、打拉根盆地由韩冰、吴婵、徐子英编写；西北巴拉望盆地、钦敦盆地、缅甸中央盆地、安达曼海盆地、北苏门答腊盆地、中苏门答腊盆地、南苏门答腊盆地、西爪哇盆地和东爪哇盆地由姚永坚、朱荣伟、唐江浪、王哲、康永尚编写；马达班盆地由姚会强、王改云、王历星编写；帝汶盆地、北塞兰盆地和萨拉瓦蒂盆地由姚永坚、徐子英、康永尚、祝嵩编写。第三部分由姚永坚、杨楚鹏、徐子英、张伙带、殷征欣、姚会强编写。姚永坚、高红芳负责全文统稿，徐子英、吴婵参与部分章节统稿。全文插图由崔娟、涂家铭清绘。本书涉及研究内容多，参与编写的作者较多，书中难免出现论述挂一漏万，敬请各位读者批评指正。

本书获得国家自然科学基金项目（U20A20100、42276086、42106079）、中国地质调查局项目（DD20191009）、广州市科技计划项目（2023A04J0238）、极地地质与海洋矿产教育部重点实验室及中国地质大学（北京）海南研究院联合开放基金项目（编号：PGMR-2024-103）资助。

作 者

2023年4月25日

目　　录

1　东南亚油气勘探现状与区域地质

1-1 东南亚油气勘探现状 …… 2
1-1-1 东南亚沉积盆地分布图 …… 2
1-1-2 东南亚沉积盆地与主要油气田分布图 …… 3
1-1-3 东南亚油气田与管道设施分布图 …… 4
1-1-4 东南亚主要沉积盆地陆上勘探程度图 …… 5
1-1-5 东南亚主要沉积盆地海上勘探程度图 …… 6

1-2 东南亚区域地质 …… 7
1-2-1 东南亚区域地层对比图 …… 7
1-2-2 印支区域地质构造简图 …… 10
1-2-3 东南亚区域构造系统图 …… 11
1-2-4 东南亚主要断裂构造和缝合线分布图 …… 12
1-2-5 东南亚构造单元与沉积盆地分布图 …… 13
1-2-6 东南亚沉积盆地分布与分类图 …… 14
1-2-7 东南亚区域热流分布图 …… 16

2　含油气盆地各论

2-1　湄公盆地 …… 18
2-1-1　湄公盆地勘探形势图 …… 18

2-1-2 湄公盆地地质构造柱状图 …… 19
2-1-3 湄公盆地典型地质剖面图 …… 20
2-1-4 湄公盆地基底构造图 …… 21
2-1-5 湄公盆地构造格架图 …… 22
2-1-6 湄公盆地构造演化图 …… 23
2-1-7 湄公盆地地层和石油地质综合柱状图 …… 24
2-1-8 湄公盆地渐新世有机质生烃潜力及地球化学分析图 …… 25
2-1-9 湄公盆地典型油气田（藏）特征图 …… 26

2-2 马来－泰国湾盆地 …… 27
2-2-1 马来—泰国湾盆地构造格架图 …… 27
2-2-2 马来次盆油气田分布图 …… 28
2-2-3 泰国湾次盆油气田分布图 …… 29
2-2-4 马来次盆地层与石油地质综合柱状图 …… 30
2-2-5 泰国湾次盆地层与石油地质综合柱状图 …… 31
2-2-6 马来次盆沉积古环境及演化示意图 …… 32
2-2-7 马来次盆典型地质剖面图 …… 33
2-2-8 泰国湾次盆典型地质剖面图 …… 34
2-2-9 马来次盆含油气圈闭分布及主要油气勘探目标图 …… 35
2-2-10 马来次盆典型圈闭类型示意图 …… 36
2-2-11 泰国湾次盆含油气系统图 …… 37

2-3 文莱—沙巴盆地 …… 38
2-3-1 文莱—沙巴盆地油气地质与勘探形势图 …… 38
2-3-2 文莱—巴兰三角洲地区地层与石油地质综合柱状图 …… 39

2-3-3 沙巴次盆地层与石油地质综合柱状图 …… 40
2-3-4 文莱—沙巴盆地中新世沉积特征及演化示意图 …… 41
2-3-5 文莱—沙巴盆地晚中新世—第四纪沉积特征及演化示意图 …… 42
2-3-6 文莱—沙巴盆地构造分区图 …… 43
2-3-7 文莱—沙巴盆地构造格架图 …… 44
2-3-8 文莱—沙巴盆地典型地质剖面图 …… 44
2-3-9 文莱—沙巴盆地地温梯度与油气田分布图 …… 45
2-3-10 东巴兰三角洲构造类型及典型圈闭示意图 …… 46
2-3-11 文莱—沙巴盆地典型油气田（藏）特征图 …… 48

2-4 库泰盆地 …… 49
2-4-1 库泰盆地地理位置图 …… 49
2-4-2 库泰盆地油气田分布图 …… 50
2-4-3 库泰盆地地层与石油地质综合柱状图 …… 51
2-4-4 库泰盆地由陆至海年代地层对比图 …… 52
2-4-5 库泰盆地构造格架图 …… 53
2-4-6 库泰盆地典型地质剖面图 …… 54
2-4-7 库泰盆地构造演化图 …… 55
2-4-8 库泰盆地油气成藏系列图 …… 56
2-4-9 库泰盆地典型油气田（藏）特征图 …… 58

2-5 打拉根盆地 …… 59
2-5-1 打拉根盆地地层与石油地质综合柱状图 …… 59
2-5-2 打拉根盆地构造格架图 …… 60
2-5-3 打拉根盆地典型油气田（藏）特征图 …… 61

2-6 西北巴拉望盆地 …… 62
2-6-1 西北巴拉望盆地构造位置图 …… 62
2-6-2 西北巴拉望盆地油气田分布图 …… 63
2-6-3 西北巴拉望盆地地层与石油地质综合柱状图 …… 64
2-6-4 西北巴拉望盆地上渐新统—下中新统碳酸盐岩顶部构造图 …… 65
2-6-5 西北巴拉望盆地油气成藏模式及典型油气田（藏）特征图 …… 66

2-7 钦敦盆地 …… 67
2-7-1 钦敦盆地大地构造位置与盆地构造格架图 …… 67
2-7-2 钦敦盆地地层与石油地质综合柱状图 …… 68
2-7-3 钦敦盆地典型地质剖面图 …… 69
2-7-4 钦敦盆地生储盖组合表 …… 70
2-7-5 钦敦盆地典型油气田（藏）特征图 …… 71

2-8 缅甸中央盆地 …… 72
2-8-1 缅中盆地区域构造位置图 …… 72
2-8-2 缅中盆地地层与石油地质综合柱状图 …… 73
2-8-3 缅中盆地始新统—中新统等厚图 …… 74
2-8-4 沙林次盆构造格架图 …… 75
2-8-5 皮亚次盆和伊洛瓦底三角洲次盆构造格架图 …… 76
2-8-6 缅中盆地典型油气田（藏）特征图 …… 77

2-9 马达班盆地 …… 78
2-9-1 马达班盆地油气田分布图 …… 78
2-9-2 马达班盆地地层与石油地质综合柱状图 …… 79

2-9-3 马达班盆地构造格架图 ······ 80

2-9-4 马达班盆地典型地质剖面图 ······ 81

2-10 安达曼海盆地 ······ 82

2-10-1 安达曼海盆地区域构造位置和构造分区图 ······ 82

2-10-2 安达曼海盆地地层与石油地质综合柱状图 ······ 83

2-10-3 安达曼海盆地典型地质剖面图 ······ 84

2-10-4 安达曼海盆地构造演化示意图 ······ 85

2-10-5 安达曼海盆地生储盖组合和圈闭类型图 ······ 86

2-11 北苏门答腊盆地 ······ 88

2-11-1 北苏门答腊盆地构造格架图 ······ 88

2-11-2 北苏门答腊盆地地层与石油地质综合柱状图 ······ 89

2-11-3 北苏门答腊盆地典型地质剖面图 ······ 91

2-11-4 北苏门答腊盆地油气田分布图 ······ 93

2-11-5 北苏门答腊盆地碳酸盐岩（礁）成藏组合分布和油气剖面特征图 ······ 94

2-11-6 北苏门答腊盆地典型油气田（藏）特征图 ······ 95

2-12 中苏门答腊盆地 ······ 96

2-12-1 中苏门答腊盆地油气田分布图 ······ 96

2-12-2 中苏门答腊盆地地层与石油地质综合柱状图 ······ 97

2-12-3 中苏门答腊盆地构造格架图 ······ 99

2-12-4 中苏门答腊盆地基底构造图 ······ 100

2-12-5 中苏门答腊盆地典型地质剖面图 ······ 101

2-12-6 中苏门答腊盆地烃源岩灶及油气田分布图 ······ 102

2-12-7 中苏门答腊盆地成藏组合图 …… 103
2-12-8 中苏门答腊盆地佩马丹地堑构造特征及油气类型分布图 …… 105
2-12-9 中苏门答腊盆地典型油气田（藏）特征图 …… 106

2-13 南苏门答腊盆地 …… 107
2-13-1 南苏门答腊盆地地层与石油地质综合柱状图 …… 107
2-13-2 南苏门答腊盆地始新世—上新世沉积相分布图 …… 108
2-13-3 南苏门答腊盆地构造格架图 …… 109
2-13-4 南苏门答腊盆地典型地质剖面图 …… 110
2-13-5 南苏门答腊盆地上新统—更新统褶皱构造分布图 …… 111
2-13-6 南苏门答腊盆地构造演化模式图 …… 112
2-13-7 南苏门答腊盆地成藏组合图 …… 113
2-13-8 南苏门答腊盆地含油气系统分布图 …… 114
2-13-9 南苏门答腊盆地典型油气田分布图 …… 115
2-13-10 南苏门答腊盆地北部油气藏类型图 …… 117

2-14 西爪哇盆地 …… 118
2-14-1 西爪哇盆地地层与石油地质综合柱状图 …… 118
2-14-2 西爪哇盆地构造格架图 …… 119
2-14-3 西爪哇盆地油气田分布图 …… 120
2-14-4 西爪哇盆地各成藏组合评价表 …… 121
2-14-5 西爪哇盆地典型油气田（藏）特征图 …… 122

2-15 东爪哇盆地 …… 123
2-15-1 东爪哇盆地地层与石油地质综合柱状图 …… 123

2-15-2 东爪哇盆地地层对比图 …… 124
2-15-3 东爪哇盆地南部始新世—上新世沉积相分布图 …… 125
2-15-4 东爪哇盆地构造格架图 …… 126
2-15-5 东爪哇盆地典型地质剖面图 …… 127
2-15-6 东爪哇盆地基底埋深构造图 …… 128
2-15-7 东爪哇盆地烃源岩灶和油气田分布图 …… 129
2-15-8 东爪哇盆地成藏组合类型示意图 …… 130
2-15-9 东爪哇盆地成藏组合评价表 …… 132

2-16 **帝汶盆地** …… 133
2-16-1 帝汶盆地区域构造位置与油气田分布图 …… 133
2-16-2 帝汶盆地地层与石油地质综合柱状图 …… 134
2-16-3 帝汶盆地地质图 …… 136
2-16-4 帝汶盆地沉积层序与构造事件图 …… 137
2-16-5 帝汶盆地构造格架和典型地质剖面图 …… 138
2-16-6 帝汶盆地成藏组合评价表 …… 139

2-17 **北塞兰盆地** …… 140
2-17-1 北塞兰盆地构造位置图 …… 140
2-17-2 北塞兰盆地地层与石油地质综合柱状图 …… 141
2-17-3 北塞兰盆地构造格架和典型地质剖面图 …… 142
2-17-4 北塞兰盆地 Kanikeh 组构造和地层剖面图 …… 143
2-17-5 北塞兰盆地 Bula 油气构造和剖面图 …… 143
2-17-6 北塞兰盆地成藏组合评价表 …… 144
2-17-7 北塞兰盆地 Nief Timur 典型油田构造剖面图 …… 144

2-18 萨拉瓦蒂盆地 …… 145
2-18-1 萨拉瓦蒂盆地构造位置图 …… 145
2-18-2 萨拉瓦蒂盆地地层与石油地质综合柱状图 …… 146
2-18-3 萨拉瓦蒂盆地构造格架和典型地质剖面图 …… 148
2-18-4 萨拉瓦蒂盆地成熟烃源岩和油田分布图 …… 149
2-18-5 萨拉瓦蒂盆地中新世古地理环境和生物礁发育图 …… 150
2-18-6 萨拉瓦蒂盆地 Arar 典型油田剖面图 …… 151
2-18-7 萨拉瓦蒂盆地 Kais 组碳酸盐岩圈闭类型示意图 …… 151

3 东南亚南部岛弧带盆地群对比研究

3-1 岛弧带盆地群地质构造特征 …… 154
3-1-1 岛弧带沉积盆地类型分布图 …… 154
3-1-2 岛弧带盆地群构造、沉积演化对比分析表 …… 155
3-1-3 岛弧主带弧后盆地群地层对比图 …… 156
3-1-4 岛弧西翼附带弧前 - 弧后盆地群地层对比图 …… 157
3-1-5 岛弧主带弧前盆地群地层对比图 …… 158
3-1-6 岛弧带盆地群渐新世至上新世岩相古地理演化图 …… 159
3-1-7 岛弧带主要沉积盆地构造演化图 …… 160
3-1-8 岛弧西翼附带群盆地构造纲要图 …… 161

3-2 岛弧带盆地群油气地质特征 …… 162
3-2-1 岛弧带盆地群烃源岩对比表 …… 162
3-2-2 岛弧主带弧后盆地群主要烃源岩对比图 …… 163
3-2-3 岛弧西翼附带弧前 – 弧后盆地群主要烃源岩对比图 …… 164

3-2-4 岛弧带盆地群主力烃源层系及其有机质类型分布图 …… 165
3-2-5 岛弧主带弧后盆地群主要储层对比图 …… 166
3-2-6 岛弧西翼附带弧前－弧后盆地群主要储层对比图 …… 167
3-2-7 岛弧带盆地群中新统沉积相和含礁灰岩盆地分布图 …… 168
3-2-8 岛弧主带弧后盆地群盖层对比图 …… 170
3-2-9 岛弧西翼附带弧前－弧后盆地群盖层对比图 …… 171
3-2-10 岛弧带盆地群成藏组合分布图 …… 172
3-2-11 岛弧主带弧后盆地群不同地层发现的最终可采储量比 …… 174
3-2-12 岛弧主带弧后盆地群不同圈闭类型发现的最终可采储量比 …… 175

参考文献 …… 176

1 东南亚油气勘探现状与区域地质

1-1 东南亚油气勘探现状

1-1-1 东南亚沉积盆地分布图

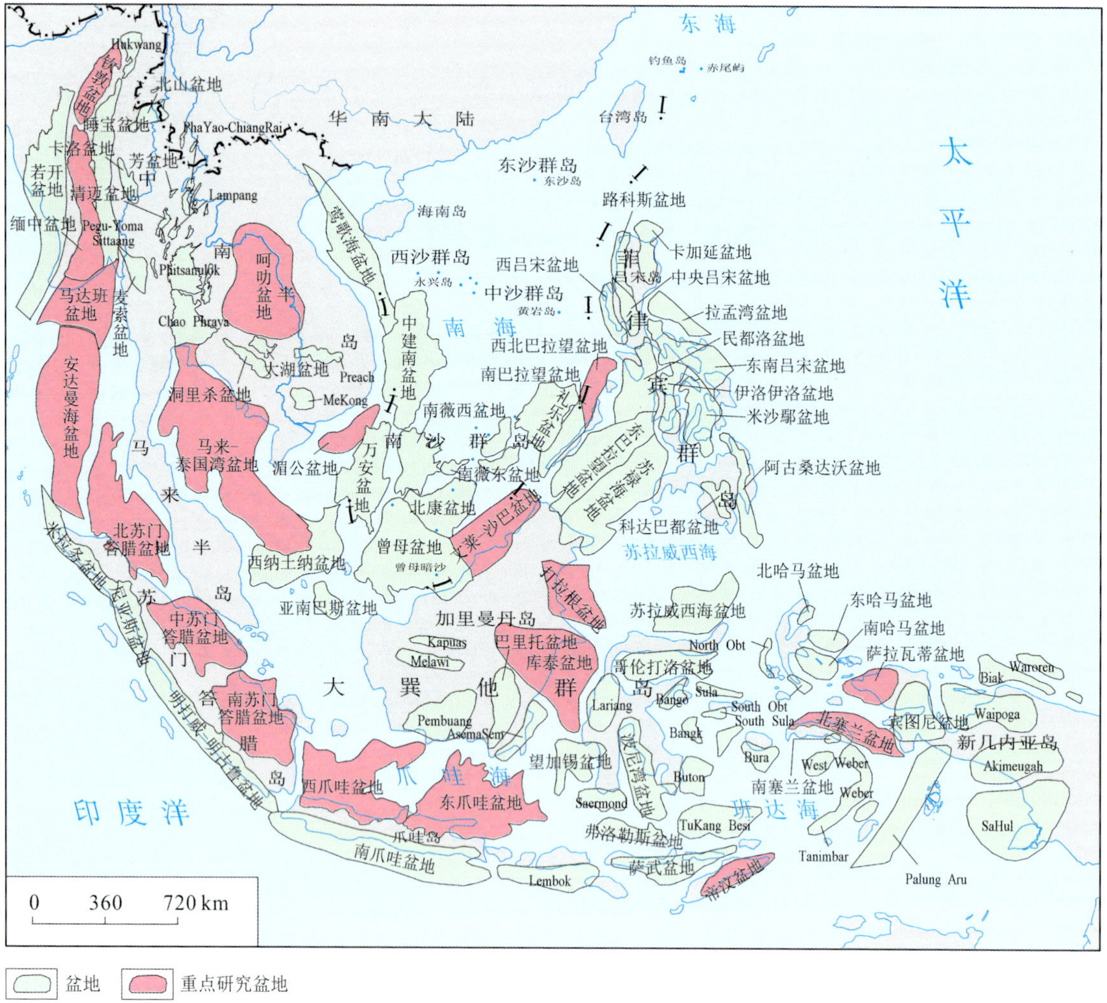

东南亚地区18个主要含油气盆地一览表

盆地名称	面积（10^4km^2）	盆地年代
湄公盆地	4.1	新生代
马来－泰国湾盆地	27.8	新生代
文莱－沙巴盆地	9.4	新生代
库泰盆地	16.5	新生代
打拉根盆地	7.3	新生代
西北巴拉望盆地	4.0	中—新生代
钦敦盆地	3.8	晚白垩世—新生代
缅中盆地	8.08	晚白垩世—新生代
马达班盆地	8.42	晚白垩世—新生代
安达曼海盆地	4.7	新生代
北苏门答腊盆地	15.61	新生代
中苏门答腊盆地	12.99	新生代
南苏门答腊盆地	12.57	新生代
西爪哇盆地	14.45	新生代
东爪哇盆地	17.14	新生代
帝汶盆地	5.1	晚古生代—新生代
北塞兰盆地	5.13	晚古生代—新生代
萨拉瓦蒂盆地	1.22	晚古生代—新生代

东南亚地区处于太平洋、欧亚和印度多个板块活动汇聚带之间，也是地质历史上特提斯构造域、太平洋构造域与印—澳构造域高度交叉复合的地区，发育100余个规模大小不等的古、中、新生代沉积盆地或叠合盆地。已发现的含油气盆地近50个，以新生代沉积盆地为主，它们位于不同的构造单元内或构造单元的边缘，受到板块边缘沟—弧动力系统直接作用和板块内部应力效应的控制，形成时代不同、类型多样的沉积盆地，不同构造单元内发育的盆地具有自身鲜明的特色，本书重点对18个主要含油气盆地开展油气地质综合研究。

1-1-2 东南亚沉积盆地与主要油气田分布图

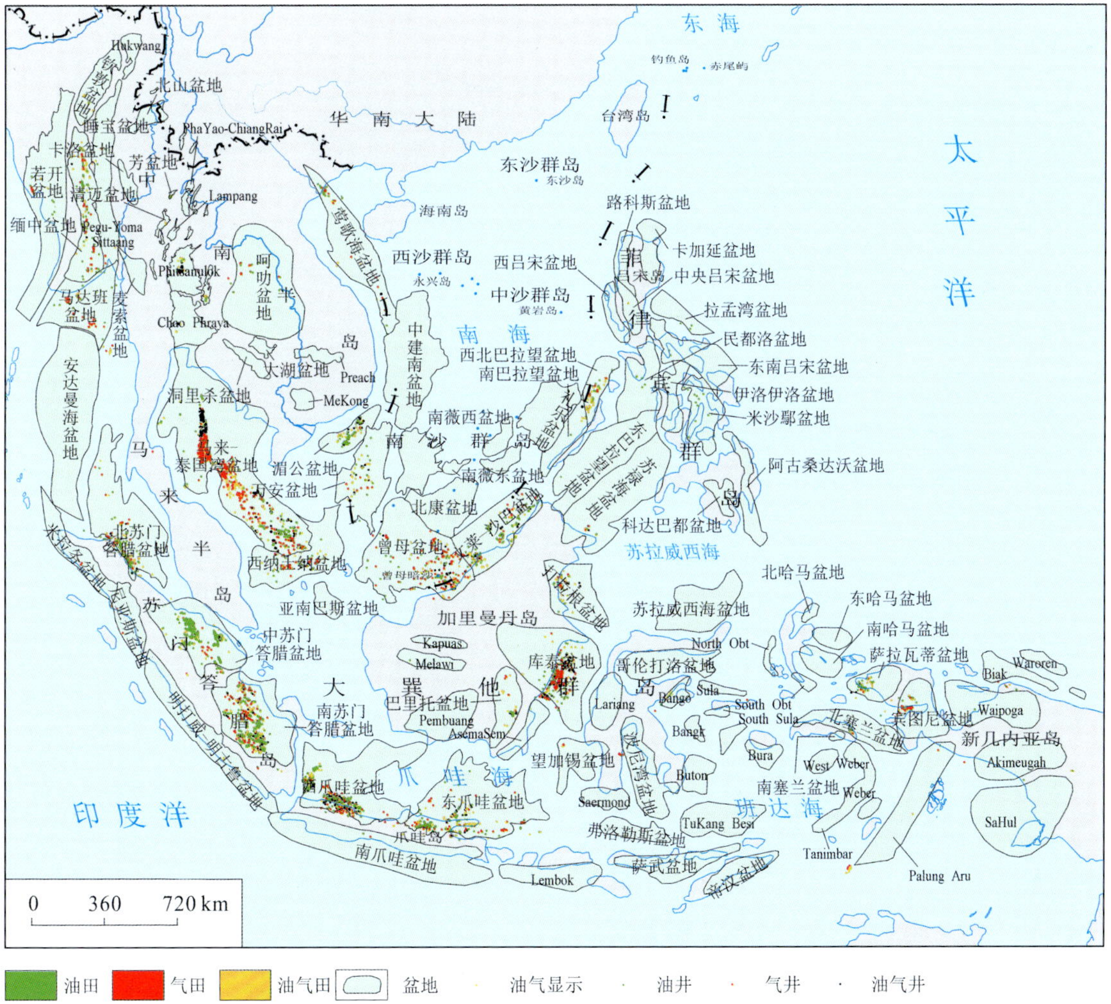

东南亚地区油气资源的勘探开发历史悠久，各国勘探时间和程度参差不齐，但总体勘探开发程度较低，可分为 4 个时期：20 世纪初及以前——陆地油气勘探和发现时期，早在 1797 年，缅甸仁安羌油田已开始向其他国家供应原油；1885 年，印度尼西亚在苏门答腊北部钻出了第一口具有商业价值的油井；此后，缅甸和印度尼西亚油气勘探开发发展最快。20 世纪 50—80 年代初——油气勘探和发现增长时期，东南亚主要石油生产国与世界石油公司签订勘探开发合同，大批油气田相继被发现，石油产量不断上升。20 世纪 80—90 年代——油气勘探迅速发展和相对稳定时期，东南亚主要石油生产国油气勘探和开发活动逐渐由陆地转到海上，主要集中在海上大陆架浅水区，目前马来西亚、印度尼西亚、越南、泰国、缅甸、菲律宾等国油气储量主要来源于海上的油气田。20 世纪 90 年代末以来——天然气勘探成果显著、深水油气和边远地区油气勘探开展时期。

从目前发现油气资源储量分布看，东南亚是富天然气区，主要分布在文莱—沙巴盆地文莱三角洲，马来—泰国湾盆地的泰国湾次盆、库泰盆地、缅中盆地马达班盆地伊洛瓦底三角洲、北苏门答腊盆地、东爪哇盆地等。石油资源主要分布在湄公盆地、马来—泰国湾盆地的马来次盆、文莱—沙巴盆地、中苏门答腊盆地、南苏门答腊盆地、西爪哇盆地等。

1-1-3 东南亚油气田与管道设施分布图

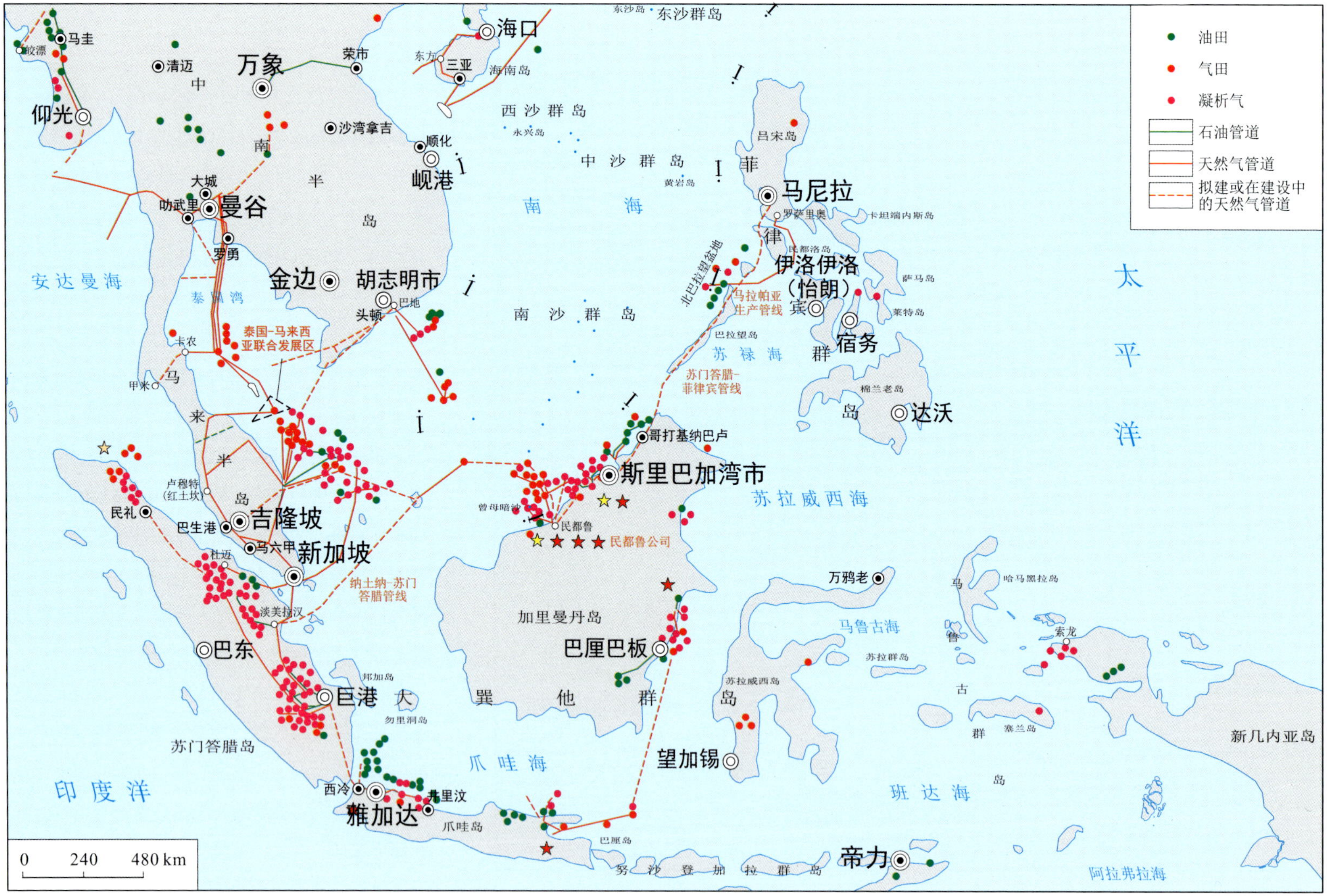

据C&C油气田数据库和IHS油气田数据库（2013年）、全球油气管线第四版（2012年）等资料编制

东南亚油气资源主要集中分布在5个含油气区内：泰国湾和巽他陆架油气区、南海南部油气区、苏门答腊–爪哇岛弧油气区、东加里曼丹油气区和缅甸油气区，这些含油气区也是东南亚各国油气资源勘探开发程度较高的区域。

1-1-4 东南亚主要沉积盆地陆上勘探程度图

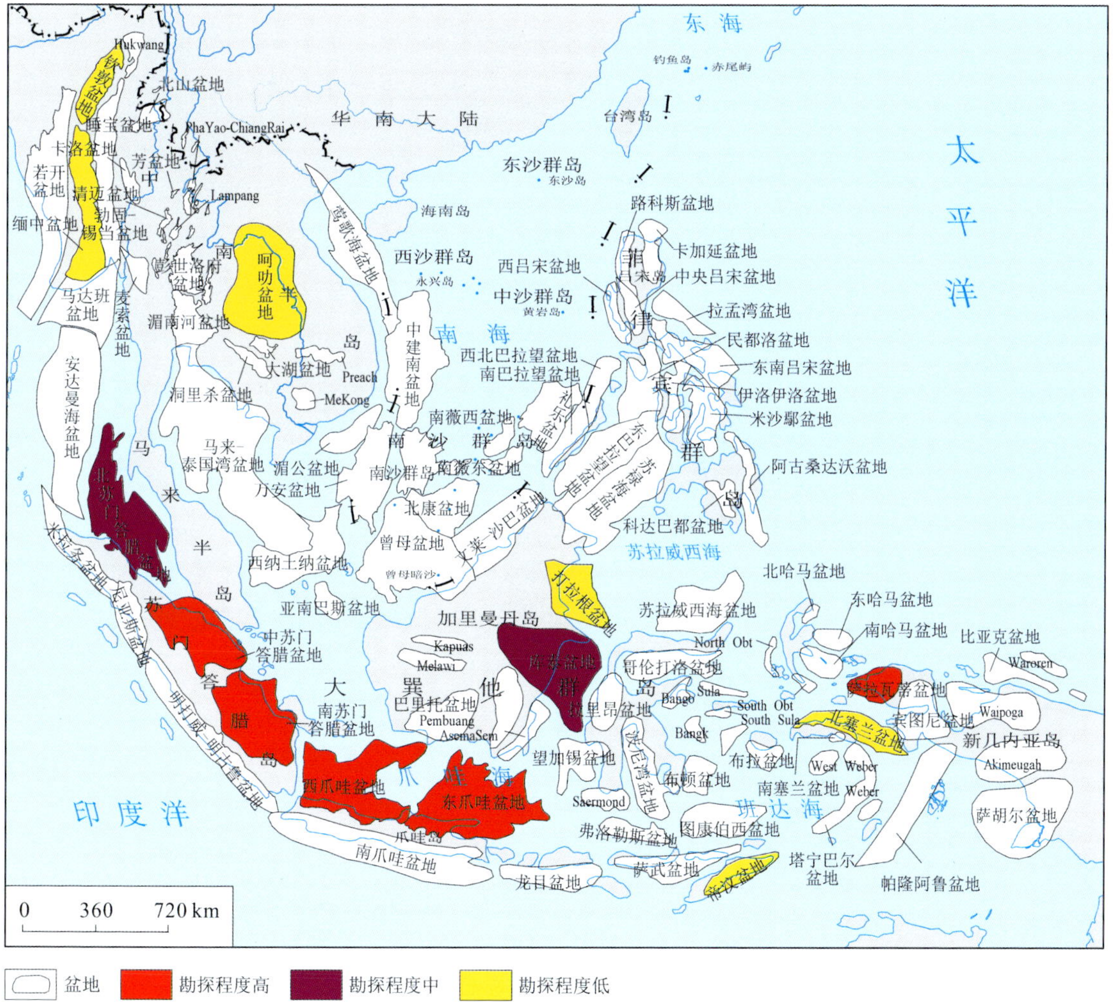

盆地勘探程度评价依据二维地震测线密度（km/km^2）和探井密度（口/km^2）进行综合评价，勘探程度系数=0.05×二维地震测线密度+0.95×探井密度。其中，探井密度是反映勘探程度的主要指标，而二维地震测线密度是反映勘探程度的次要指标，两者有不同的权值。

盆地勘探程度相对评价结果显示，东南亚地区总体勘探程度较低，陆地勘探程度比海域勘探程度高，且盆地勘探程度差异大，加里曼丹岛周缘沿海新生代沉积盆地陆架浅水区，以及南部弧后盆地陆地和近海地区勘探程度较高，油气探明储量多，但大部分盆地勘探程度依然较低。

1-1-5 东南亚主要沉积盆地海上勘探程度图

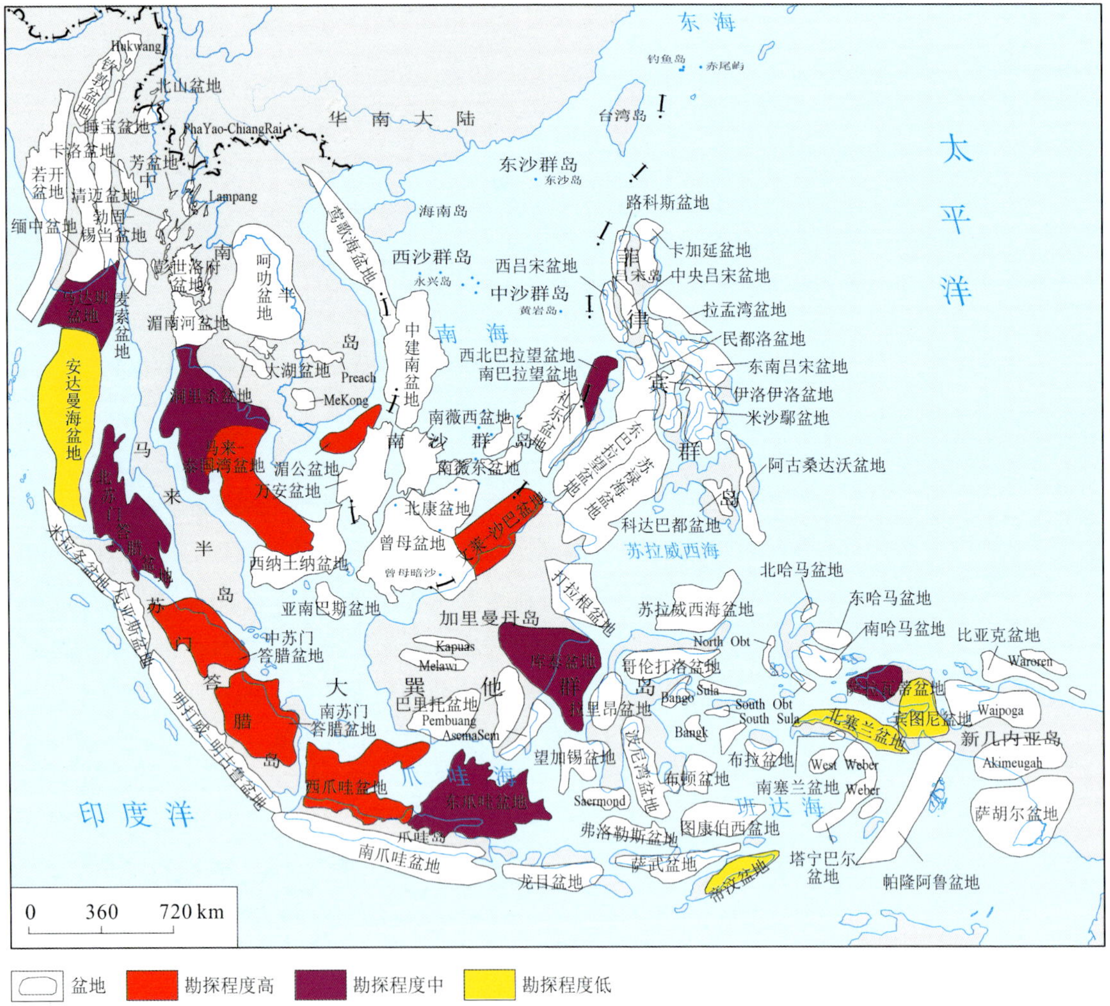

陆上勘探程度较高的盆地有中苏门答腊盆地、南苏门答腊盆地、西爪哇盆地和萨拉瓦蒂盆地；中等勘探程度盆地有北苏门答腊盆地、西爪哇盆地；其余盆地陆上部分为低勘探程度。海上勘探程度较高的盆地有文莱—沙巴盆地、马来次盆地、湄公盆地、中苏门答腊盆地、南苏门答腊盆地、西爪哇盆地；泰国湾次盆、北苏门答腊盆地、东爪哇盆地、库泰盆地、马达班盆地、西北巴拉望盆地和萨拉瓦蒂盆地海上勘探程度中等；其余盆地海上勘探程度低。

东南亚地区地层在平面上分布有以下规律：

（1）东南亚地区作为伊朗—藏滇—印支联合地块的东南段，其地层由两大部分组成，前晚古生代的基底地层和晚古生代以来的盖层地层。前晚古生代的地层组成了一些散布于区内的若干大小不等的克拉通地块（或微地块）的基底，包括掸邦地块、印支地块等，基底为太古代—古元古代时期的深度变质杂岩和早古生代活动陆缘沉积岩，来自南面的冈瓦纳古陆晚古生代裂解出来的基梅里大陆。其中昆嵩地块的早古生代活动陆缘沉积岩已多有变质，主要分布于印支地块前寒武纪基底变质杂岩的南、北边缘，如越南和柬埔寨南部的大叻统（Dalat Series）。而在掸邦高原主要分布于南侧，北侧为早古生代碎屑岩盖层。

（2）晚古生代是古特提斯地层的发育时期。围绕这些克拉通多发育台地相稳定沉积（碳酸盐岩盖层），主要见于掸泰克拉通的西部和南部、印支克拉通的西部和北部。而晚古生代—早中三叠世活动陆缘沉积，则出露于印支克拉通的北部和西南部、掸泰克拉通的南部。在印支克拉通的西部和南部还发育有石炭纪陆相盆地沉积。

（3）侏罗纪盆地和中新生代盆地（以中生界为主）的海相沉积地层主要分布于中特提斯构造域内。中特提斯洋分为南、北两支，南支是一广阔大洋，在北喜马拉雅一带从三叠纪、侏罗纪、白垩纪一直发育活动陆缘型复理石建造；北支沿班公湖-丁青一线发育，活动时期短（局限于侏罗纪），回返期间无明显造山作用发生，向东尖灭于昌都一带，具有典型陆内洋盆特点，是无扩张脊状态下的莫克兰型闭合。中下三叠统为海相，中上三叠统至下侏罗统是海陆交互相，中上侏罗统至白垩系为陆相。海相三叠系见于泰国北部和东部、老挝大部、柬埔寨东部和越南南部。海陆交互相侏罗系见于柬埔寨东部和越南南部。陆相中生界见于泰国的呵叻群。

（4）新生代海相地层主要分布于新特提斯构造域的新生代沉积盆地内，主要出露于缅甸西部的实皆弧后盆地周缘地区。

1-2-2 印支区域地质构造简图

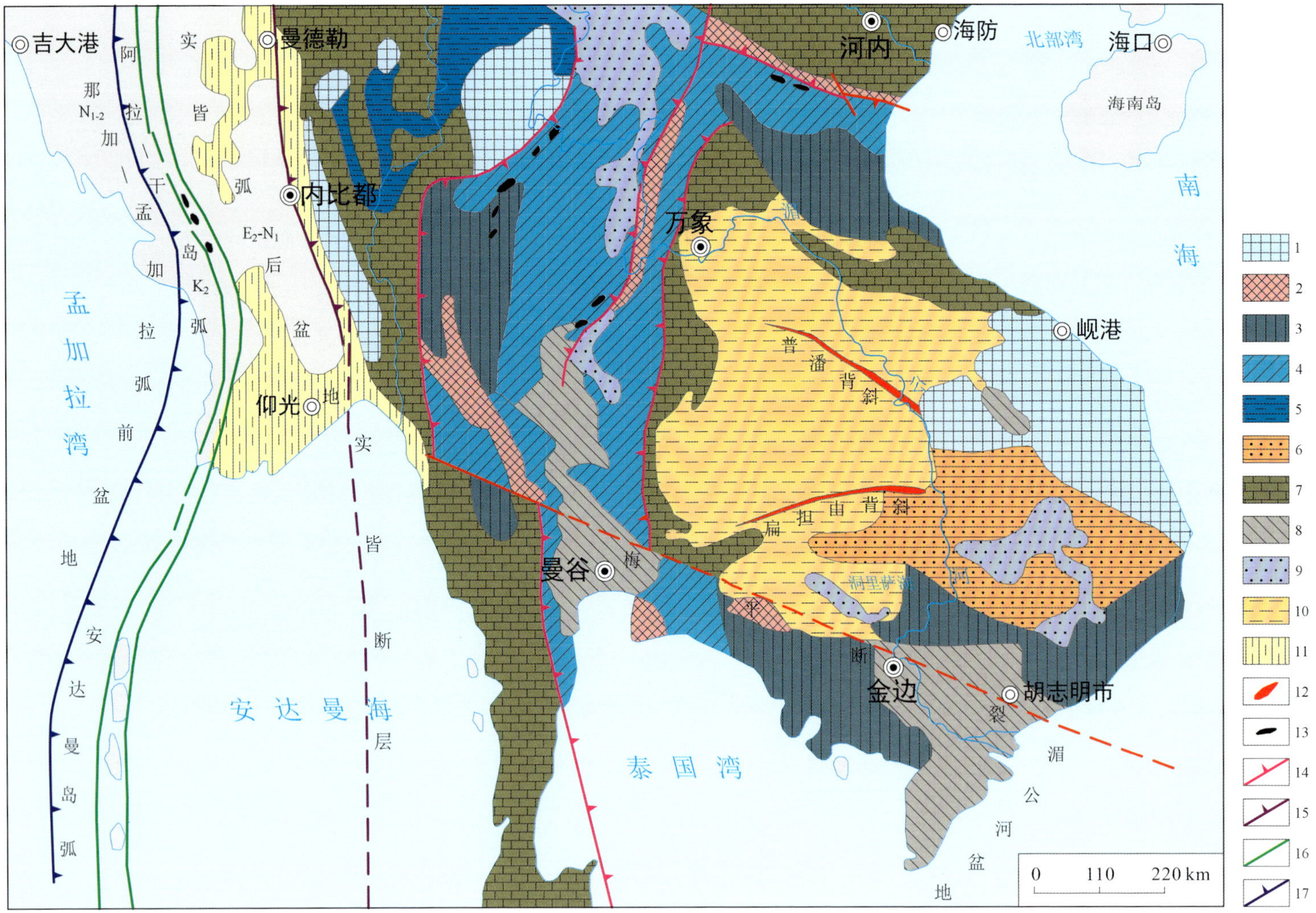

据车自成，2002，修改

1．前寒武纪隆起（缅甸境内为前寒武纪-早古生代隆起，柬越地区包含部分早古生代地层）；2．基底变质杂岩(主要为前寒武系，包含部分下古生界）；3．早古生代活动陆缘沉积(上覆多为晚古生代地层)；4．晚古生代—早中三叠世活动陆缘沉积(主要出露的是上古生界—中下三叠统)；5．早古生代碎屑岩盖层；6．晚古生代碎屑岩盖层(包含部分下古生界)；7．晚古生代碳酸盐岩盖层；8．石炭纪陆相盆地；9．侏罗纪盆地；10．中新生代盆地(以中生界为主)；11．新生代盆地；12．新生代褶皱山系；13．蛇绿岩；14．古特提斯缝合线；15．中特提斯缝合线；16．新特提斯缝合线；17．现代俯冲带

1-2-3 东南亚区域构造系统图

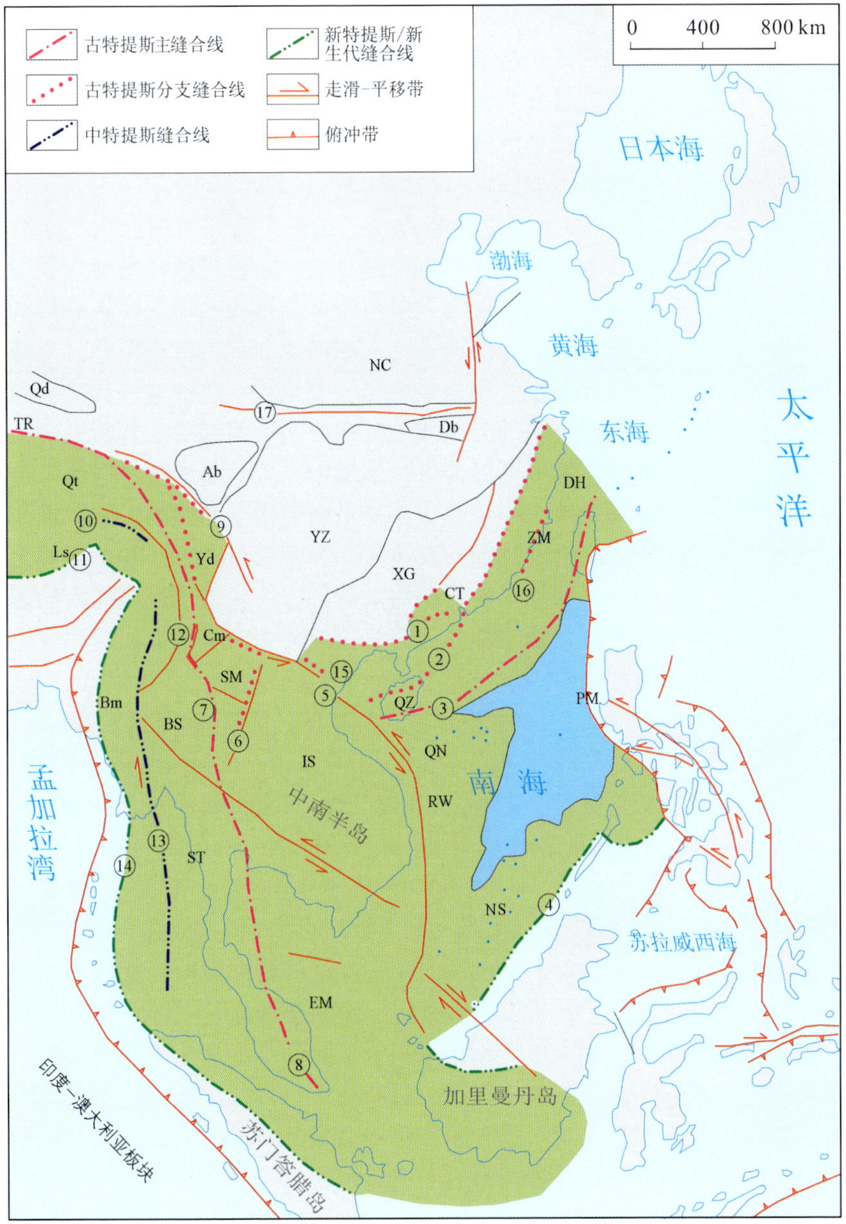

大陆或微大陆地块名称 Ab: 阿坝；Bm: 缅甸；BS: 保山；Cm: 察雅–芒康；CT: 华夏；Db: 大别；DH: 东海；EM: 东马来亚；IN: 印度板块；IS: 印支；Ls: 拉萨；NC: 华北；Qd: 柴达木；Qt: 羌塘；SM: 思茅；ST: 缅泰马；TR: 塔里木；XG: 湘赣；Yd: 义敦；YZ: 扬子；ZM: 浙闽；QN: 琼南；QZ: 琼中；NS: 南沙

地缝合带或板块边界断裂名称 ①云开北；②王五–文教–陆丰–政和–大埔–大虞带；③九所–陵水–花莲带；④卢帕尔–南沙海槽–南巴拉望俯冲–碰撞缝合带；⑤金沙江–墨江–马江；⑥难河；⑦碧土–昌宁–孟连；⑧文冬–劳勿；⑨ 龙木错–玉树；⑩ 班公错–丁青；⑪ 印度河–雅鲁藏布；⑫ 潞西；⑬ 曼德勒–玉石矿；⑭ 那加–曼尼普尔；⑮ 黑水河；⑯ 长乐–南澳；⑰ 秦岭。PM: 马尼拉海沟断裂带；RW: 红河–南海西缘走滑断裂带

1-2-4 东南亚主要断裂构造和缝合线分布图

长期以来，东南亚地区一直横亘于全球特提斯构造域和东亚构造域的东南端，伴随着特提斯构造域、太平洋构造域和东亚构造域的发育和演化，导致其地质构造和沉积盆地形成演化的复杂性和多样性。东南亚线性构造的基本面貌可归纳为如下3个方面。

（1）特提斯缝合线：包括古特提斯缝合线、中特提斯缝合线、新特提斯缝合线。古特提斯洋主缝合线在东南亚西部表现为一条位于掸邦地块和印支地块分界线上的近南北向的条带，在东南亚北部古特提斯洋分支缝合线则表现为华南地块与印支地块、南沙地块和南部加里曼丹地块的分界线上。在东南亚西部沿实皆断裂带一线的中特提斯缝合带，是缅中—安达曼地块自西向东与东南亚统一块体在中白垩世碰撞拼合的产物。新特提斯缝合线沿着缅甸—安达曼—苏门答腊—爪哇岛弧北侧延伸，止于加里曼丹地块东南部，其代表了楔形插入的澳大利亚大陆架和菲律宾海板块与中白垩世形成的联合地块的碰撞。

（2）欧亚板块边缘消减带：该断裂带北起于缅甸，通过尼科巴、苏门答腊、爪哇、帝汶，延伸到东菲律宾。从缅甸到帝汶—塔宁巴尔(Timor-Taminbar)一段该断裂下倾平缓，但深度相当大，起着分隔欧亚和印度、澳大利亚板块的作用，该断裂帝汶段为碰撞类型。沿着缅甸—帝汶深部断裂，印度和澳大利亚板块俯冲于欧亚板块下方。

（3）欧亚板块内部断裂：东南亚地区的主体位于欧亚板块内部，由于受到印度—澳大利亚板块和太平洋板块向欧亚板块的俯冲碰撞，在板块内部发育了一系列断裂。基于目前掌握的资料和研究程度，可将东南亚断裂构造划分为3个级序：岩石圈一级断裂、岩石圈二级断裂和地壳三级断裂。岩石圈第一级序断裂是指岩石圈板块的边界，或分隔微板块或地块的边界、俯冲带、扩张带和转换断裂，如中生代卢帕尔—古晋俯冲带、乌达腊迪—文冬—劳勿缝合带，以及新生代马尼拉俯冲带、内格罗斯俯冲带、哥特巴托俯冲带、索龙断裂等。岩石圈二级断裂出现于岩石圈板块内部，如新生代红河—南海西缘断裂带、实皆断裂、苏门答腊断裂、三塔断裂、莱州—奠边府剪切带、韦塔断裂和托罗断裂等。第一级和第二级序断裂都是活动大陆边缘与板内地块之间的边界。地壳级断裂在地壳结构中的作用是分离构造带、盆地和隆起区，对东南亚含油气沉积盆地的形成和演化有着直接的控制作用，如廷贾断裂、弗洛雷断裂等。

1-2-5 东南亚构造单元与沉积盆地分布图

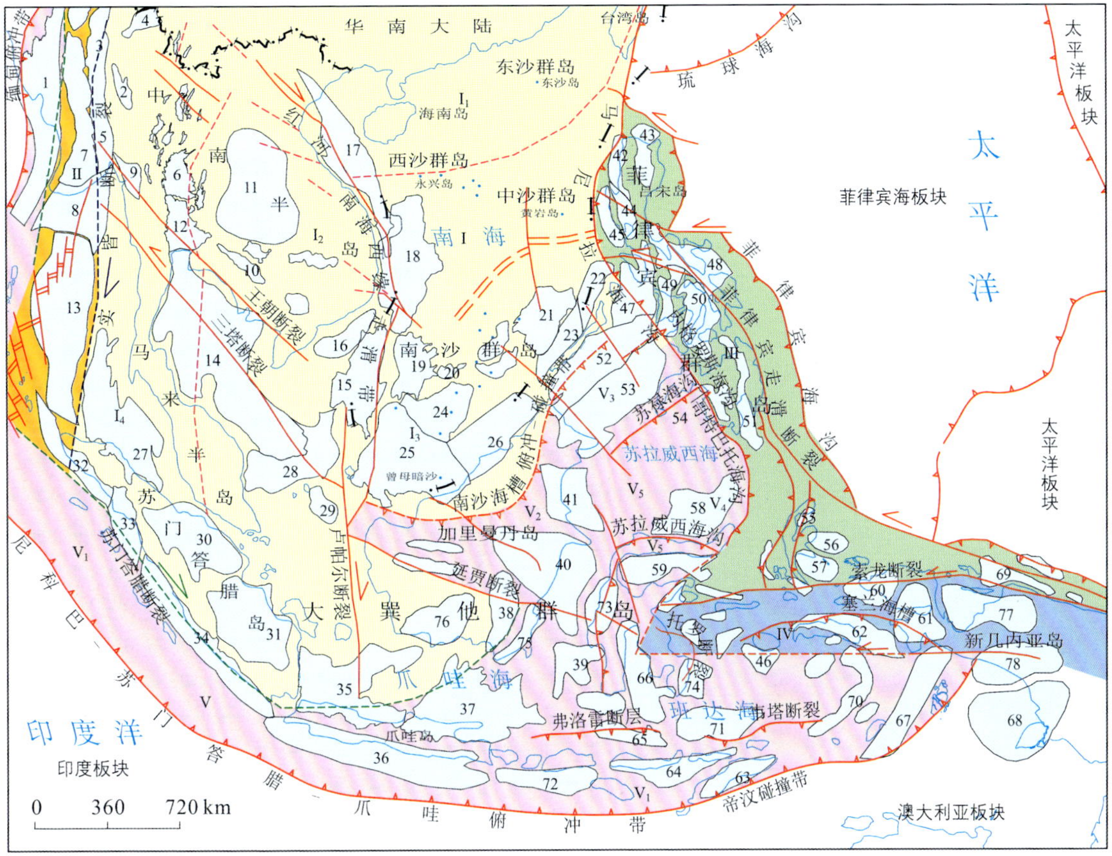

断裂　俯冲带　扩张脊　走滑断裂　盆地

古特提斯缝合带　中特提斯缝合带　新特提斯缝合带　华南-印支联合地块

缅中-安达曼地块　菲律宾岛弧区　澳大利亚板块楔入区　环缅马印岛弧区

1-若开盆地　2-卡洛盆地　3-睡宝盆地　4-北山盆地　5-勃固-锡当盆地　6-彭世洛府盆地　7-缅中盆地　8-马达班盆地　9-麦索盆地　10-洞里杀盆地　11-呵叻盆地　12-湄南河盆地　13-安达曼海盆地　14-马来-泰国湾盆地　15-万安盆地　16-湄公盆地　17-莺歌海盆地　18-中建南盆地　19-南薇西盆地　20-南薇东盆地　21-礼乐盆地　22-西北巴拉望盆地　23-南巴拉望盆地　24-北康盆地　25-曾母盆地　26-文莱—沙巴盆地　27-北苏门答腊盆地　28-西纳土纳盆地　29-亚南巴斯盆地　30-中苏门答腊盆地　31-南苏门答腊盆地　32-米拉务盆地　33-尼亚斯盆地　34-明打威-明古鲁盆地　35-西爪哇盆地　36-南爪哇盆地　37-东爪哇盆地　38-巴里托盆地　39-望加锡盆地　40-库泰盆地　41-打拉根盆地　42-路科斯盆地　43-卡加延盆地　44-中央吕宋盆地　45-西吕宋盆地　46-布拉盆地　47-民都洛盆地　48-东南吕宋盆地　49-伊洛伊洛盆地　50-米沙鄢盆地　51-阿古桑达沃盆地　52-东巴拉望盆地　53-苏禄海盆地　54-科达巴都盆地　55-北哈马盆地　56-东哈马盆地　57-南哈马盆地　58-苏拉威西海盆地　59-哥伦打洛盆地　60-萨拉瓦蒂盆地　61-宾图尼盆地　62-北塞兰盆　63-帝汶盆地　64-萨武盆地　65-弗洛勒斯盆地　66-波尼湾盆地　67-帕隆阿鲁盆地　68-萨胡尔盆地　69-比亚克盆地　70-塔宁巴尔盆地　71-图康伯西盆地　72-龙目盆地　73-拉里昂盆地　74-布顿盆地　75-AsemaSem　76-Pembuang　77-Waipoga　78-Akimeugah

根据地层分布、断裂构造特点、缝合线的分布以及板块的相互作用历史，把东南亚地区分为5个二级构造单元，分别为

Ⅰ——华南—印支联合地块，该联合地块又分为华南地块（Ⅰ1）、印支地块（Ⅰ2）、南沙地块（Ⅰ3）、掸邦地块（Ⅰ4）和加里曼丹地块（Ⅰ5）5个三级构造单元，此联合地块是三叠纪古特提斯洋闭合后形成的；

Ⅱ——缅中—安达曼地块，该地块是中白垩世缅中地块向华南-印支联合地块拼接形成的；

Ⅲ——菲律宾岛弧区；

Ⅵ——澳大利亚板块楔入区；

Ⅴ——环缅马印岛弧和增生楔区，其中又分为缅甸—安达曼—苏门答腊—爪哇—班达岛弧区增生楔（Ⅴ1）、加里曼丹—沙巴增生楔（Ⅴ2）、苏禄海区（Ⅴ3）、苏拉威西海区（Ⅴ4）和苏禄—苏拉威西岛弧增生楔区（Ⅴ5）。

东南亚沉积盆地主要分布在华南—印支联合地块、环缅马印岛弧区上，目前发现的油气主要受古近纪—新近纪伸展构造作用和印度—澳大利亚板块、欧亚板块以及太平洋板块汇聚、碰撞和俯冲作用的控制。

1-2-6 东南亚沉积盆地分布与分类图

东南亚地区沉积盆地众多，发育100余个规模大小不等的古、中、新生代沉积盆地或叠合盆地，位于不同的构造单元内或构造单元的边缘，受到板块边缘沟—弧动力系统的直接作用和板块内部应力效应的控制，时代不同、类型多样，不同构造单元内发育的沉积盆地具有自身鲜明的特色。根据盆地与板块构造的关系、盆地所处的地壳类型、板块运动形式、板块构造位置、盆地形成时的应力状态、盆地主力烃源岩形成时代的盆地性质等要素，将东南亚地区沉积盆地划分为陆内盆地（Ⅰ）、陆缘盆地（Ⅱ）、陆缘/岛弧带盆地（Ⅲ）、岛弧带盆地（Ⅳ）和复杂构造带盆地（Ⅴ）5大类。同时，考虑盆地构造定格期的应力状态，进一步划分出13个亚类。研究表明，新生代是东南亚地质历史上构造最活跃的时期，在欧亚、印度—澳大利亚、太平洋三大板块相互作用的过程中，盆地经历了裂谷—坳陷—构造回返等多演化阶段，形成了一系列油气资源丰富的新生代盆地。

东南亚构造单元和主要沉积盆地分类表

盆地	板块构造位置	二级构造单元	盆地定格期的应力状态	盆地大类	盆地类型
泰国湾—马来盆地	克拉通内	华南—印支联合地块内部	拉张环境	陆内盆地（Ⅰ）	陆内裂谷或断陷盆地
湄公盆地					
西纳土纳盆地					
莺歌海盆地	板内转换断层		走滑拉分环境		陆内走滑拉分盆地
万安盆地					
中建南盆地					
曾母盆地	碰撞汇聚边缘		碰撞挤压环境		陆内碰撞挤压前陆盆地
文莱—沙巴盆地					
呵叻盆地	克拉通内		挤压抬升环境		陆内挤压抬升盆地
库泰盆地	离散被动大陆边缘	华南—印支联合地块边缘	陆缘拉张环境	陆缘盆地（Ⅱ）	被动陆缘盆地
打拉根盆地					
西北巴拉望盆地					
南巴拉望盆地	主动聚敛（B 型俯冲）边缘		陆缘挤压环境		陆缘浅俯冲（A 型俯冲）碰撞盆地
北苏门答腊盆地			弧后拉张环境	陆缘 / 岛弧带盆地（Ⅲ）	陆缘 / 岛弧带弧后盆地
中苏门答腊盆地					
南苏门答腊盆地					
西爪哇盆地					
东爪哇盆地					
安达曼海盆地		缅中—安达曼地块	弧后拉张环境	岛弧带盆地（Ⅳ）	岛弧带弧后盆地
钦敦盆地			弧前挤压环境		岛弧带弧前盆地
缅中盆地					
安达曼海盆地		环缅马印岛弧区	挤压环境		岛弧带弧前盆地
米拉务盆地					
尼亚斯盆地					
明打威—明古鲁					
南爪哇盆地					
若开海岸盆地			挤压环境		岛弧带增生楔盆地（Ⅳ4）
东帝汶盆地	碰撞汇聚边缘				
北塞兰盆地		澳大利亚大陆架楔入区	碰撞挤压环境	复杂构造带盆地（Ⅴ）	复杂构造带前陆盆地
宾图尼盆地					
萨拉瓦蒂盆地			走滑拉分环境		复杂构造带走滑拉分盆地

1-2-7 东南亚区域热流分布图

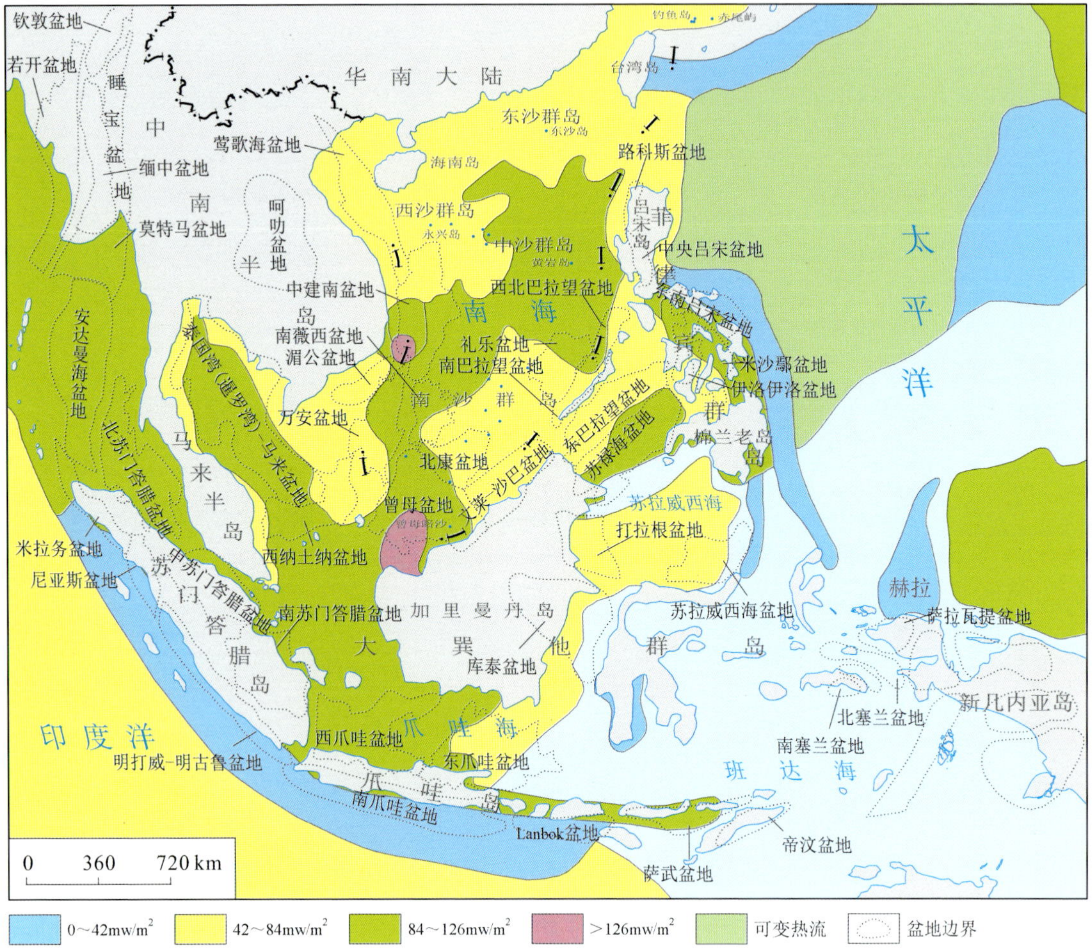

东南亚位于构造运动和火山作用非常活跃的地区，其整体的地温梯度和热流值均较高（>84 mw/m²）。其中，南部苏门答腊–爪哇岛弧带的弧后盆地、南海西南缘、泰国湾和加里曼丹东部的盆地都属于地温梯度较高的新生代沉积盆地，其生油门限多在2 000～3 000 m，局部地区甚至可以达到1 000～1 500 m或更低。印支半岛上的呵叻盆地、伊洛瓦底盆地及文莱—沙巴盆地地温梯度为中等—低。苏门答腊—爪哇岛弧带的弧前盆地地温梯度较低小于42 mw/m²。因此，东南亚大部分盆地烃源岩都处于成熟到过成熟阶段。

此外，东南亚大部分盆地属于超压盆地，特别是富天然气区，这一特征表现尤为突出。

2 含油气盆地各论

2-1 湄公盆地

2-1-1 湄公盆地勘探形势图

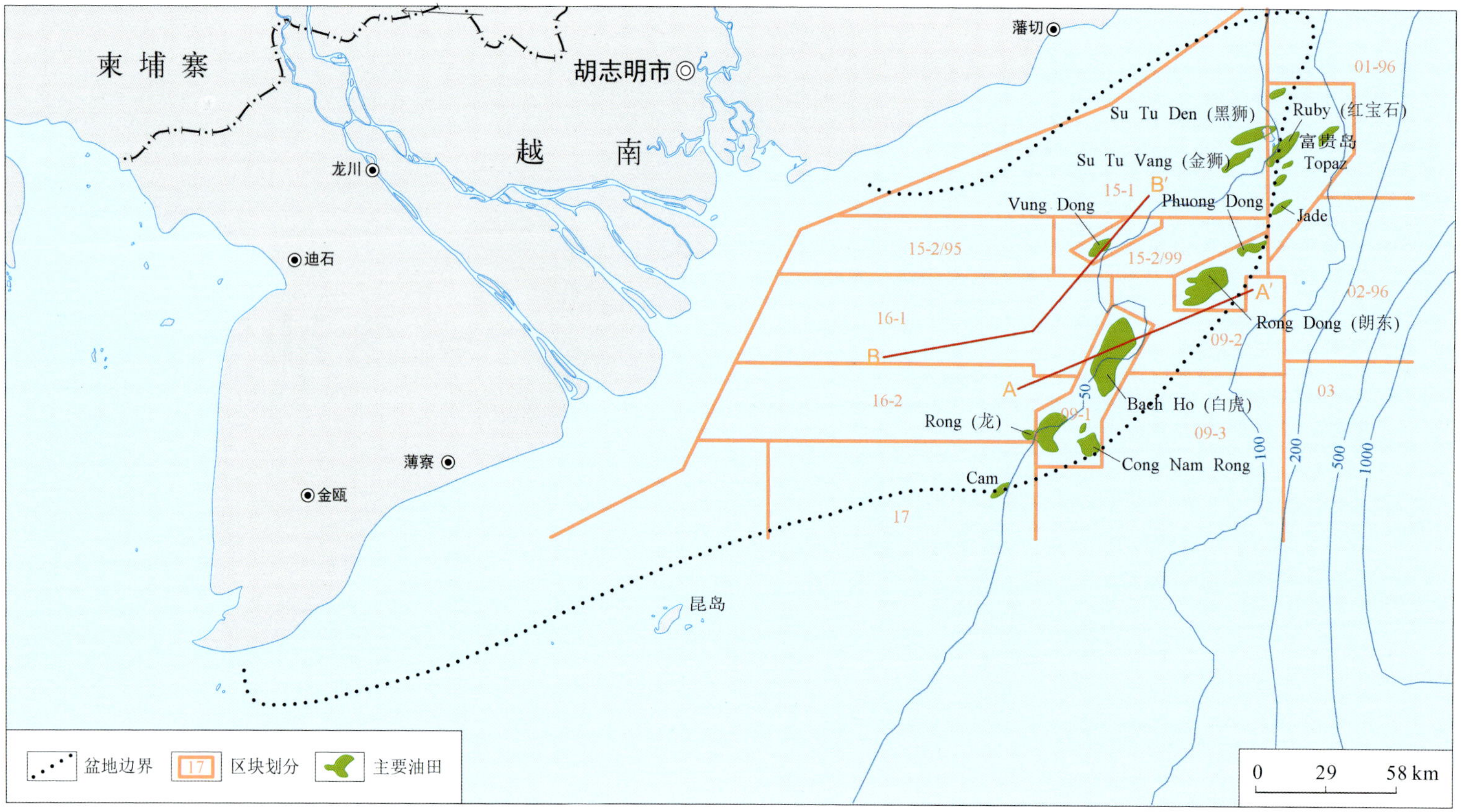

据Lee et al., 2001；IHS数据库资料，修改

湄公盆地（Mekong Basin）又称头顿盆地（Vung Tau Basin）或九龙盆地(Cun Long Basin)，位于越南南部的湄公河口，属于大陆边缘裂谷盆地。盆地面积约4.1 × 10^4 km^2，平均水深一般在100 m以内，盆地沉积厚度为2 000~8 000 m，时代为晚始新世至近代，但箕状断陷底部较深处沉积物的时代尚未确定。

印支运动以后，华南、印支、缅马等块体连成一体，构成东南亚主陆。湄公盆地的基底由晚中生代侵入岩、火山岩和变质沉积岩组成。

2-1-2 湄公盆地地质构造柱状图

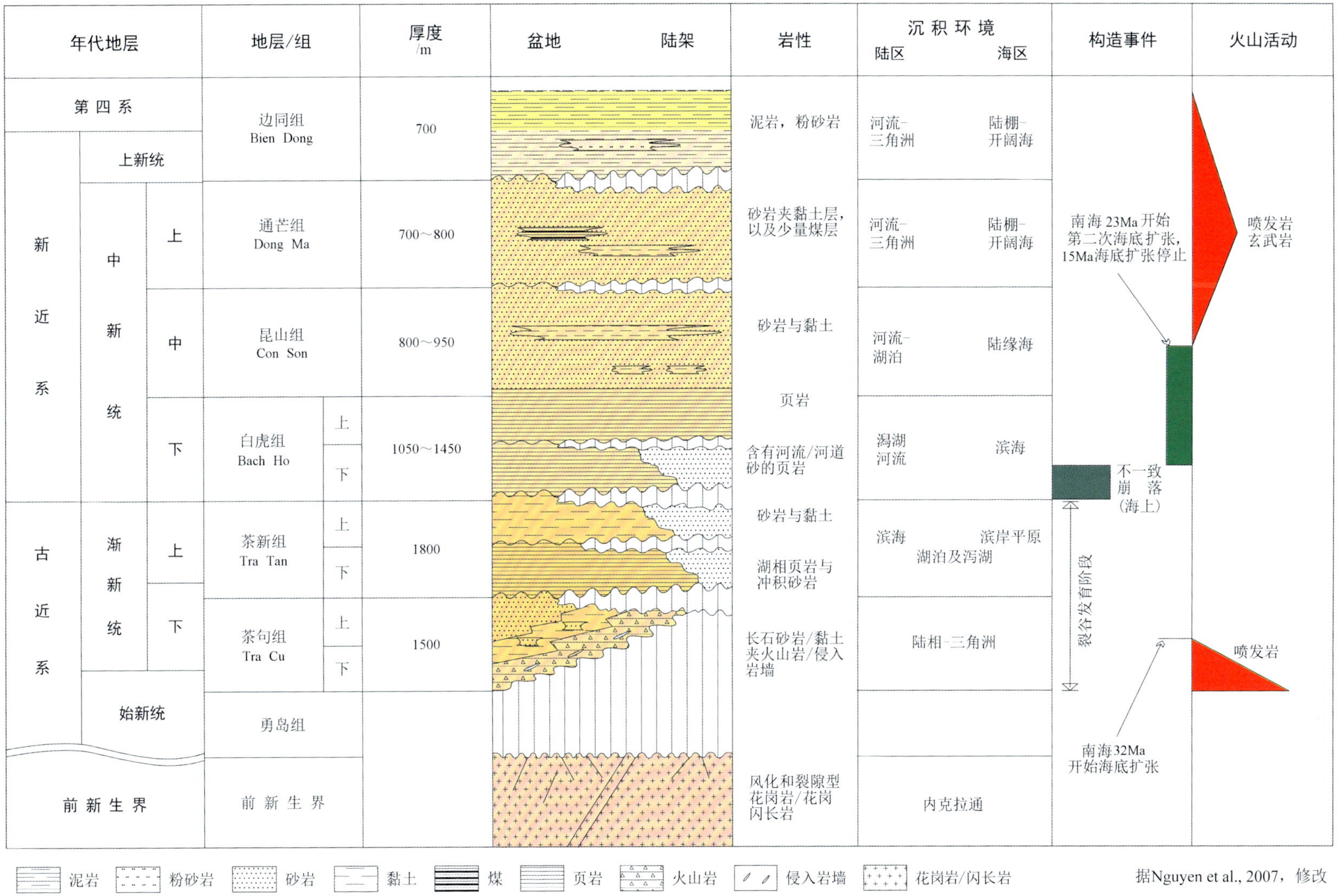

2-1-3 湄公盆地典型地质剖面图

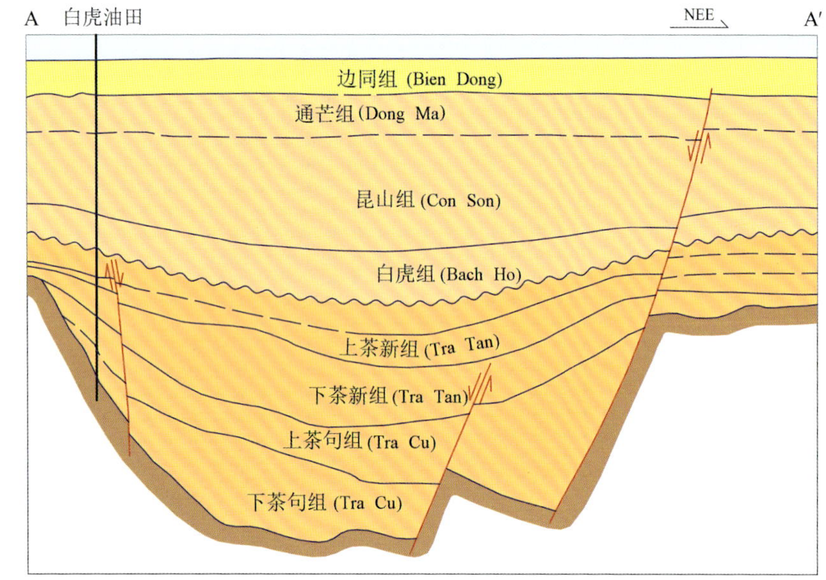

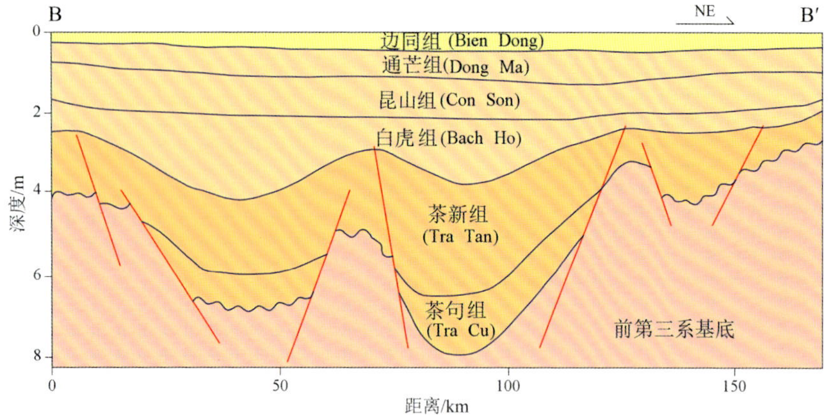

剖面位置见2-1-1

湄公盆地基底之上发育始新统到第四系，目前钻井揭示沉积厚度为2 500～4 400 m，最大厚达6 000 m。

上始新统至下渐新统茶句组（Tra Cu）：在盆地边缘及其翼部沉积环境为冲积扇和河流—三角洲，岩性以粗碎屑岩为主夹页岩，岩性为长石砂岩、黏土夹火山岩，并有岩墙侵入；在盆地中部为三角洲相和湖相页岩，沉积厚度约1 500 m。

渐新统茶新组（Tra Tan）：沉积环境为湖相及潟湖相，岩性分为上、下两段，下段为湖相和海岸沼泽中的前三角洲相页岩、黏土岩与冲积砂岩为主；上段主要由三角洲相沉积，横向上由海岸平原—河流相砂岩经前三角洲相边缘的砂、泥岩互层变为前三角洲相和湖相泥岩，沉积厚度约1 800 m。

下中新统白虎组（Bach Ho）：为河流、滨浅海、潟湖相及海相沉积环境，岩性分为上、下两段，上段以海相页岩为主，下段以含河流/河道砂的页岩为主，沉积厚度约1 050～1 450 m。

中中新统昆山组（Con Son）：为陆缘海沉积环境，岩性以砂岩与黏土为主，沉积厚度800～950 m。

上中新统通芒组（Dong Ma）：为河流、三角洲、陆棚及开阔海沉积环境，岩性以砂岩为主，夹黏土层以及少量煤层，沉积厚度700～800 m。

上新统至第四系边同组（Bien Dong）：为河流、三角洲、陆棚及开阔海沉积环境，岩性以泥岩和粉砂岩为主，沉积厚度700 m。

2-1-4 湄公盆地基底构造图

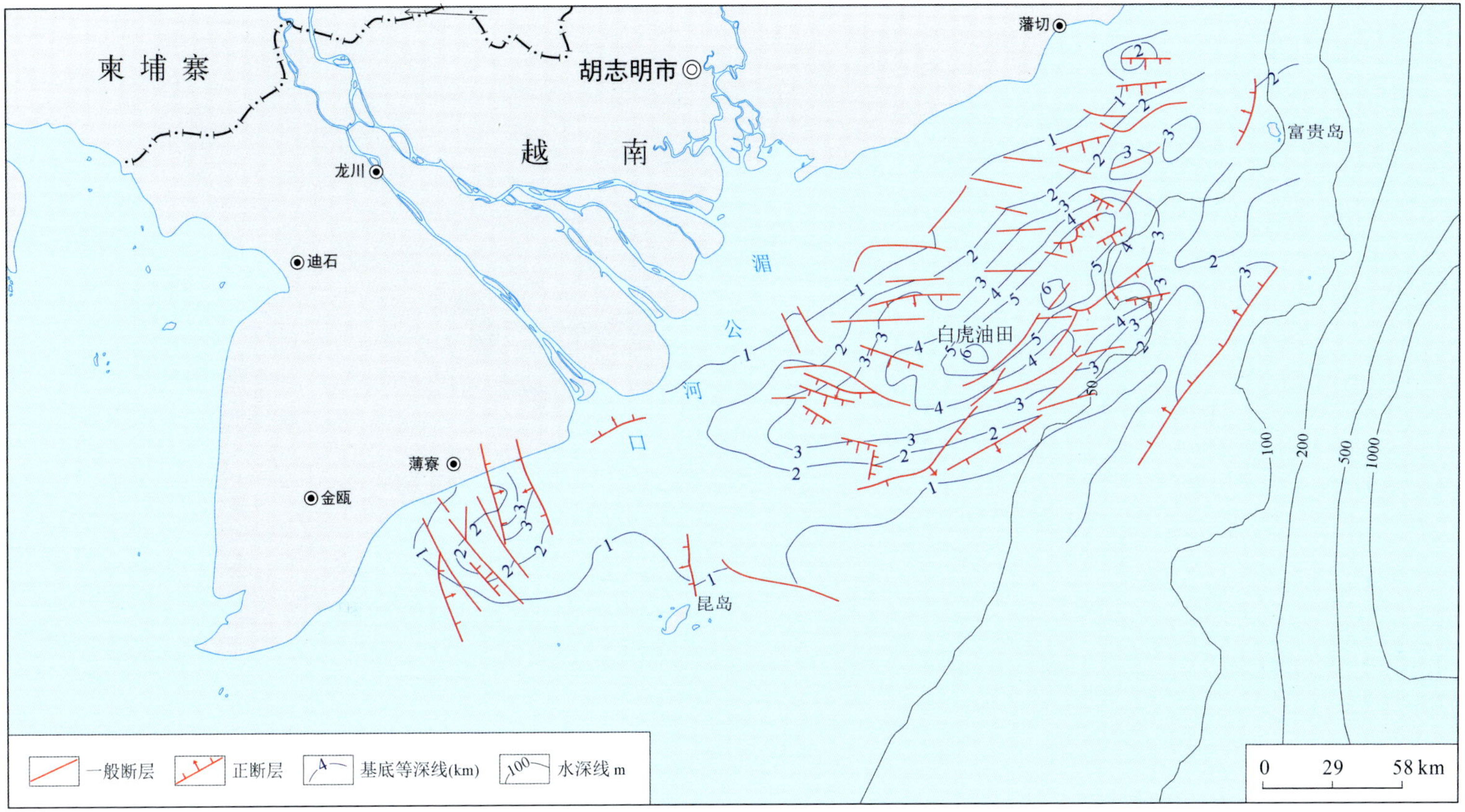

据童晓光等，2005；IHS数据库资料，修改

湄公盆地断层发育，走向可分为NE、近EW、NW和NWW4组。NE走向的断层主要分布在盆地的东部和北部；近EW向的断层主要分布在东南部坳陷和东北部坳陷内；而NW和NWW走向的两组断层主要分布在盆地的西南部和西部。从断层发育的规模来看，盆地东南侧发育的NE走向断层的规模明显大于盆地西侧和西南部发育的断层；从断层的性质来看，主要以正断层为主。

2-1-5 湄公盆地构造格架图

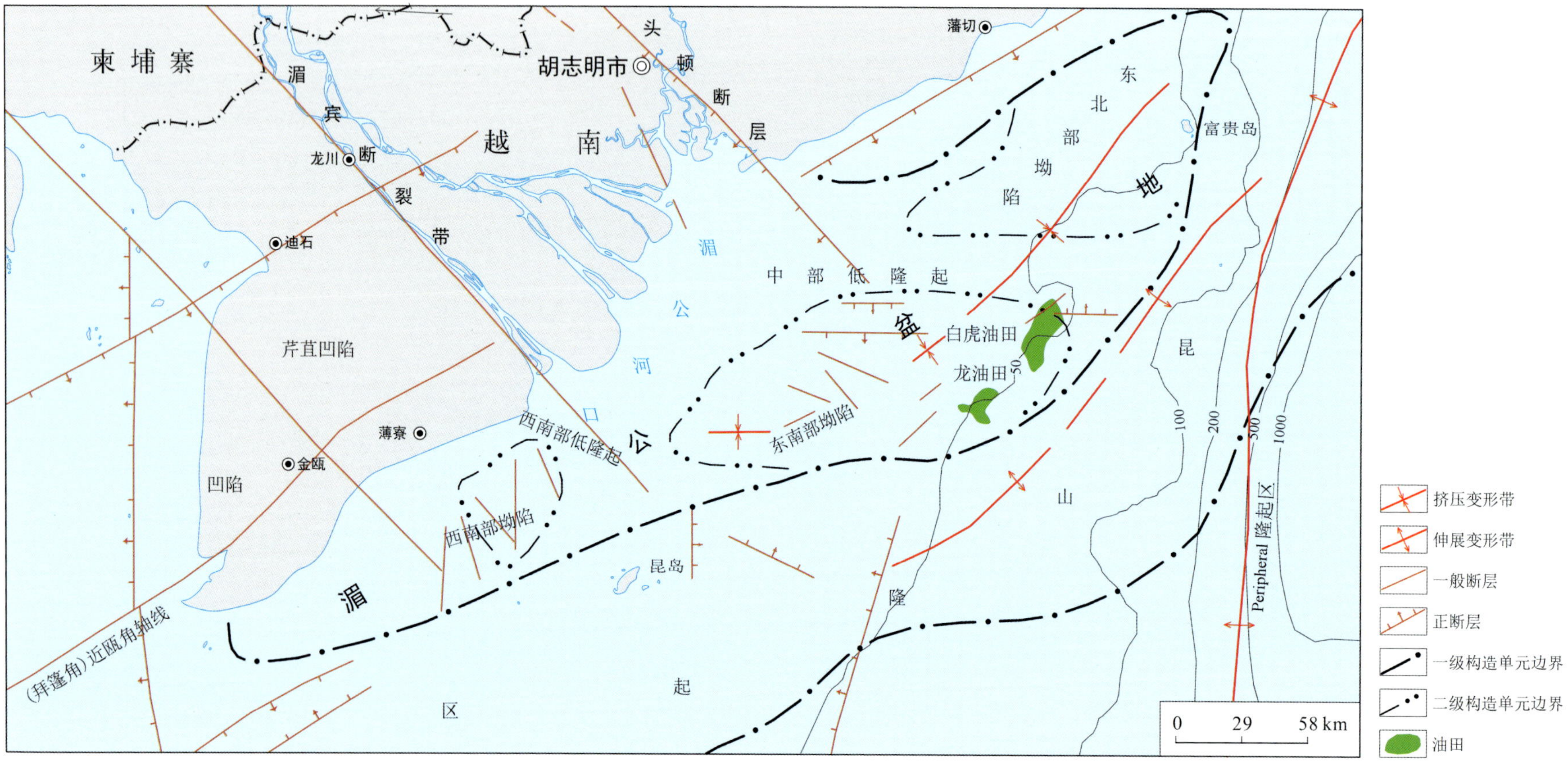

据谯汉生等，2004，修改

湄公盆地向海一侧以陆架和沿200 m等深线呈S—N向的基底高部位—Peripheral隆起为界；东南部以NE向昆山隆起区将湄公盆地与万安盆地隔开；西南部则以呵叻（Kaorat）隆起区作为该盆地与马来-泰国湾盆地的分界线，往北延伸到湄公河三角洲。

湄公盆地由NE向SW可划分三坳两隆5个二级构造单元，分别为东北部坳陷、中部低隆起、东南部坳陷、西南部低隆起和西南部坳陷。目前勘探证实，湄公盆地油气田主要分布在东北部坳陷、东南部坳陷和中部低隆起上。

2-1-6 湄公盆地构造演化图

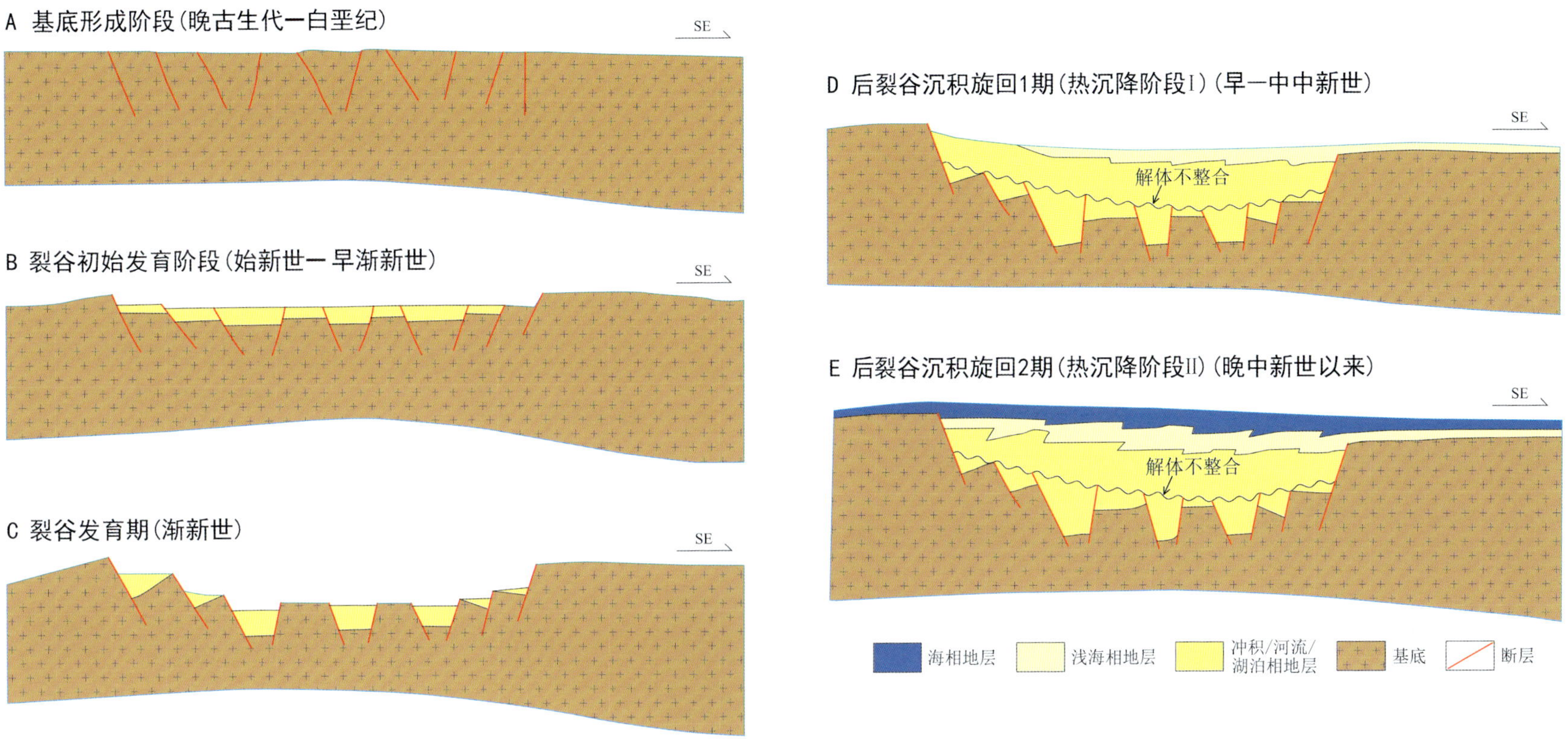

据Lee et al., 2001，修改

湄公盆地的构造演化总体上可以分为基底形成期、裂谷发育期、热沉降阶段Ⅰ和热沉降阶段Ⅱ4个阶段。湄公盆地晚白垩世时，基底隆起抬升，花岗岩体侵入，古新世时仍处于强烈剥蚀状态。晚始新世断层活动活跃，形成NW向窄地堑，其中有巨厚粗屑补偿堆积。早渐新世时，盆地沉降，可容纳空间扩大，沉积了250 m厚的湖相沉积。晚渐新世时，地壳构造活动频繁，海平面上升，湄公盆地呈NEE向强烈沉降，沉积了2 500 m厚的上渐新统潟湖—三角洲相砂泥岩，不整合于始新统和基底之上。中新世以来进入热沉降阶段，沉积了厚度超过2 000 m的三角洲相—浅海相砂泥岩。

2-1-7 湄公盆地地层和石油地质综合柱状图

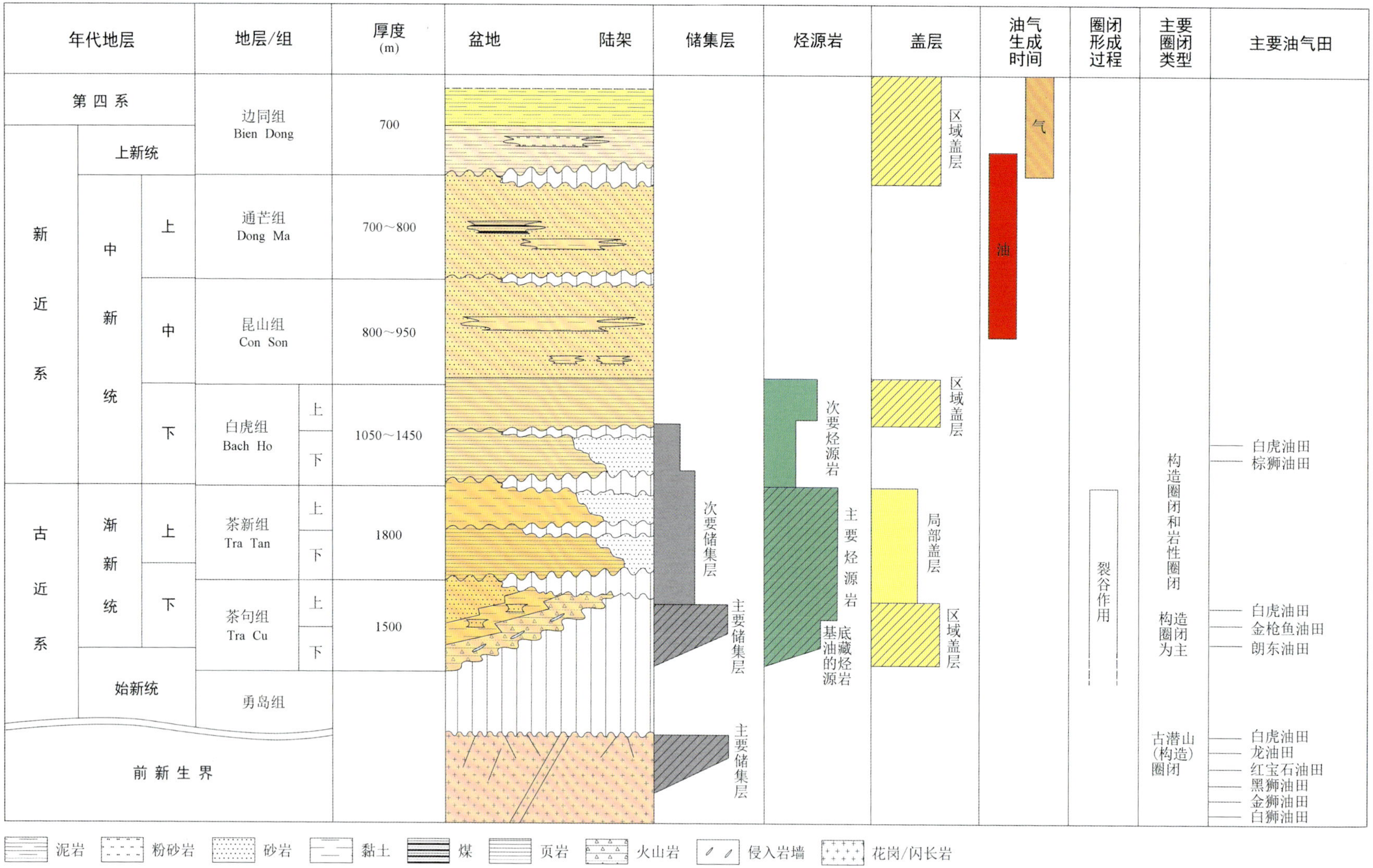

2-1-8 湄公盆地渐新世有机质生烃潜力及地球化学分析图

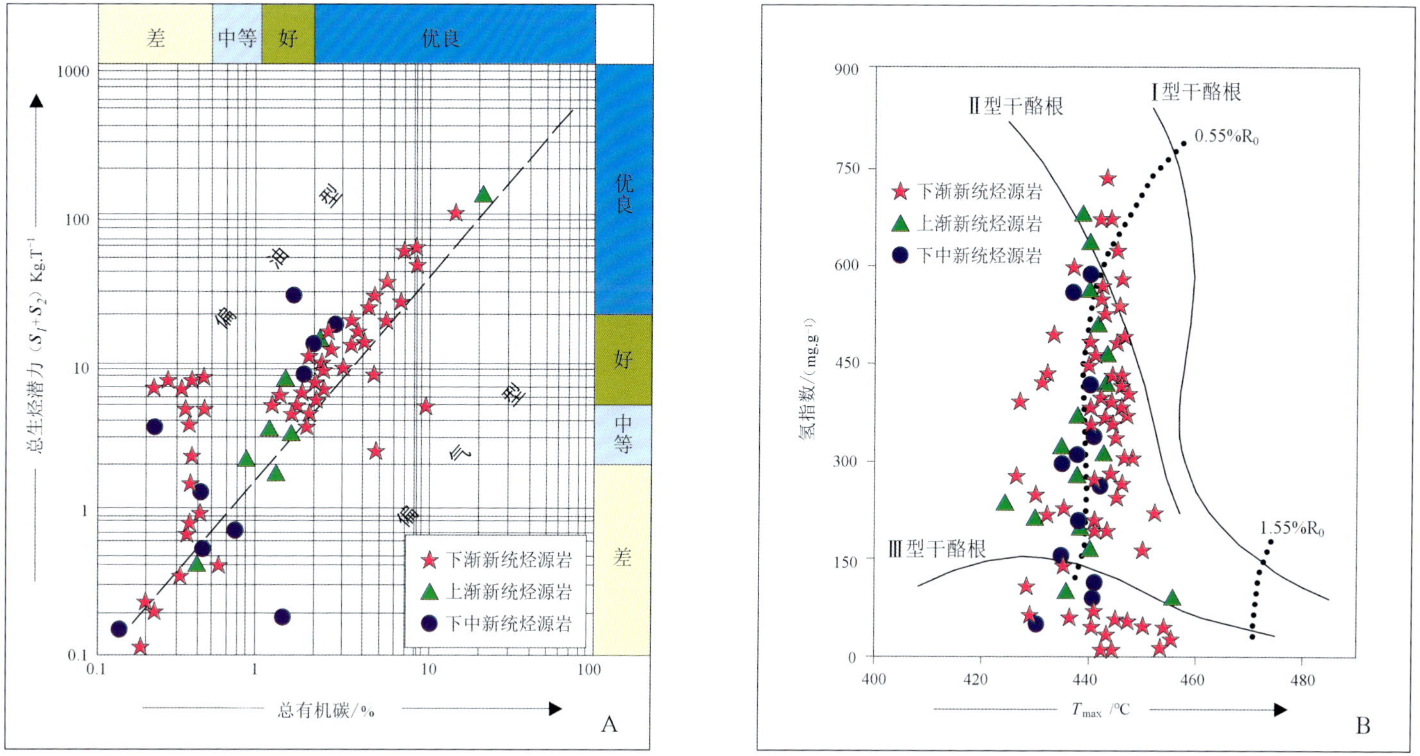

湄公盆地主要烃源岩是下渐新统茶句组页岩夹层和上渐新统茶新组的黏土、页岩以及煤层富含有机质，次要烃源岩为下中新统页岩。干酪根类型以Ⅱ型为主，局部Ⅰ型和Ⅲ型，平均有机碳含量在1%~10%，氢指数范围为300~600 mg/g（以TOC计）。

中新统、渐新统砂岩和基底风化壳都具有良好的储集能力，以基底风化壳储集能力最优，其次为渐新统和中新统的砂岩。在白虎地区，50%储量的油气分布在裂缝性基底中，45%分布在下渐新统，近5%的储量分布在上渐新统和下中新统中。盆地主要发育上新统至第四系边同组泥岩、中中新统白虎组上部黑色泥岩、渐新统上部茶新组湖相页岩和黏土3套区域盖层。

2-1-9 湄公盆地典型油气田（藏）特征图

白虎油田成藏模式图

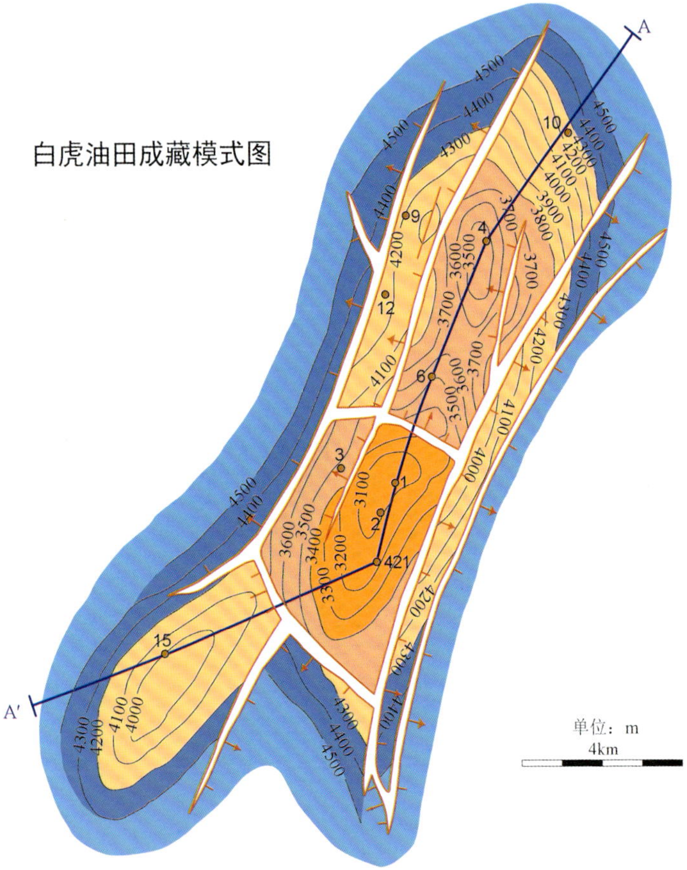

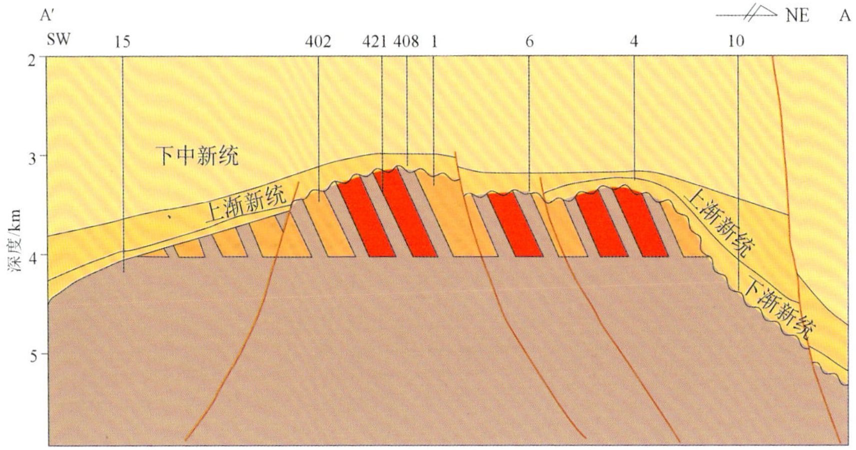

据童晓光等，2005，修改

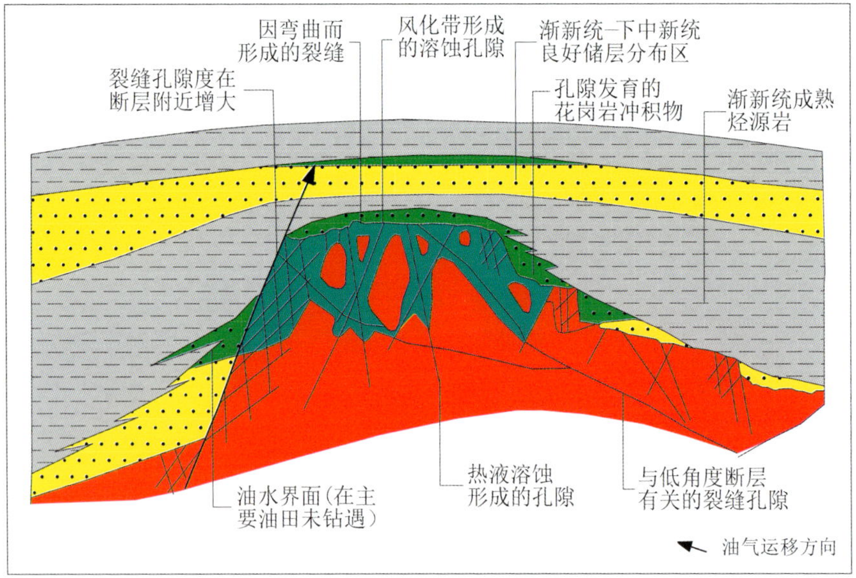

据童晓光等，2005，修改

白虎油藏为湄公盆地典型的油田，位于越南头顿市东南约120 km近海的一古潜山油田，长20 km，宽5~7 km，总面积超过100 km^2，盖层为渐新统，油气分别储存在3个不同的层位：基底风化壳及裂缝花岗岩、渐新统茶句组和中新统白虎组。

2-2 马来—泰国湾盆地

2-2-1 马来—泰国湾盆地构造格架图

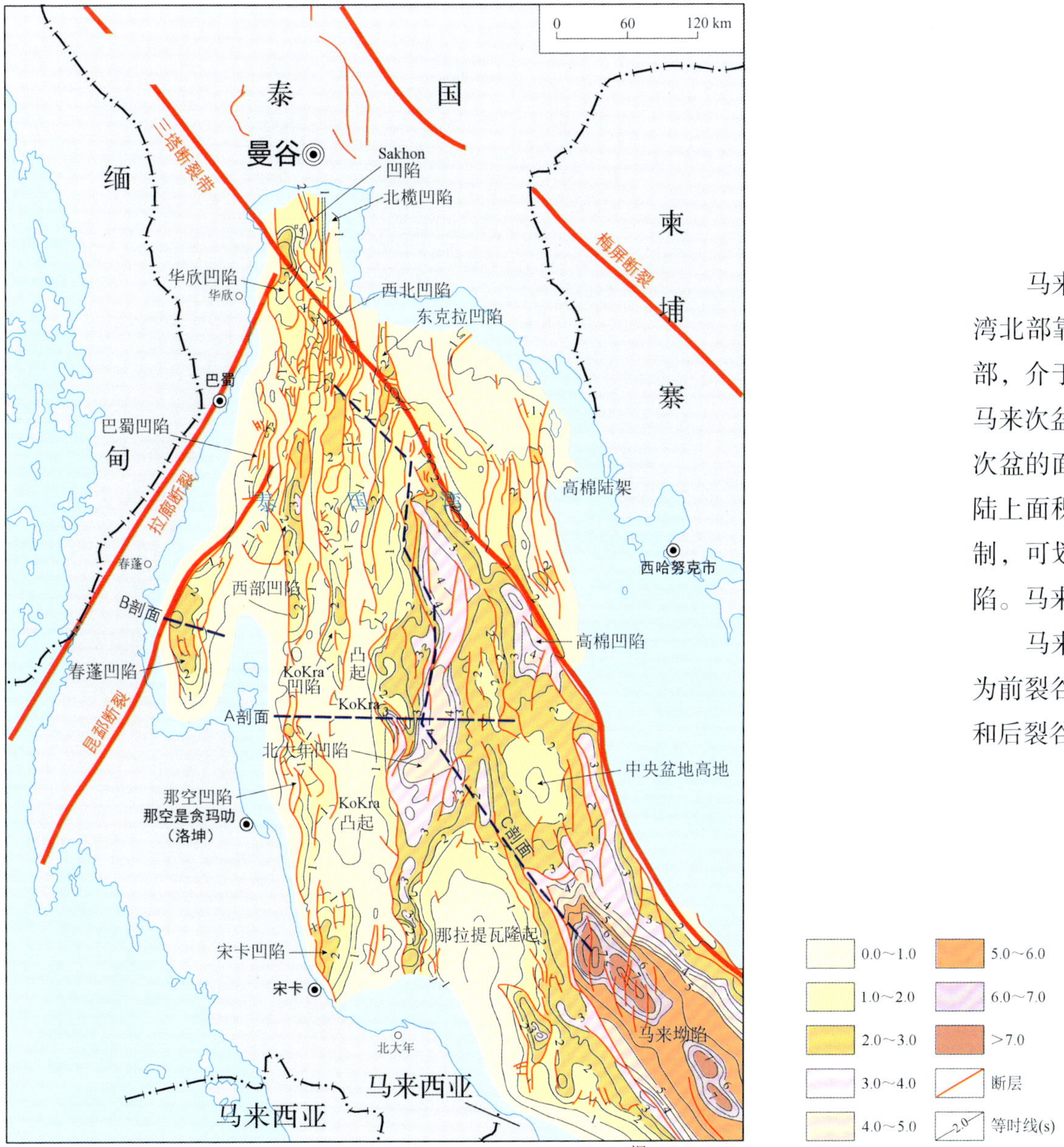

据EPIC，1994

马来—泰国湾盆地（Malay—Gulf of Tailand Basin）位于泰国湾北部靠海洋一侧，呈NNW—SSE走向，向南延伸至泰国湾南部，介于越南和马来半岛之间，可分为马来次盆和泰国湾次盆。马来次盆面积约10.73×10^4 km²，最大沉积厚度14 000 m。泰国湾次盆的面积约17.06×10^4 km²，其中海上面积约16.96×10^4 km²，陆上面积约0.10×10^4 km²，盆地受位于其中心的北大年凹陷的控制，可划分出13个大小不等、面积从500 km² ~28 000 km² 的凹陷。马来—泰国湾盆地是晚白垩世开始发育的新生代裂谷盆地。

马来—泰国湾盆地的形成演化受控三塔断裂带的作用，可分为前裂谷构造（前新生代）、同裂谷构造（渐新世—中中新世）和后裂谷构造（晚中新世至今）3个演化阶段。

2-2-2 马来次盆油气田分布图

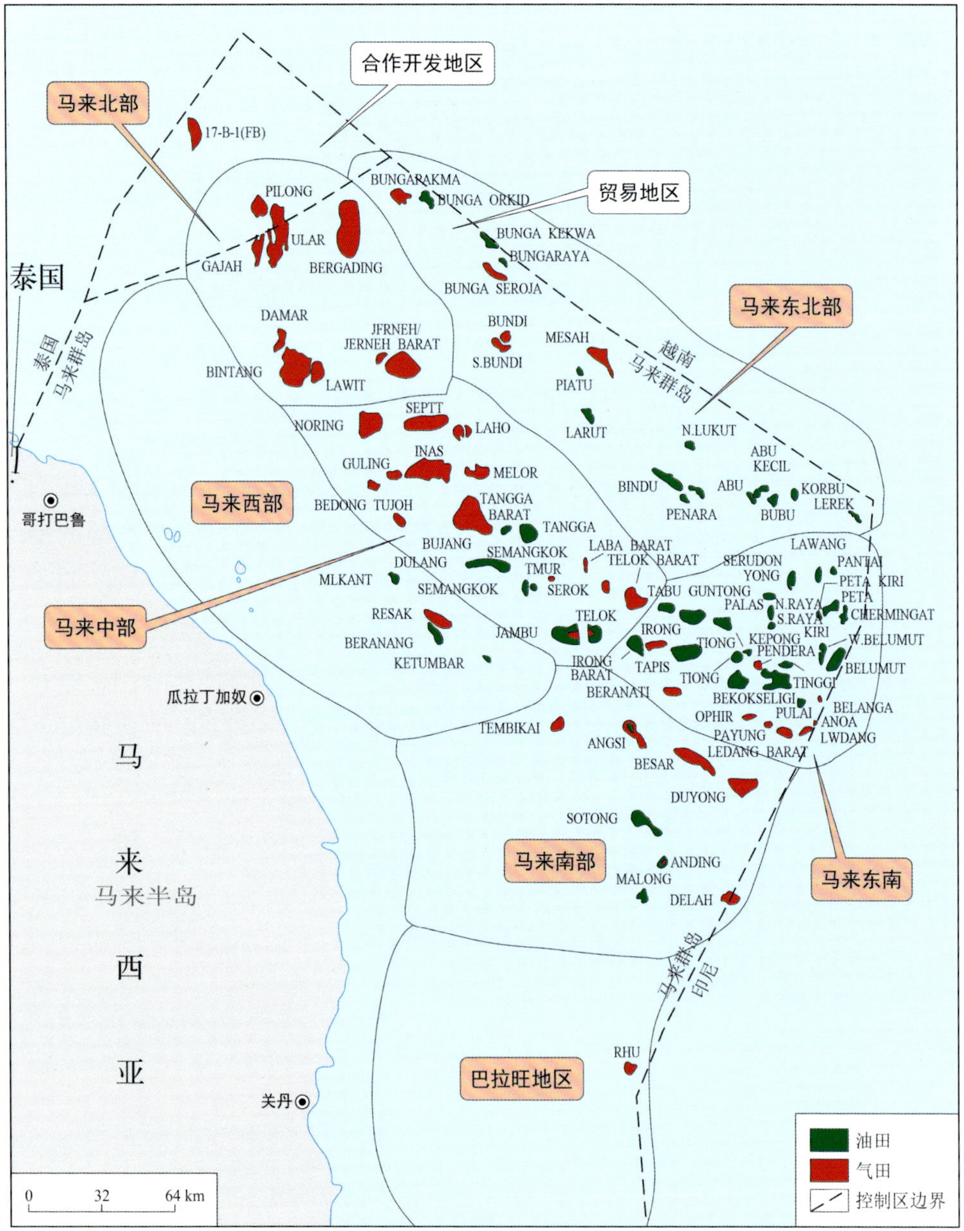

马来次盆的油气勘探工作始于1968年，早期勘探工作主要集中在马来西亚和泰国所属区块上；至20世纪70年代早期，地球物理调查活动扩展到印度尼西亚。目前，马来次盆处于相对较成熟的勘探阶段，迄今已发现大量油气藏，有13个油气田目前正在生产，其中油田主要分布在盆地中部、东北部和东南部，而气田主要分布于盆地中部、北部和东北部。

2-2-3 泰国湾次盆油气田分布图

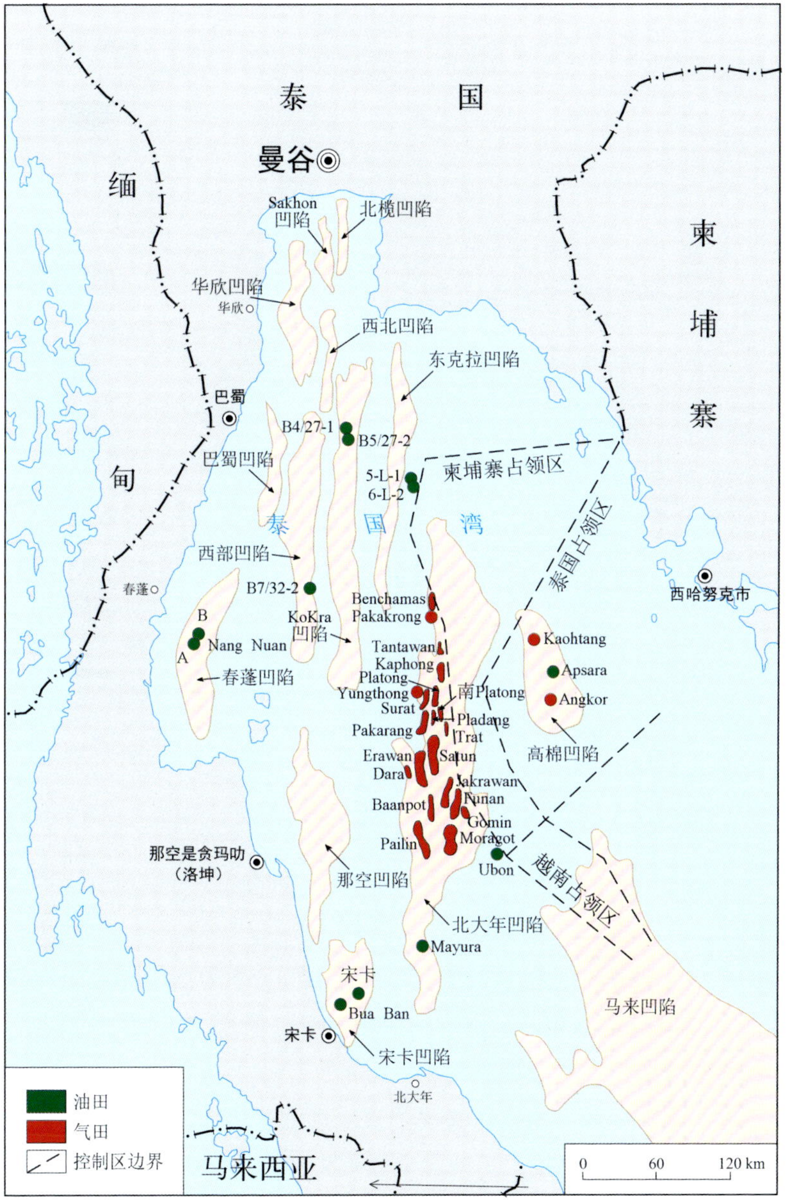

泰国湾海域勘探活动最早始于1968年，目前泰国湾次盆有探井638口，已发现气田64个，集中分布在北大年凹陷中南部。此外，宋卡断陷和北大年北部、东部高棉凹陷也发现了规模较小的油气藏。

泰国湾次盆分布13个大小不一的断陷或凹陷，呈南北向展布，位于中部的北大年断陷分布范围最大，是泰国湾次盆天然气最丰富的地区。马来次盆呈NW—SE走向，是一个由众多伸展地堑组成的复杂裂谷，其中多数地堑深度大，形成于古近纪，最大埋深达14 km。泰国湾次盆地温度梯度高，为5°C/100 m，最高达7.3摄氏度/100 m。马来次盆地温度梯度也较高，为4.5°C/100 m，相对泰国湾次盆低一些。

2-2-4 马来次盆地层与石油地质综合柱状图

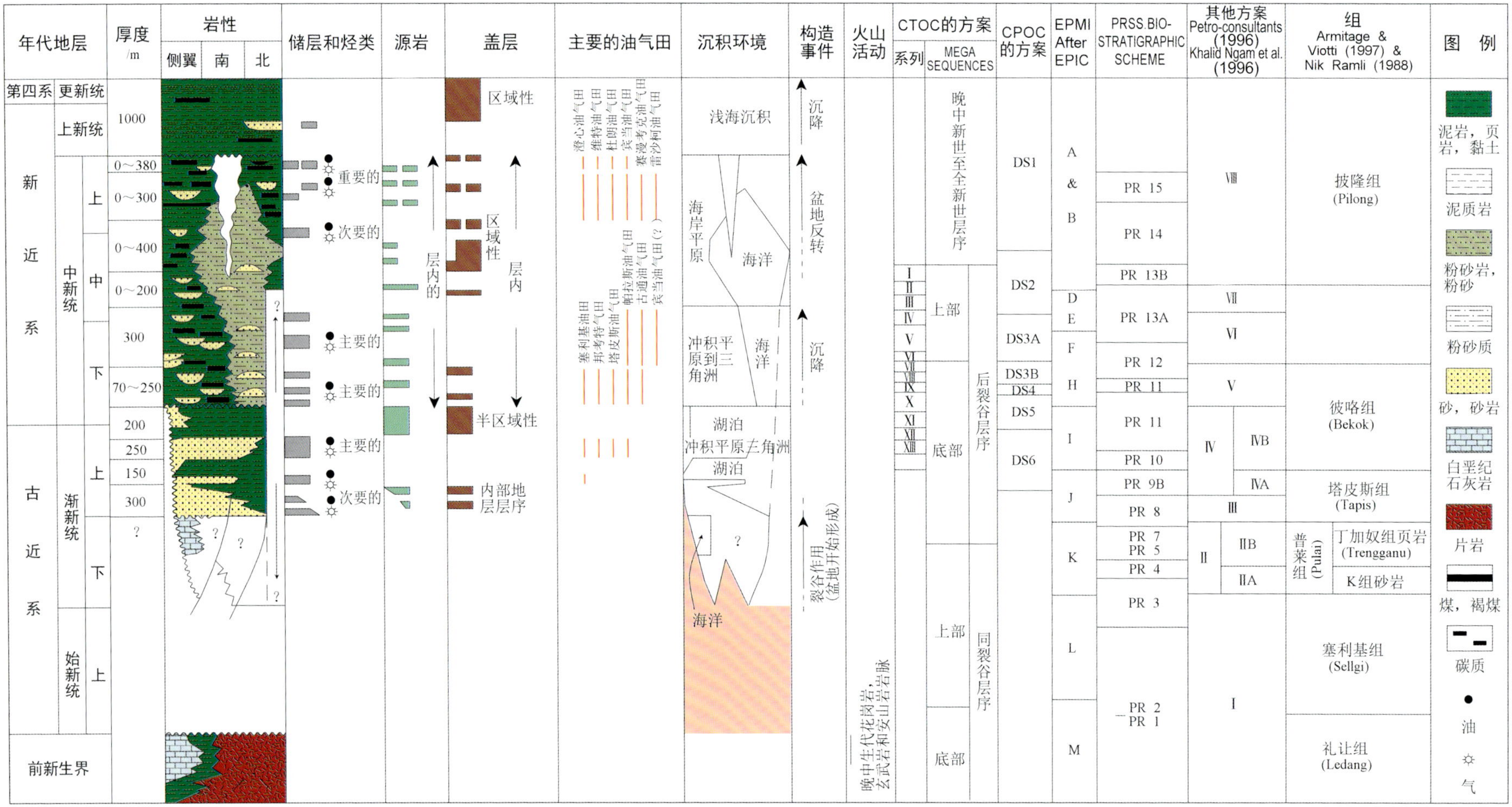

马来次盆主要发育始新世以来的地层。根据地震和钻井资料，Esso公司将地层单元由新到老的顺序划分A群到M群。A和B群：主要由海相黏土和粉砂组成。D和E群：以砂岩为主的叠加河流相—河口相。K、F和H群：主要为砂岩、泥岩的海相—三角洲相，局部为河流相或河口相。I和J群：以砂岩为主的进积河流相—加积河流相—潮流占主导的河口相。K、L和M群：主要为砂岩、泥岩和页岩的湖相到沿岸平原相。

马来次盆具有丰富的石油和天然气储量，其烃源岩主要为湖泊和河流三角洲相沉积环境。湖相烃源岩由富含藻类的页岩和泥岩组成，位于渐新世—早中新世K、L、M群和前早中新世同生裂谷期地层中。河流三角洲烃源岩主要位于中、下中新世I和E群地层，为海岸平原页岩和含煤（碳）页岩。

2-2-5 泰国湾次盆地层与石油地质综合柱状图

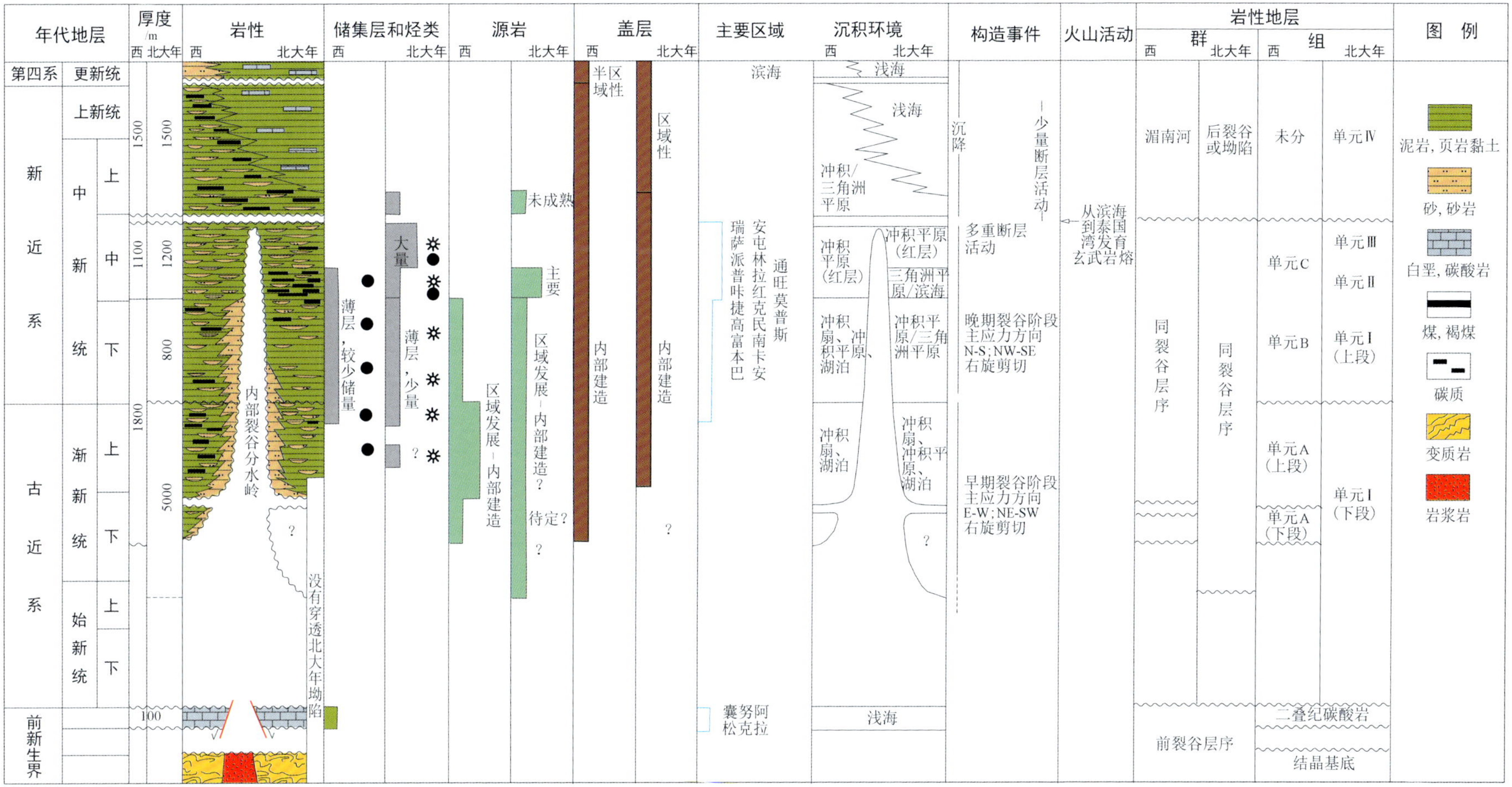

泰国湾次盆主要发育始新世以来的地层，在西部凹陷局部还发育有古生代二叠纪的灰岩。北大年断陷古近系和新近系沉积岩厚8 000 m以上，为非海相沉积。迄今为止钻井尚未钻遇到晚渐新世以前的沉积岩。

泰国湾次盆中北大年断陷和西侧地堑发育特征不同的烃源岩，前者以生气为主，后者以生油为主，并发育两套储层，晚渐新世—中中新世同生裂谷期碎屑岩为重要的一套储层，已发现的气和凝析油都储存在该套地层中，只找到极少量的石油。

2-2-6 马来次盆沉积古环境及演化示意图

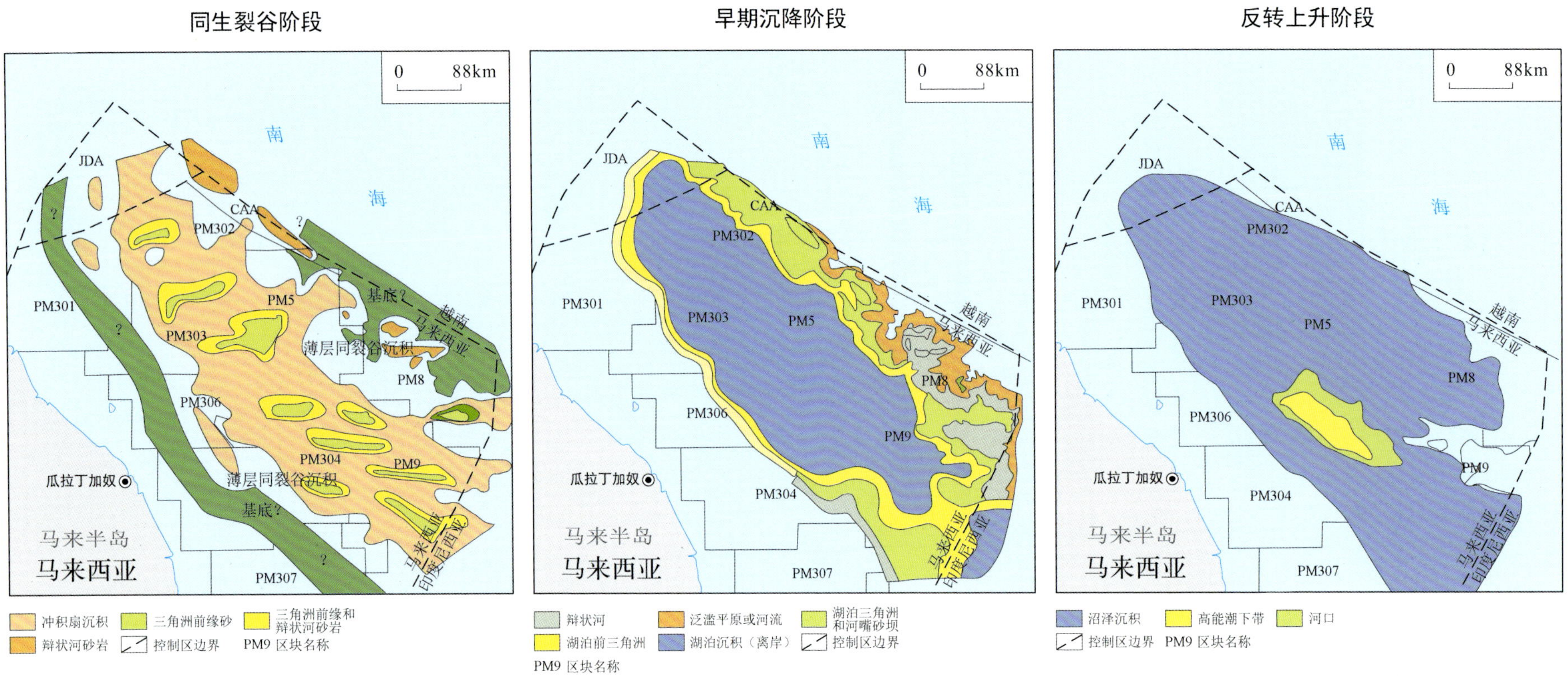

马来次盆的沉积特征与构造演化密切相关，可划分为3个阶段：前中新世同生裂谷阶段、早—中中新世构造沉降和盆地反转阶段、晚中新世至第四纪沉降阶段。

前中新世：为盆地同生裂谷阶段，其沉降受断层控制，包括M-J群地层，主要为辫状河、沿岸平原、湖泊三角洲和湖泊等沉积。早期的沉积作用仅局限于半地堑沉积中心，沉积了以砂岩和页岩为主的互层同生裂谷厚层序列，属河湖层序。

早—中中新世：伸展断层作用停止，处于弱沉降阶段，形成了I-D群层。中、下中新统沉积了由滨海、河口、沿岸平原和河流沉积物组成的旋回序列。中中新世早期的弱构造沉降伴有挤压变形作用，挤压变形作用和重新活动的边界断层引起了半地堑局部反转，在盆地东南部形成隆起。

晚中新世至第四纪：全面海侵的近岸到浅海沉积环境，形成了A和B群海相黏土和粉砂地层，不整合于中、上中新统之上。

2-2-7 马来次盆典型地质剖面图

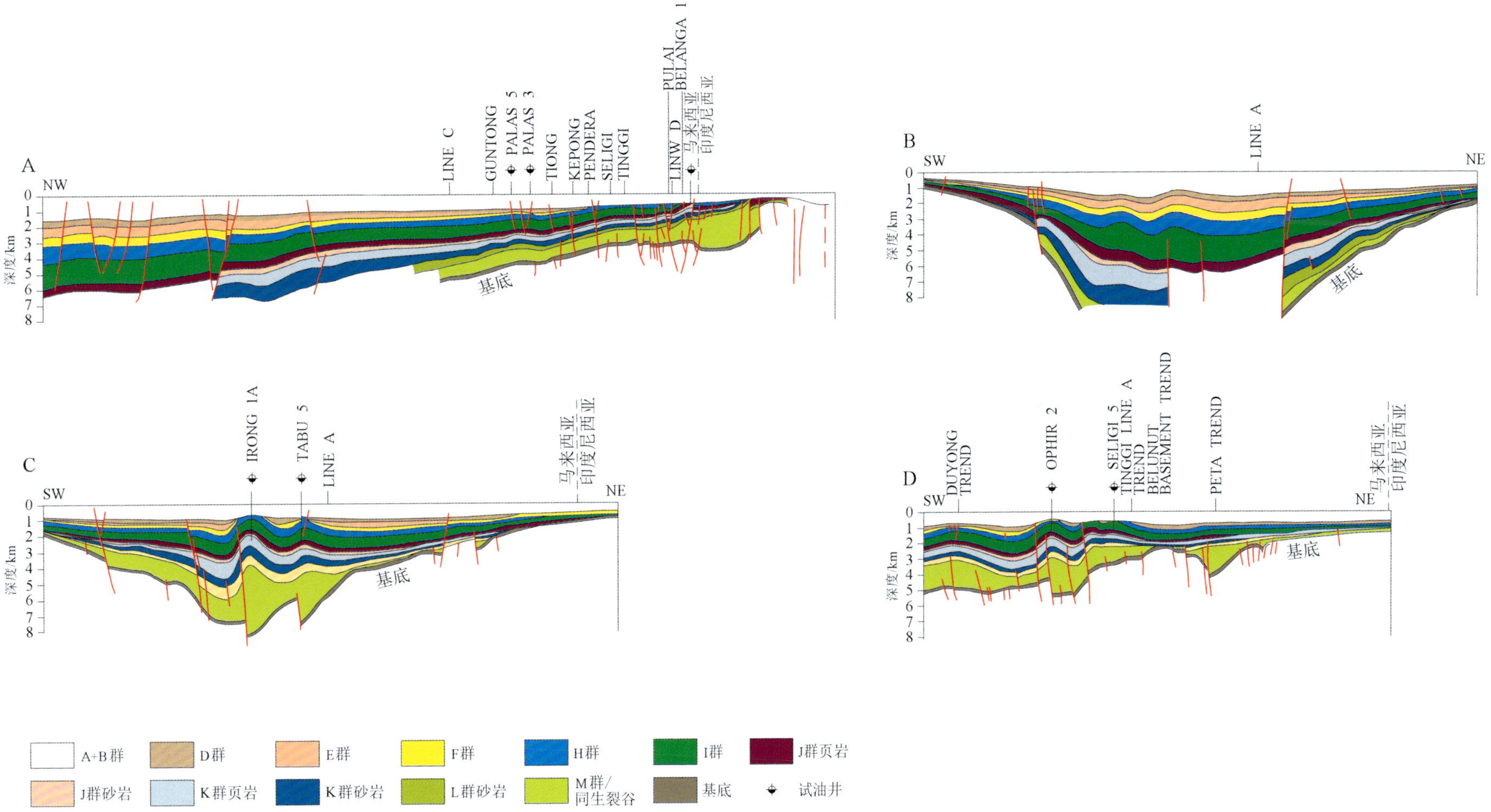

据PETRONAS，1999，修改

2-2-8 泰国湾次盆典型地质剖面图

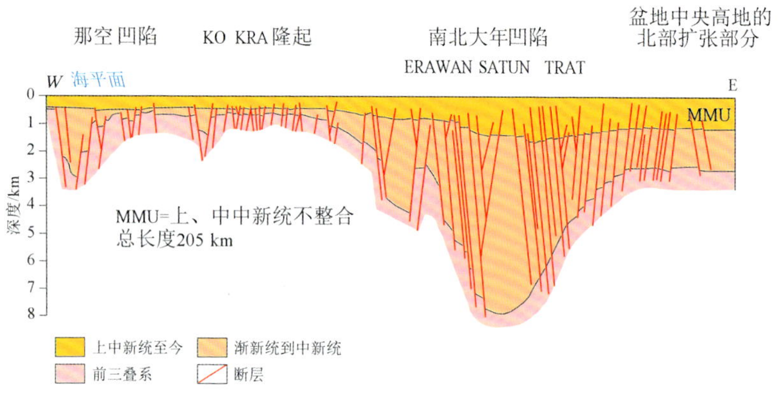

A 泰国湾次盆东西向地质剖面图（剖面位置见 2-2-1）

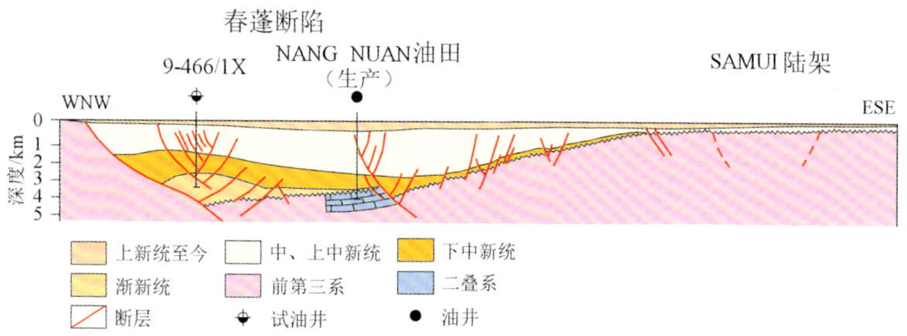

B 泰国湾次盆西部春蓬断陷地质剖面图（剖面位置见 2-2-1）

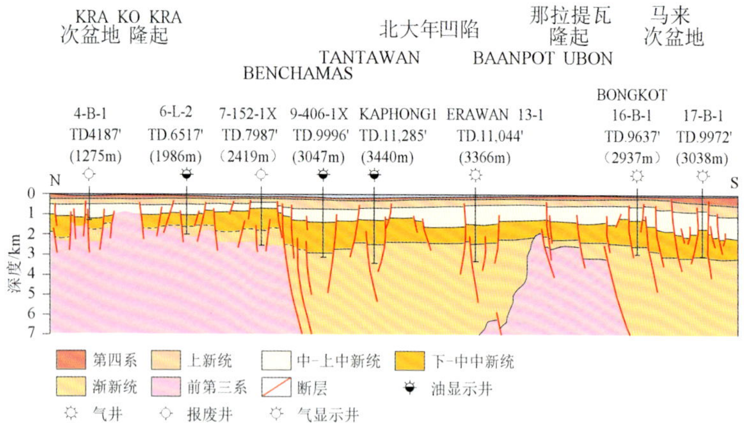

C 泰国湾次盆北大年南北向地质剖面图（剖面位置见 2-2-1）

2-2-9 马来次盆含油气圈闭分布及主要油气勘探目标图

马来次盆油气圈闭分布图

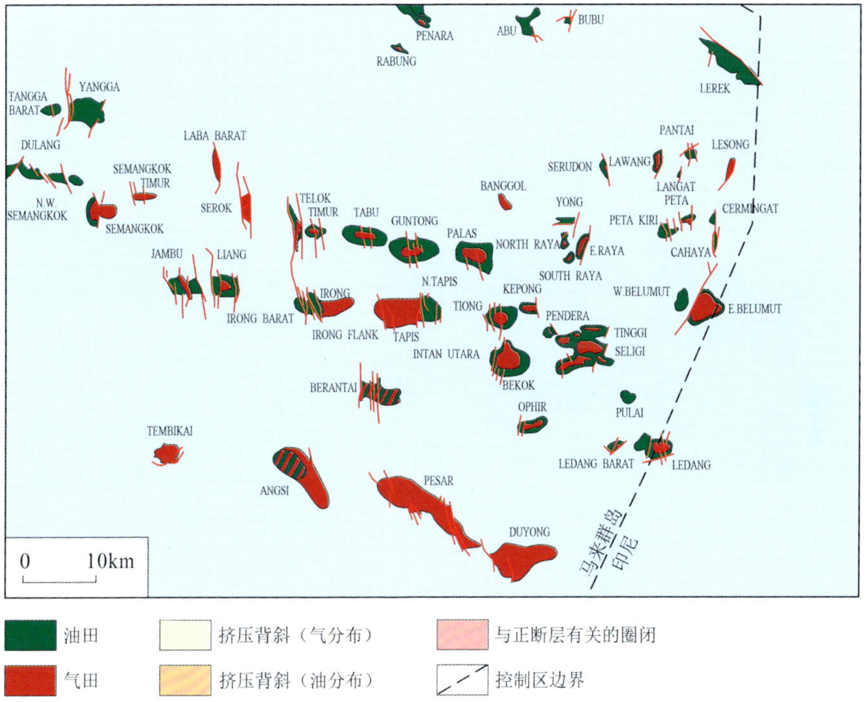

马来次盆主要油气勘探目标图　据PETRONAS，1999修改

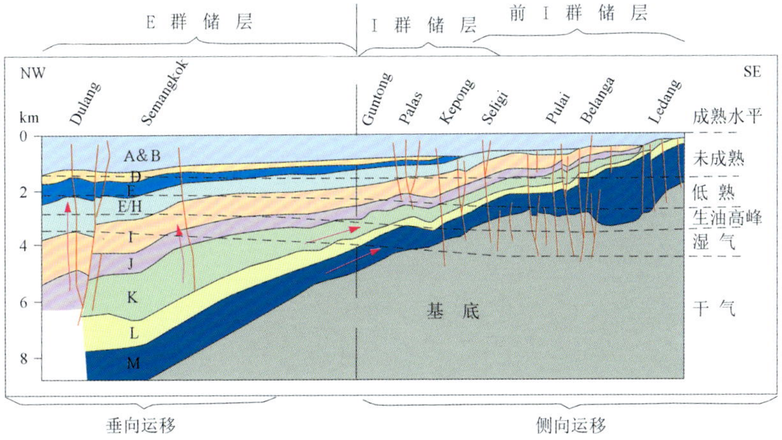

经钻探证实，泰国湾次盆天然气和凝析油主要储集在断层发育的背斜上，这些背斜的形成可能受基底区域断层控制。马来次盆发育多种类型的含油气圈闭，其中以挤压背斜为主，主要分布在盆地的中央及轴部，形成于中中新世（F群期的早期）盆地的反转阶段。

2-2-10 马来次盆典型圈闭类型示意图

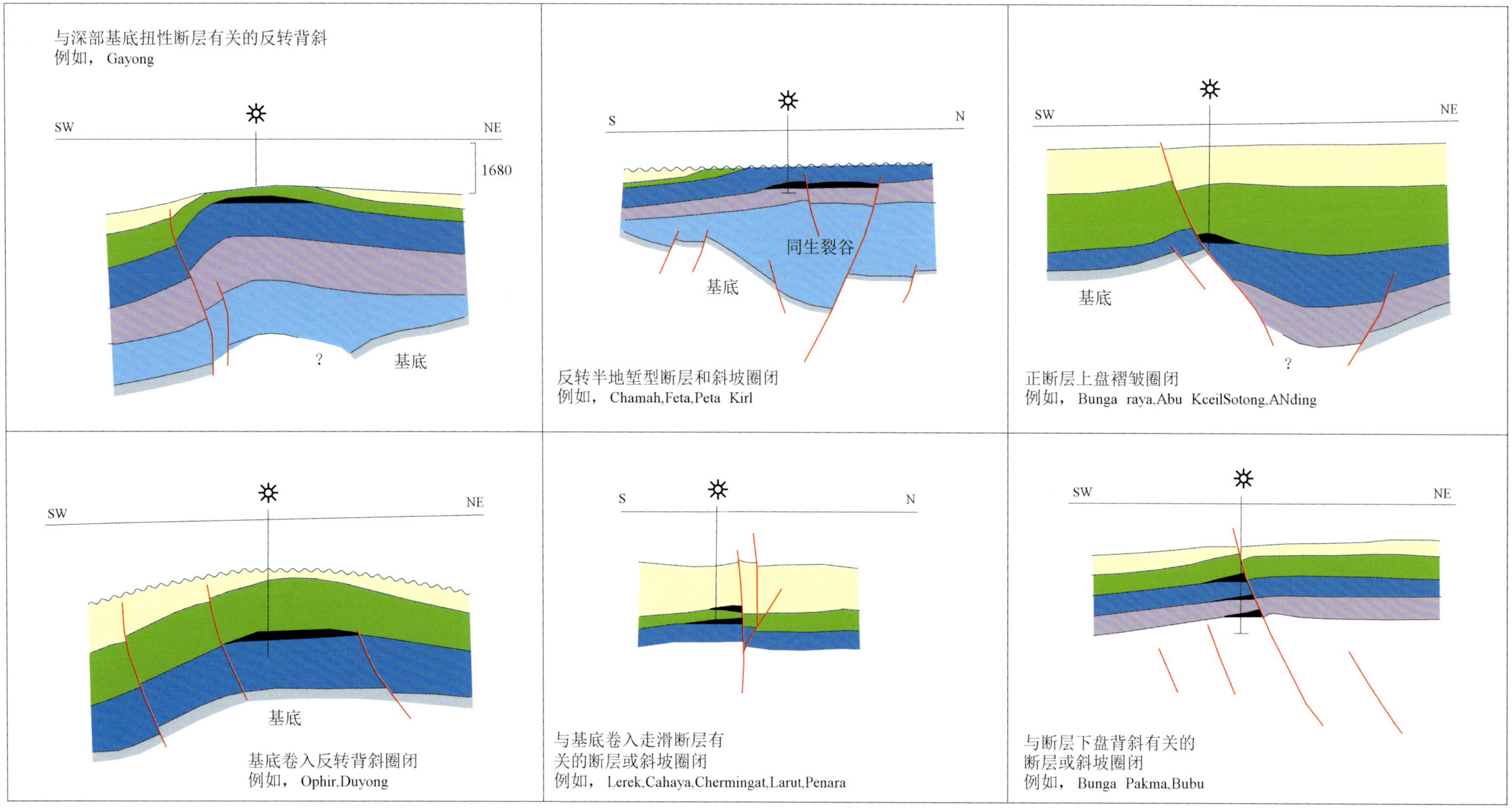

据PETRONAS，1999修改

2-2-11 泰国湾次盆含油气系统图

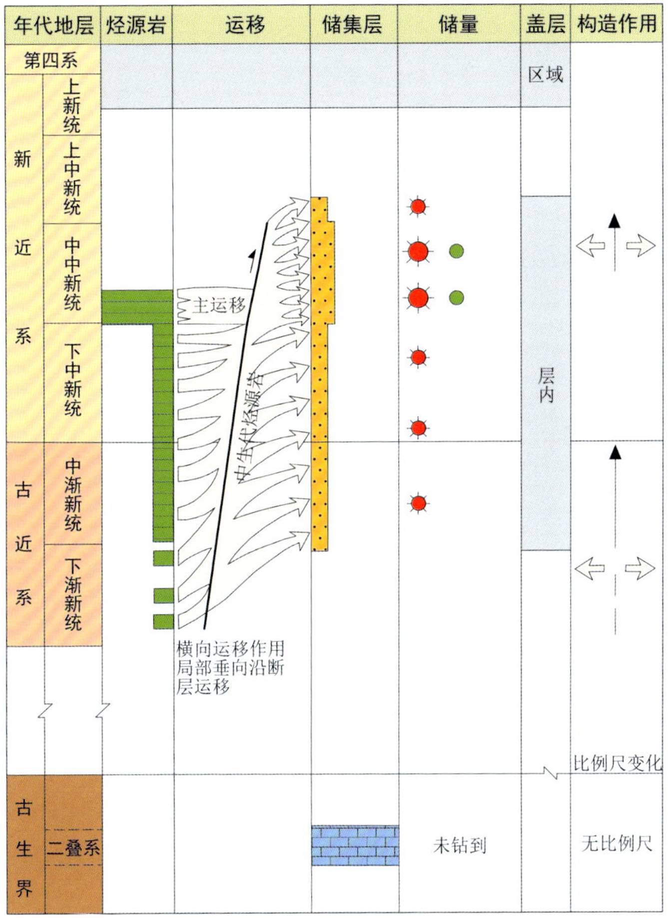

泰国湾北大年断陷含油气系统简图

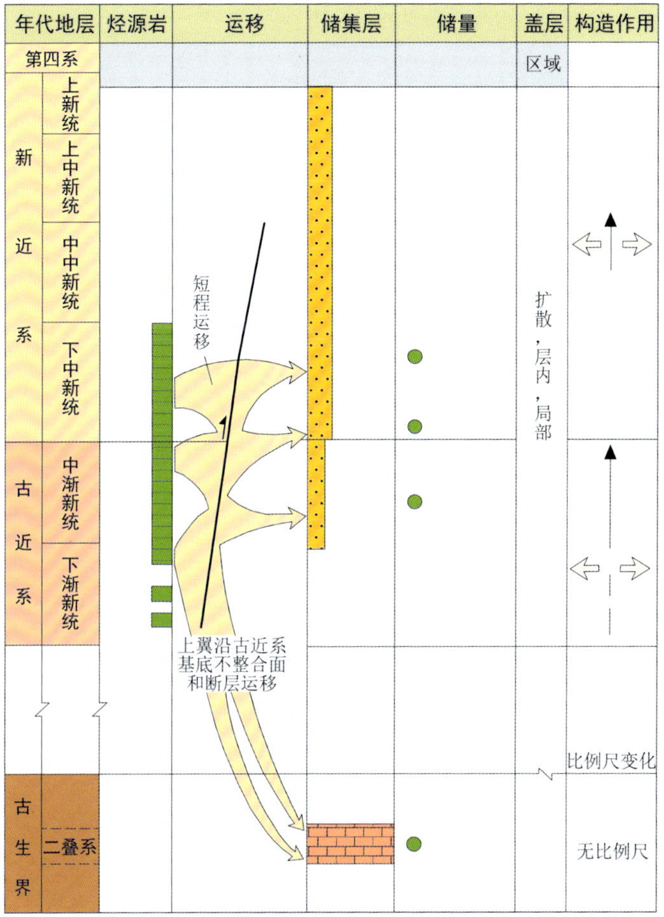

泰国湾西部断陷含油气系统简图

泰国湾次盆发育2个含油气系统：渐新统—中中新统含油气系统和渐新统—下中新统—二叠系含油气系统。其中，渐新统—中中新统为最重要的含油气系统，是北大年断陷、高棉断陷及西部断陷目前已知唯一的有效含油气系统，烃源岩为晚渐新世和早—中中新世陆相暗色页岩、煤层以及碳质页岩，处于成熟至高成熟生烃阶段。渐新统—下中新统—二叠系为次要含油气系统，目前仅发现于西部断陷的春蓬凹陷和宋卡凹陷。

泰国湾次盆油气勘探和开发集中在海域，除北大年凹陷的中南部勘探程度较高外，总体上勘探程度仍较低。有利的勘探地区与层位为北大年凹陷北部、高棉凹陷、西部断陷和二叠系碳酸盐岩。

2-3 文莱—沙巴盆地

2-3-1 文莱—沙巴盆地油气地质与勘探形势图

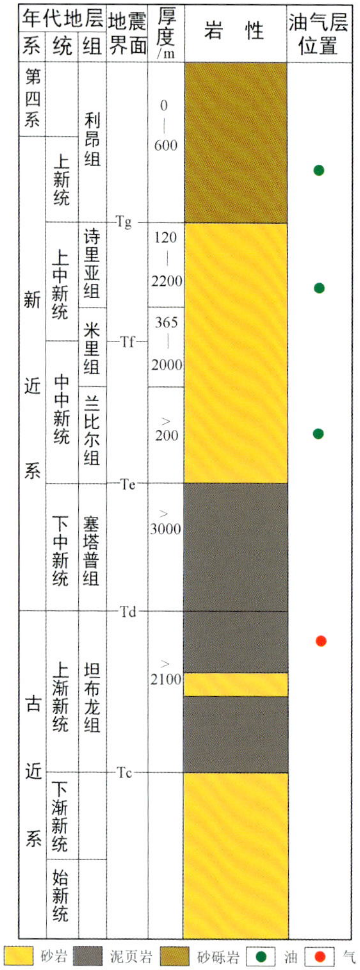

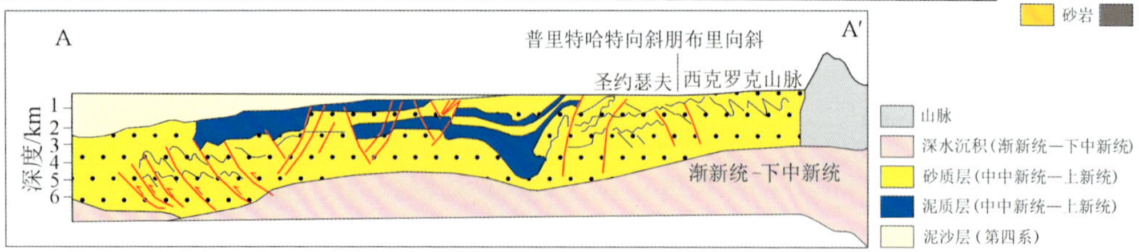

文莱—沙巴盆地（Brunei—Sabah Basin）位于南沙海域南缘，盆地西侧以NW走向的廷贾断裂（巴兰母线）与曾母盆地相隔，向北以逆冲断层与南沙海槽盆地为界。该盆地分为海陆两部分，呈NE走向，盆地面积约$10 \times 10^4 km^2$，其中位于中国传统疆域内的面积约$2.5 \times 10^4 km^2$（刘世翔等，2018），盆地主体水深小于300 m。

文莱—沙巴盆地是极富油气的新生代沉积盆地，油气的分布具有区带性，分为巴兰三角洲和沙巴两个含油气区。盆地内的油气勘探和开发均由马来西亚和文莱两个国家在进行，其勘探历史也不一样。马来西亚于19世纪中叶前，在拉布安岛就发现了油苗，1910年荷兰皇家壳牌石油公司在巴兰三角洲发现了第一个商业油田——米里油田。而文莱石油勘探始于20世纪初，截至2013年，国外在文莱—沙巴盆地已发现油气田141个，折合油气地质储量$56.7 \times 10^8 t$，展现了良好的勘探前景。

文莱—沙巴盆地是在古南海持续向加里曼丹岛之下俯冲形成的新生代弧前盆地或海沟-斜坡盆地（刘世翔等，2018）。盆地东、西部在基底性质、沉积类型和构造特征上差异较大，可划分为文莱和沙巴两个次盆，两者以文莱中部向海呈NNE向延伸的莫利斯断层（Jerudong-Morris线）为界。盆地最大沉积厚度超过12 500 m，向海方向逐渐变薄。其中，中新世—第四纪地层沉积厚度超过10 000 m。下部渐新统主要是海相页岩和泥灰岩，向上为海岸平原沉积。

2-3-2 文莱—巴兰三角洲地区地层与石油地质综合柱状图

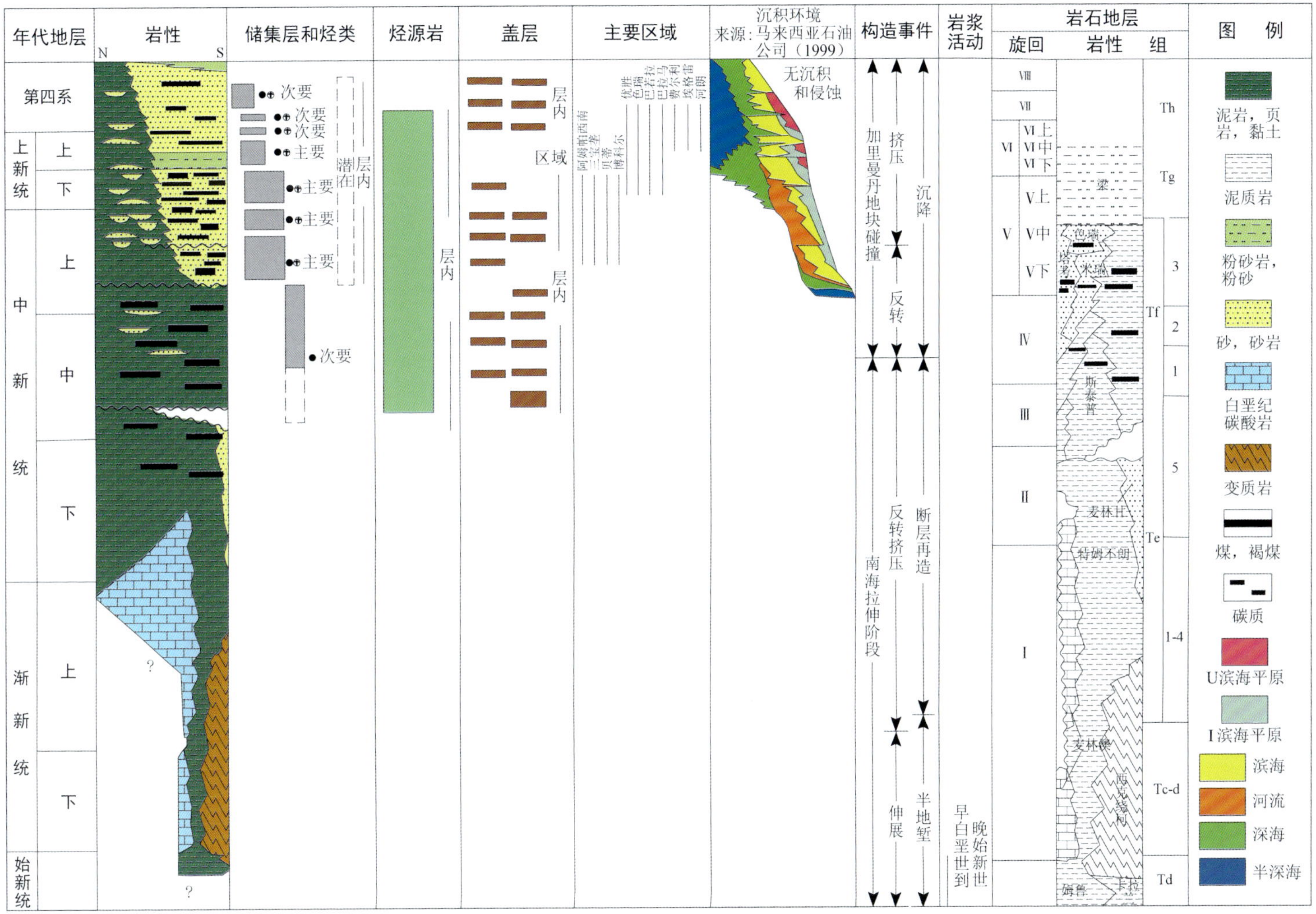

西部文莱次盆基底由褶皱变形的晚渐新世至早中新世地层组成，中中新世至第四纪沉积为盆地的主体，三角洲相发育，为主要的生储油气层系。文莱次盆西南缘主要沉积了陆源碎屑岩，总体上可分为 8 个沉积旋回：旋回Ⅰ到旋回Ⅳ，代表渐新世至中中新世陆架、陆坡和深海盆地沉积，主要沉积海相的砂泥岩。旋回Ⅴ到旋回Ⅷ，代表晚中新世至第四系进积形成的三角洲体系，是该次盆主要的沉降和沉积中心以及主要的油气发现区。钻井揭示，文莱区中—上中新统烃源岩以三角洲平原相的煤和前三角洲相的暗色泥岩为主，分布于沿岸地区，沿NW和NE方向厚度呈减薄趋势，烃源岩最大厚度达 2000 m，仅在米里地区出露地表的暗色泥岩厚度超过 600 m（郑涛等，2014）。

2-3-3 沙巴次盆地层与石油地质综合柱状图

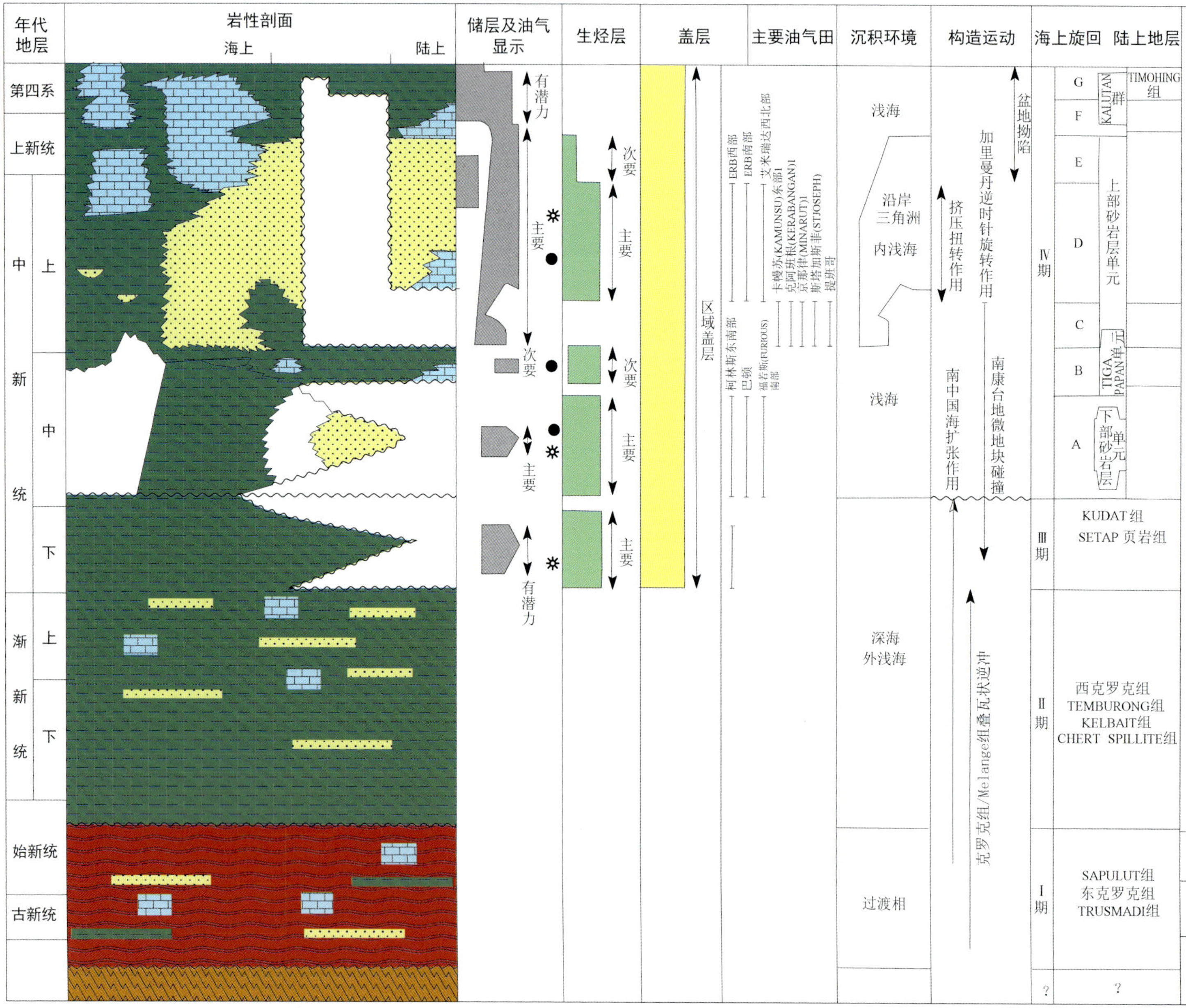

东部沙巴次盆基底为变质褶皱的晚始新世至渐新世深海复理石的克罗克组和可能三叠纪片麻岩、片岩等组成，属于加里曼丹增生楔一部分，其沉积由早中新世开始，直到现在。区内沉积环境由北西向靠近物源区的海岸平原，逐渐过渡为浅海至开阔海，纵向上表现为后期较粗的沉积物依次叠加在前期较细的沉积物之上。

2-3-4 文莱—沙巴盆地中新世沉积特征及演化示意图

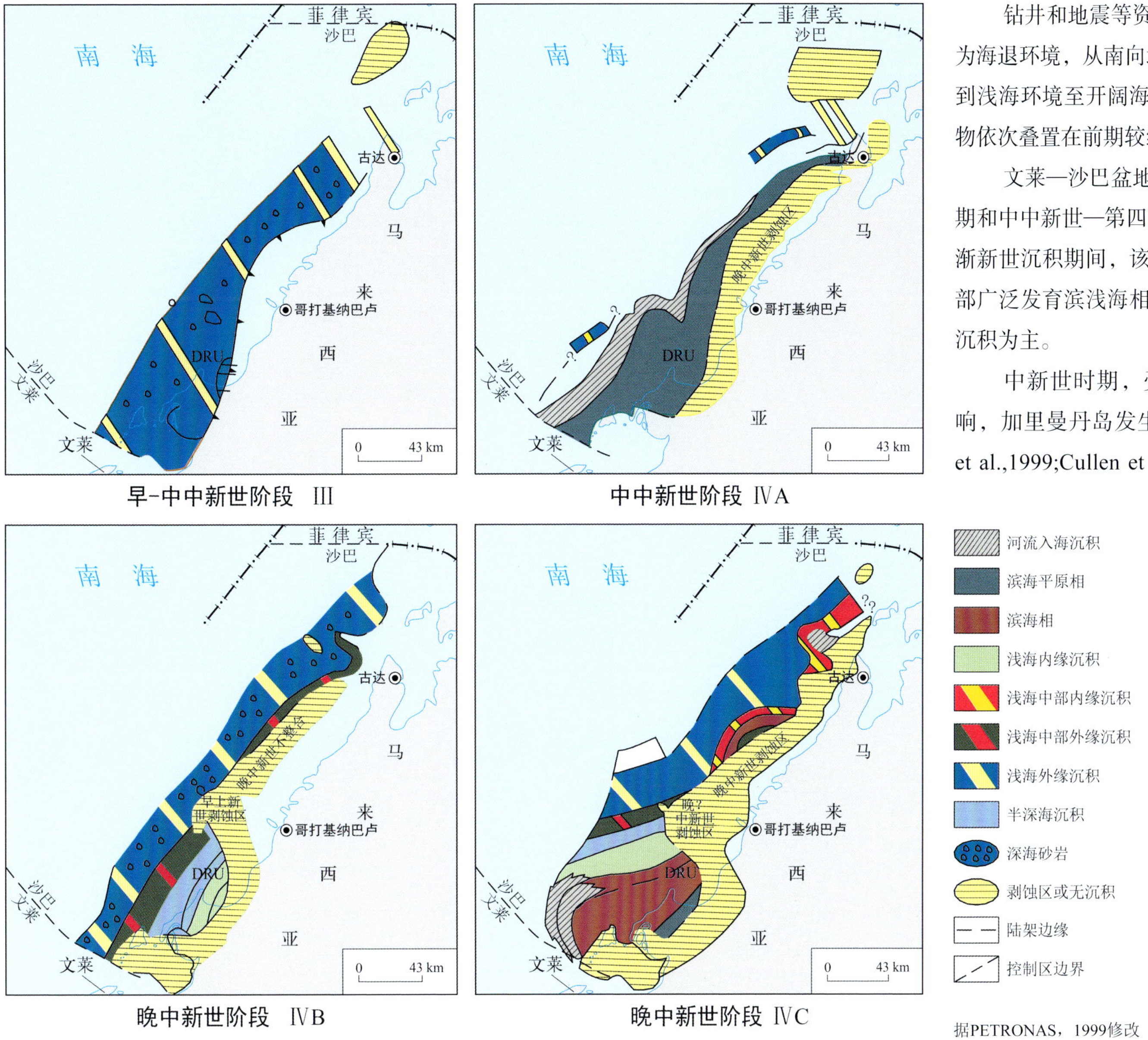

据PETRONAS，1999修改

钻井和地震等资料揭示，文莱—沙巴盆地沉积环境总体表现为海退环境，从南向北由NW向靠近物源区的海岸平原、逐渐过渡到浅海环境至开阔海的沉积环境，纵向上表现为后期的较粗沉积物依次叠置在前期较细沉积物之上。

文莱—沙巴盆地新生代经历了始新世—早中新世的俯冲增生期和中中新世—第四纪的快速沉降期2个构造演化阶段。始新世—渐新世沉积期间，该时期物源方向主要来自西南方向，盆地西南部广泛发育滨浅海相，而盆地东北部以浊积扇、深海—半深海相沉积为主。

中新世时期，受澳大利亚板块和菲律宾海板块作用的影响，加里曼丹岛发生逆时针旋转（Hutchison et al.,2010;Fuller et al.,1999;Cullen et al.,2012），导致该时期陆架坡折带的迁移和物源方向的改变，加里曼丹岛陆上沙巴造山带在中中新世后持续遭受剥蚀，为文莱—沙巴盆地提供了丰富的物源。早中新世，盆地主要发育三角洲—滨浅海—半深海—深海沉积体系。中中新世，盆地进入快速沉降期，主要发育了三角洲—滨浅海—半深海—深海—浊积扇沉积体系。随着东南方向物源的大量供给，海岸线向西北方向持续推进，盆地东南缘发育大型三角洲，构成了盆地内重要储层。晚中新世，盆地早期沉积环境继承性发育，主要发育三角洲—滨浅海—半深海—深海—浊积扇沉积体系。伴随苏禄海持续扩张，物源向南迁

2-3-5 文莱—沙巴盆地晚中新世—第四纪沉积特征及演化示意图

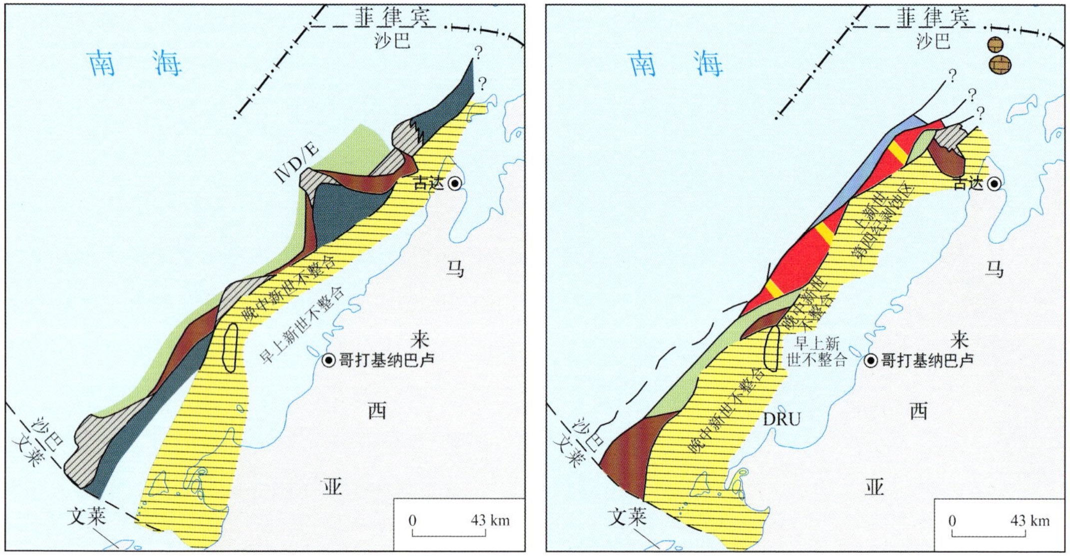

晚中新世阶段 ⅣD　　上新世阶段 ⅣE

上新世-第四纪阶段 ⅣF　　第四纪阶段 ⅣG

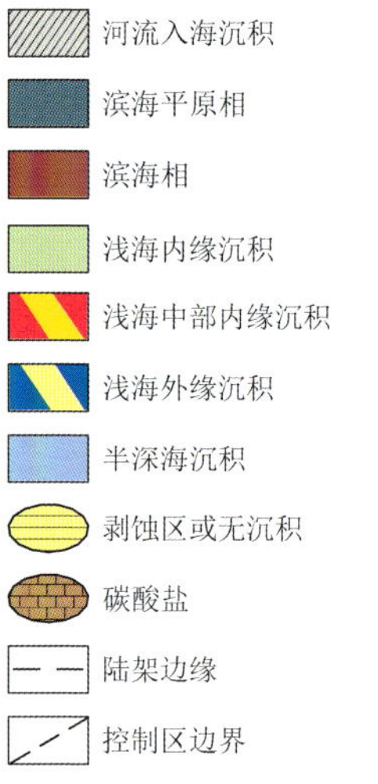

据PETRONAS，1999，修改

移，三角洲砂体持续沉积并向西北方向进积，在北倾呈SW—NE走向的褶皱冲断带的地形控制下形成大型的沉积沉降区。廷贾走滑断层（西巴兰姆断层）东侧发育大型巴兰三角洲。

上新世—第四纪沉积期间，盆地主要发育三角洲—滨浅海—半深海—深海—滑塌体沉积体系。该时期三角洲不再发育，仅在盆地西南缘发育大型的巴兰三角洲，一直持续至今。同时，由于沉积物快速供给越过陆架坡折后，三角洲前端发育大规模滑塌体，地震上表现为杂乱反射，对下伏地层侵蚀特征明显（刘世翔等，2018）。

2-3-6 文莱—沙巴盆地构造分区图

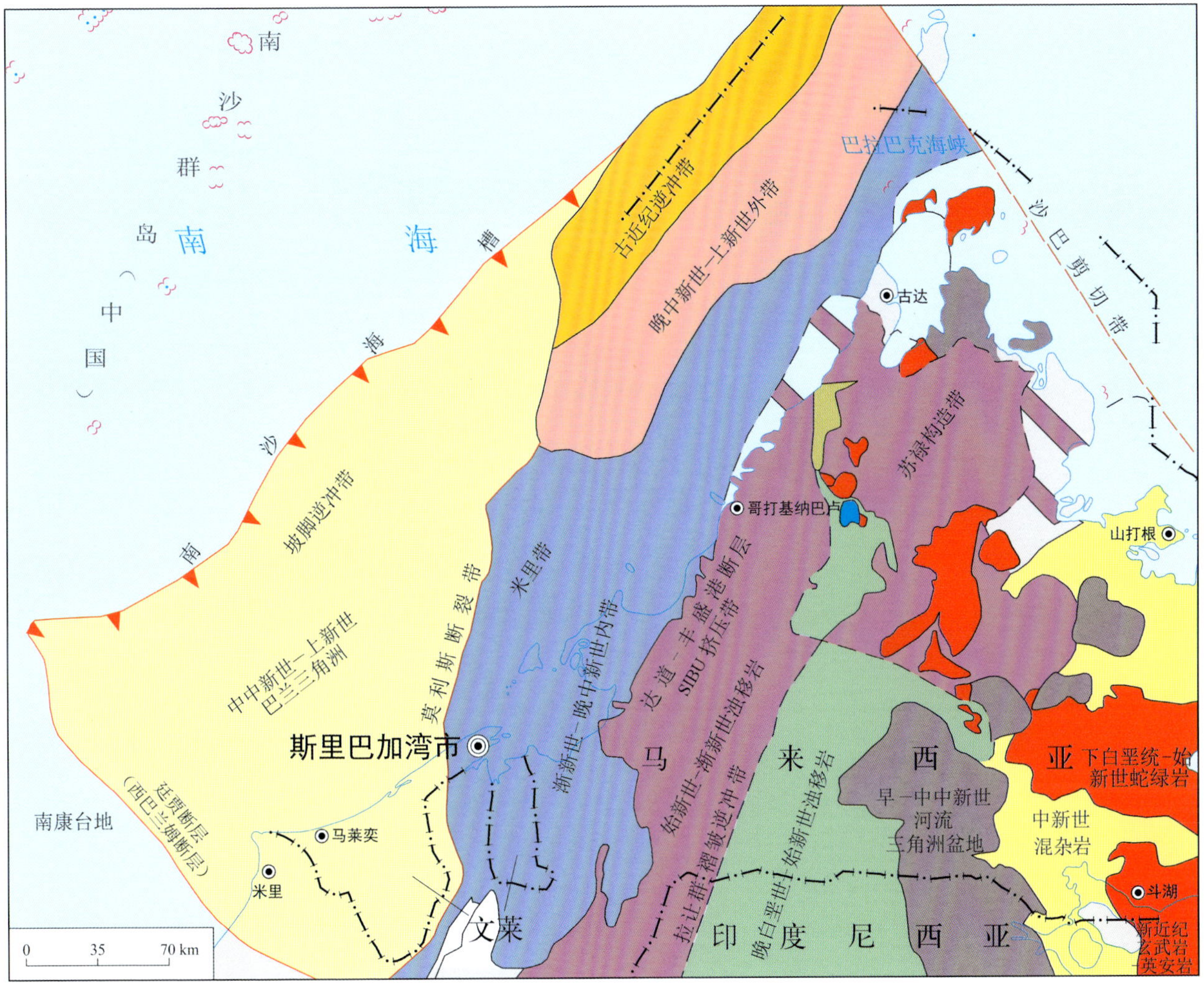

文莱—沙巴盆地可划分4个构造单元，从西向东依次为中中新世—上新世巴兰三角洲、渐新世—晚中新世内带、晚中新世—上新世外带和古近纪逆冲带。

文莱次盆可分为东西2个单元，西文莱三角洲即巴兰三角洲以一系列近东西向生长断裂发育为特征，而东文莱三角洲则以一系列近南北向逆断层发育为特征。

沙巴次盆由渐新世—晚中新世内带、晚中新世—上新世外带、古近纪挤压逆冲带3个构造单元组成。

2-3-7 文莱—沙巴盆地构造格架图

在地质构造上，文莱—沙巴盆地西部主要以近EW向至NE向生长的断层为主，并发育与之相伴生的滚动背斜、挤压背斜；东部以NE向断层为主，多具走滑性质，并发育扭动构造、泥底辟构造和背斜。

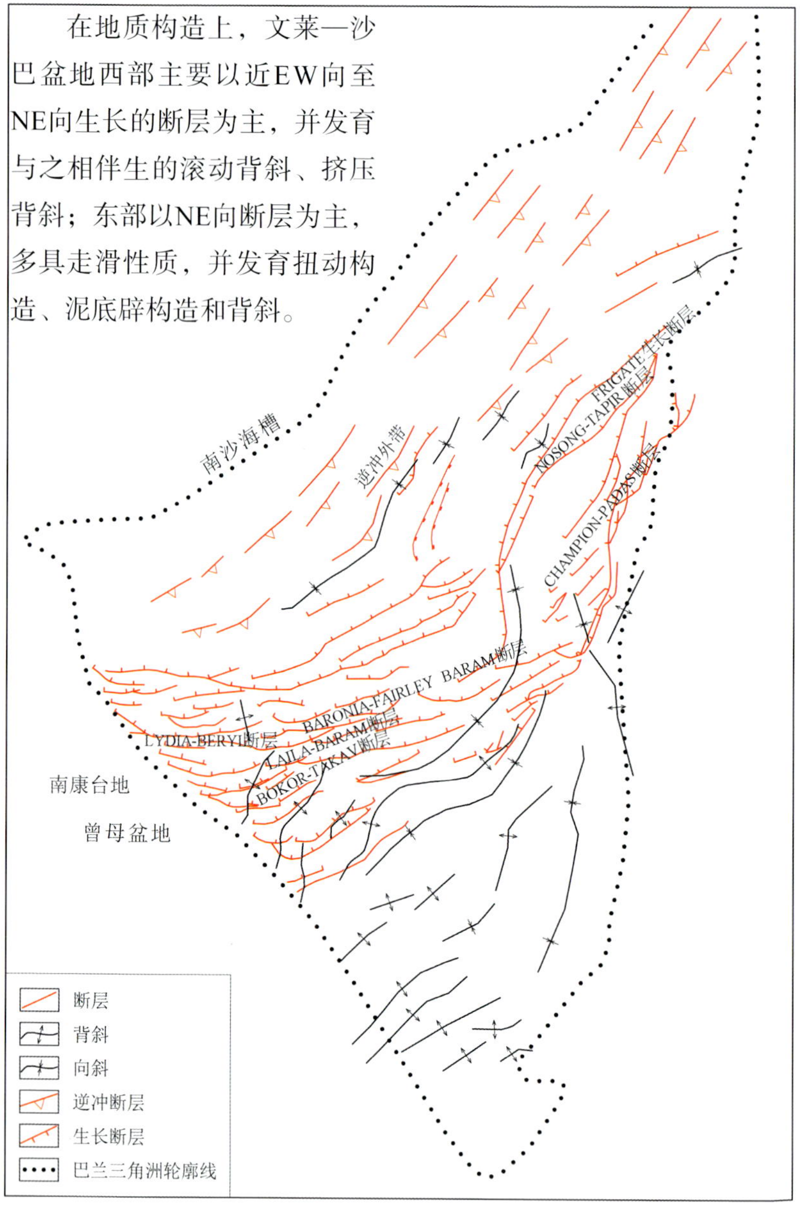

Hazebroek和Tan（1993），Petronas（1999），Sandaetal（1996）修改

2-3-8 文莱—沙巴盆地典型地质剖面图

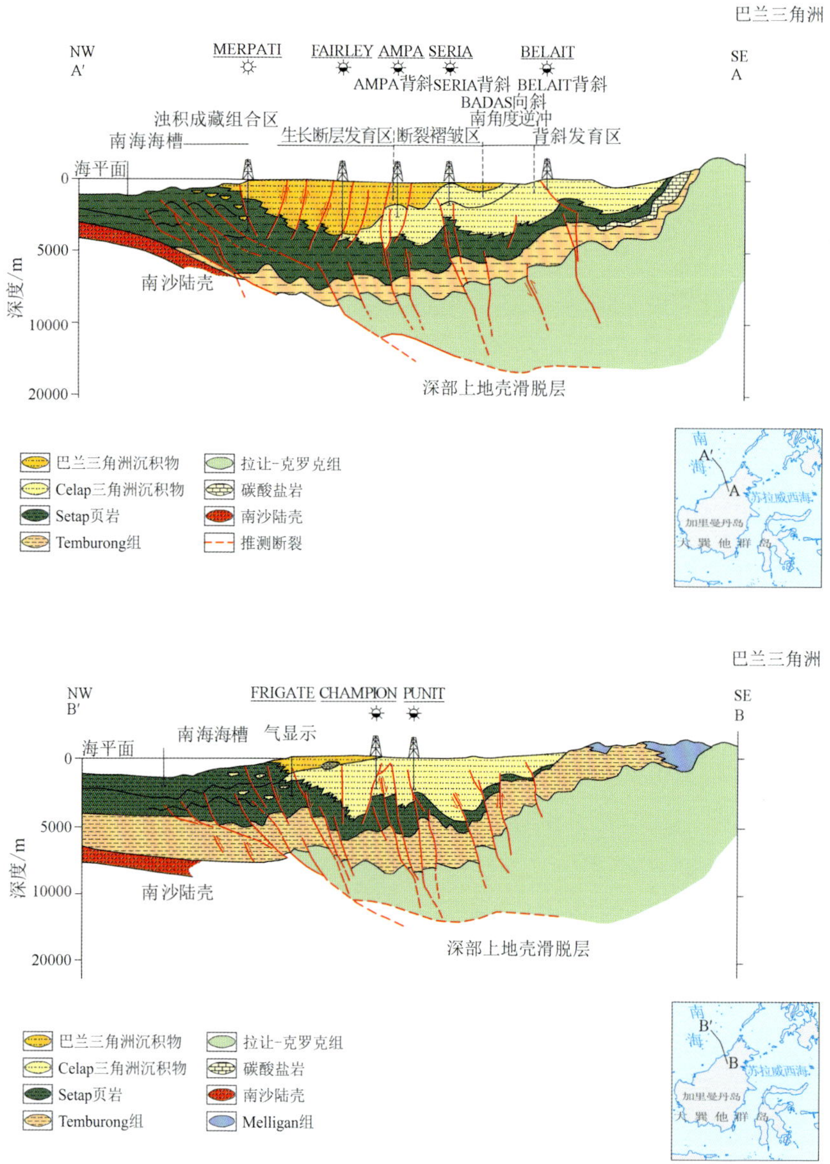

Sandaetal（1996）修改

2-3-9 文莱—沙巴盆地地温梯度与油气田分布图

文莱—沙巴盆地的地温梯度较低，为1.82~3.25℃/100 m，平均为2.58℃/100 m。但超万米的巨厚沉积和早期频繁剧烈的构造活动弥补了地温的不足，生油门限深度一般在3 000 ~3 700 m，生气窗约在4 400 ~ 5 600 m，油气田主要位于2.5°~3.5°/100 m地温梯度范围。

文莱—沙巴盆地发育中新统两类烃源岩：煤系烃源岩（包括煤和炭质泥岩）和陆源海相烃源岩。干酪根类型为Ⅱ1–Ⅲ型，盆地南部以煤系烃源岩为主，盆地北部以陆源海相烃源岩为主。煤系烃源岩多分布在盆地南部，TOC主要在6% ~ 80%之间，S2分布范围在10 ~ 100mg/g之间，生烃潜力较好；有机质类型以Ⅱ2型和Ⅲ型干酪根为主，少量样品达到Ⅱ1型。显微组份显示其壳质组含量比一般腐殖型煤高（张厚和等，2016），在26% ~ 50%之间，有很好的生油潜力，同时热演化程度较低导致盆地大量生油。陆源海相烃源岩主要分布在盆地北部，TOC主要在0.4% ~ 6%之间，S2在0.1 ~ 10 mg/g之间，属于中等–好烃源岩；有机质类型以Ⅲ型干酪根为主，部分Ⅱ2型（刘世翔等，2018）。

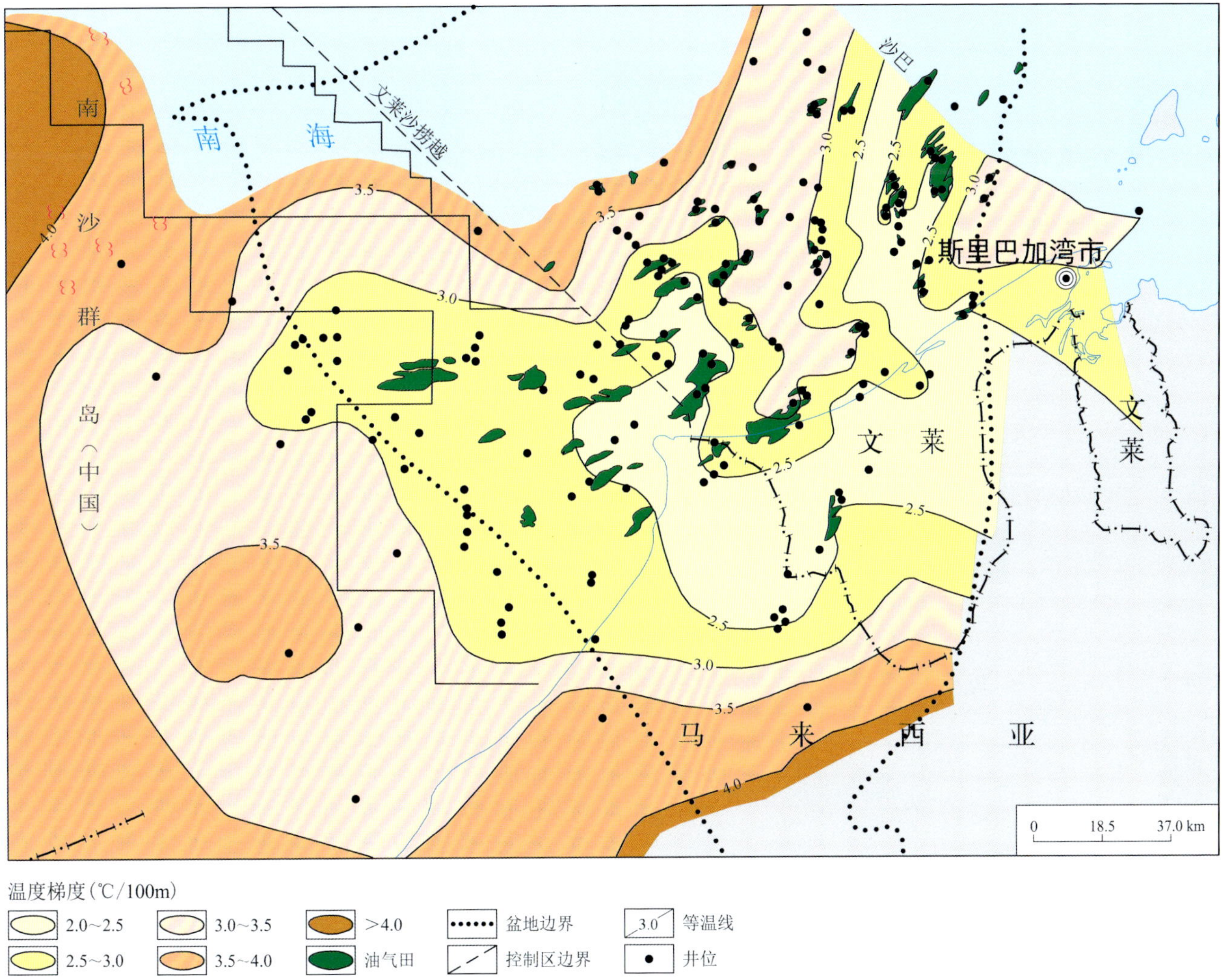

文莱—沙巴盆地的储层岩性均为砂岩，油气主要聚集在中新统砂岩储层中。盆地缺乏区域性盖层，主要发育以三角洲层间页岩、泥岩、钙质粉砂岩为主要的局部盖层，深水区还发育浅海—半深海的泥岩盖层。

2-3-10 东巴兰三角洲构造类型及典型圈闭示意图

A　正断层形成的构造圈闭（IVA和IVC）

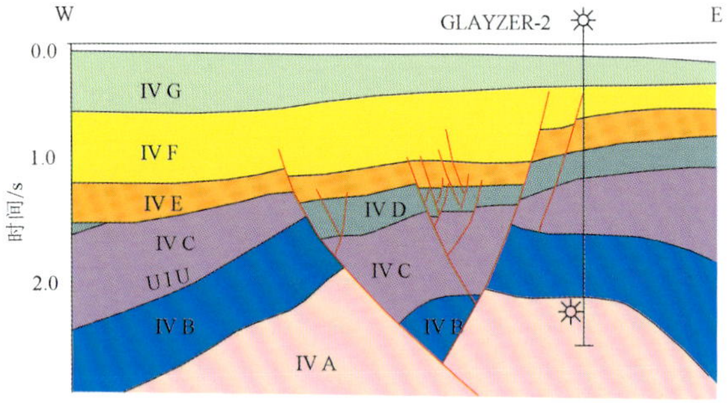

B　断层翘倾形成的圈闭

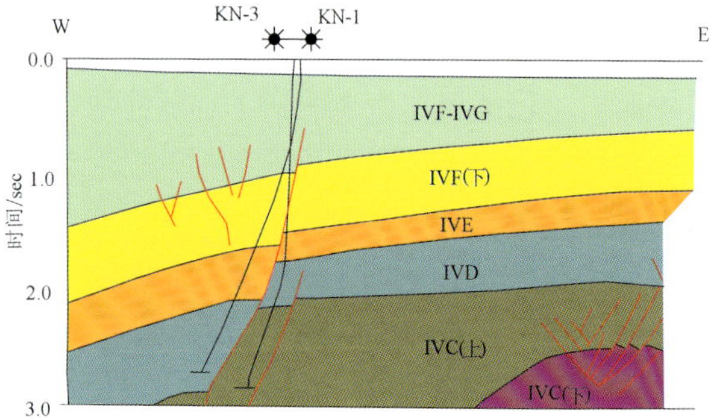

C　复杂花状构造（IVC）

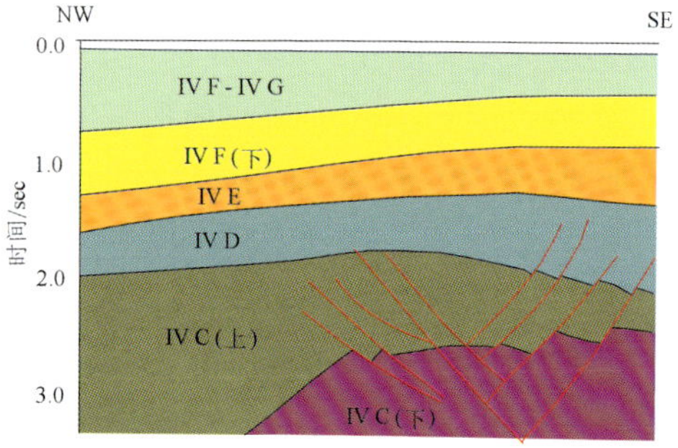

D　生长断层翘倾形成的圈闭

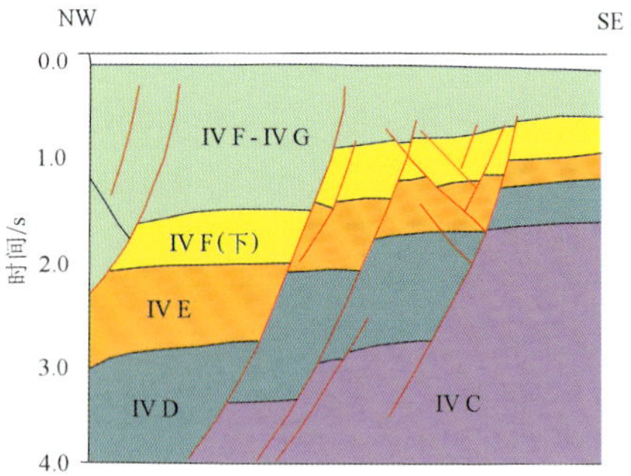

E　生长断层间的地层翘倾圈闭（IVD）

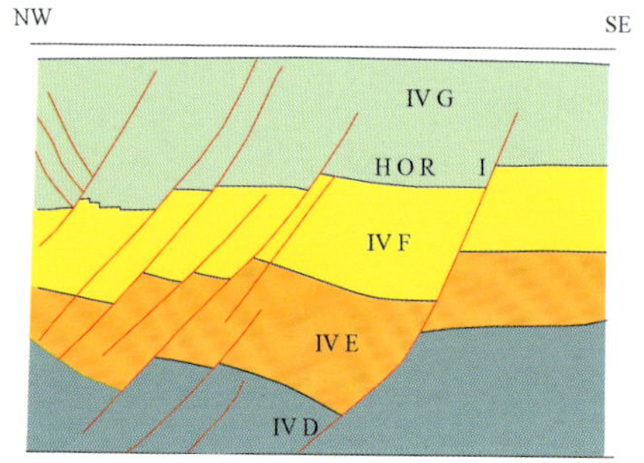

F　地层-构造复合圈闭

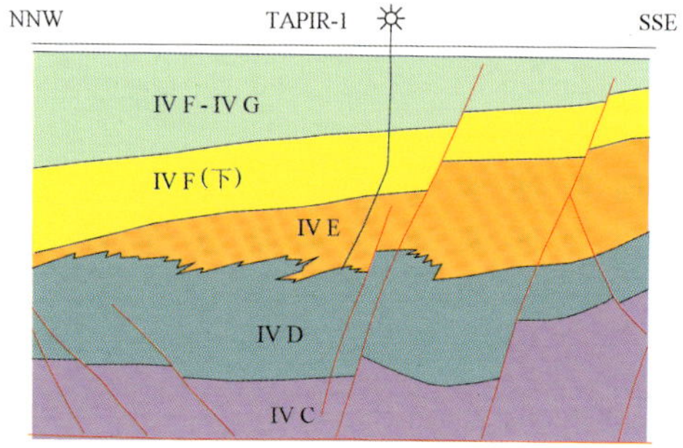

G　陆架边缘翘倾夷平圈闭（IVA-IVC）

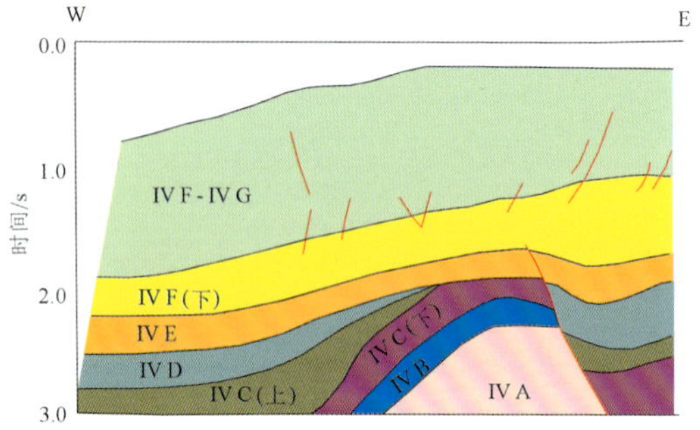

H　陆架边缘构造圈闭（IVE-更老地层间）

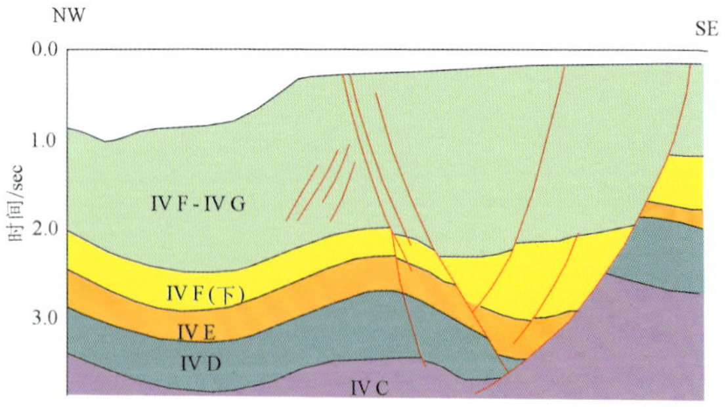

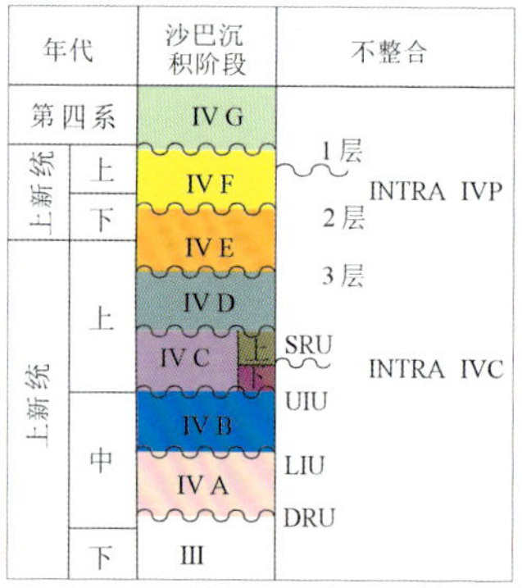

文莱—沙巴盆地主要发育自生自储型成藏组合类型。按照油气主力产层不同可以划分为两套成藏组合：产层以中中新世储层为主的油气田主要分布在盆地中北部沙巴坳陷内，即冠军三角洲砂岩沉积的近岸分布范围，油气田的分布明显受三角洲控制，这类油气田烃源岩以同时期的炭质泥岩和煤为主，储层为同时期的河流–三角洲相砂岩，盖层为层间泥岩夹层及浅海相泥岩，晚中新世进入生烃高峰，油气沿砂体进行大规模的侧向运移或就近聚集在砂岩储层中，形成了冠军三角洲控制的自生自储型油气藏。产层以晚中新世储层为主的油气田主要分布在盆地中南部的巴兰三角洲坳陷内，即冠军三角洲和巴兰三角洲联控的三角洲砂岩沉积的分布范围内，这类油气田烃源岩为同时期的煤系烃源岩，储层为河流–三角洲砂岩，盖层以层间泥岩夹层为主，上新世后开始进入生烃高峰，油气就近聚集于砂岩储层中，形成了巴兰三角洲和冠军三角洲联控的自生自储型油气藏。自中中新世—上新世，成藏组合均为同时期地层自生自储为主，随着时代的变新，成藏组合具有由北向南逐渐变新的趋势（刘世翔等，2018）。

2-3-11 文莱—沙巴盆地典型油气田（藏）特征图

塞利吉油田平面图

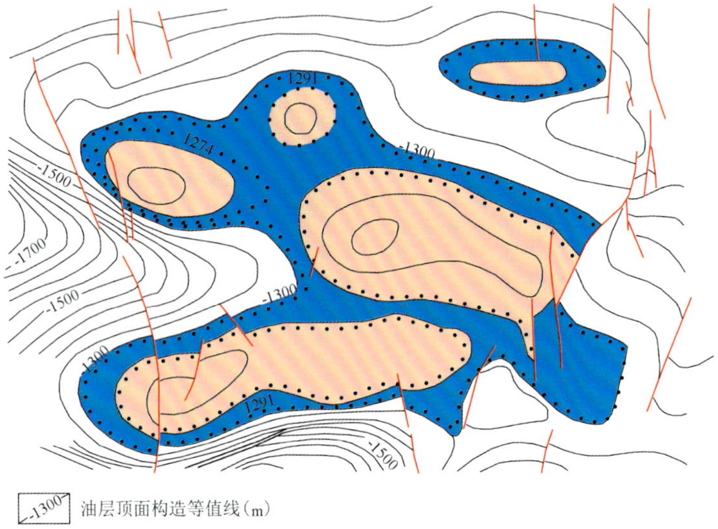

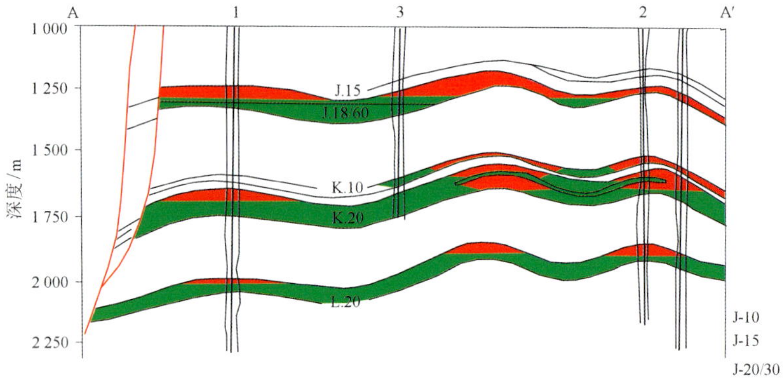

塞利吉油田剖面图

塞利吉油田于1971年发现，水深70 m，为背斜构造，面积80 km^2，油层为中新世砂岩，油层深度1 294 m，厚度90 m，孔隙度为24%~30%，渗透率（200~2 000）× 10^{-3} μm^2。

塔皮斯油田平面图

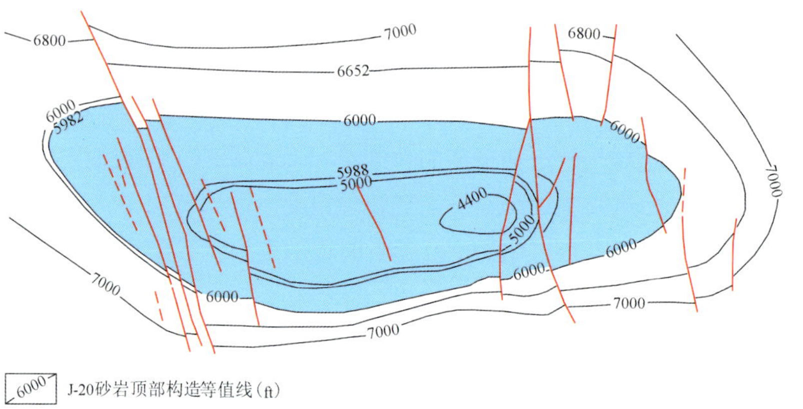

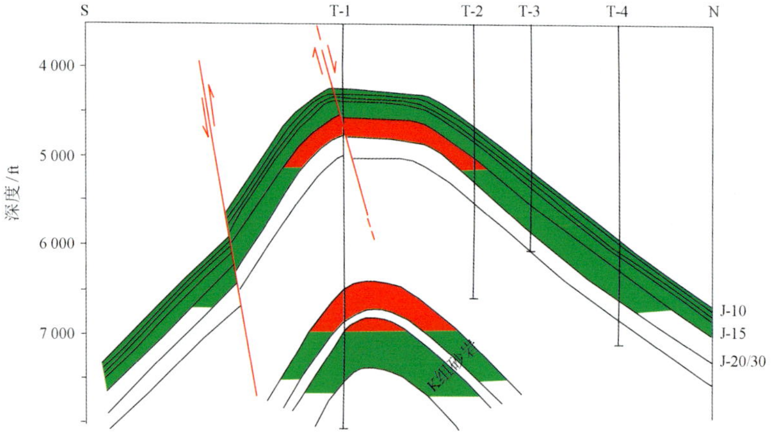

塔皮斯油田剖面图

塔皮斯油田于1969年发现，水深64 m，含油面积83 km^2，石油可采储量4102 × 10^4 t，油层为中新世砂岩，深度2 080 m，孔隙度为19.5%，渗透率（10-300）× 10^{-3} μm^2。

2-4 库泰盆地

2-4-1 库泰盆地地理位置图

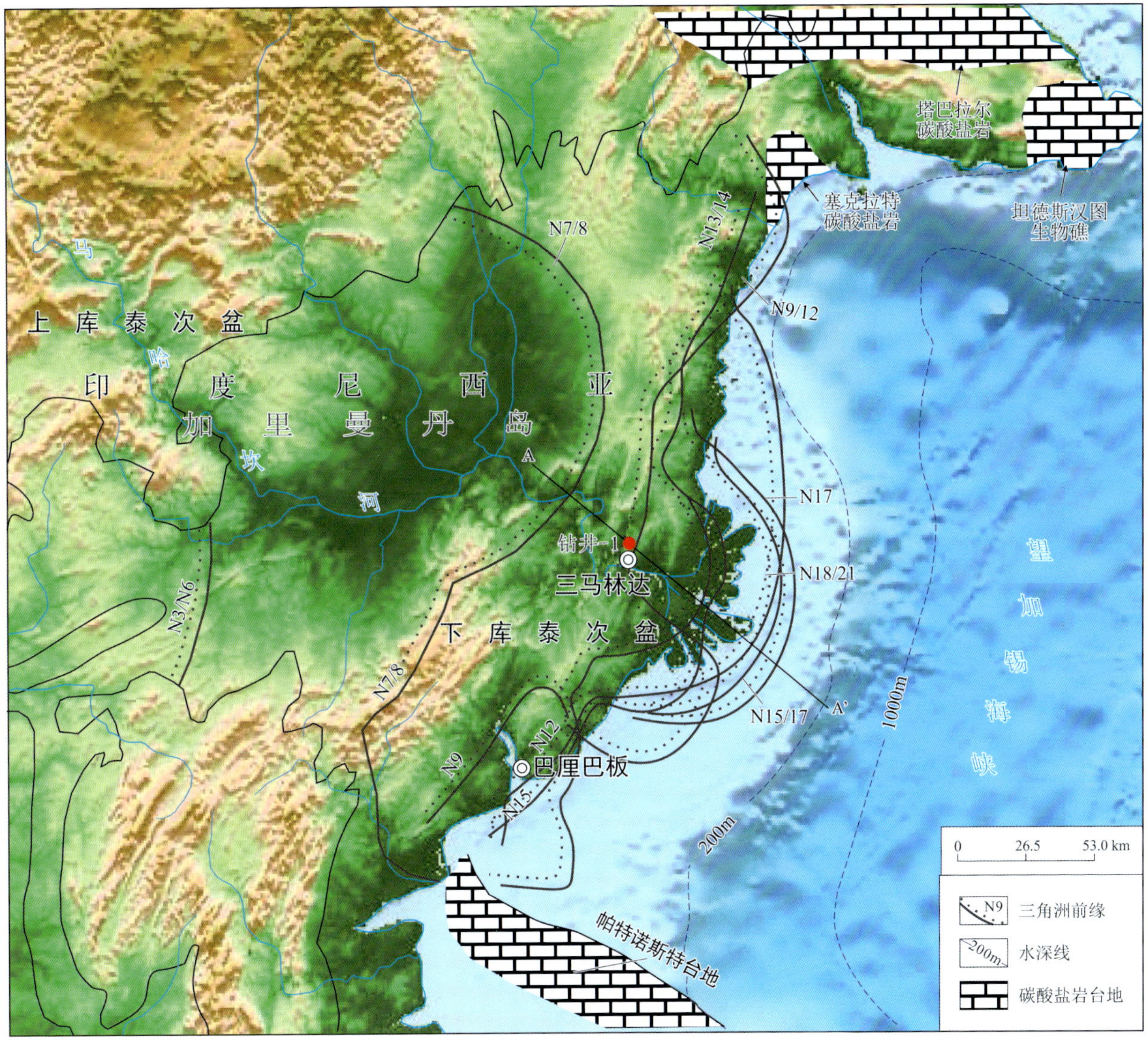

库泰盆地地理位置图（据鲁银涛等，2022，修改）

库泰盆地（Kutei Basin，Kutai Basin）位于印度尼西亚加里曼丹岛东部，是印度尼西亚面积最大的沉积盆地，面积约16.5×10^4 km^2，其中陆上面积约67%，海域面积约33%（王越等，2020），盆地大部分位于陆地。其北部边界为芒卡力哈山（隆起），与打拉根盆地相隔；南部为阿当断层将其与 Paternoster 台地和巴里托盆地分开；西部为中加里曼丹凸起，将其与莫拉维盆地分隔，东部延伸至望加锡海峡深水区，盆地水深大于 500 m 的海域面积约6.7×10^4km^2（鲁银涛等，2022）。

2-4-2 库泰盆地油气田分布图

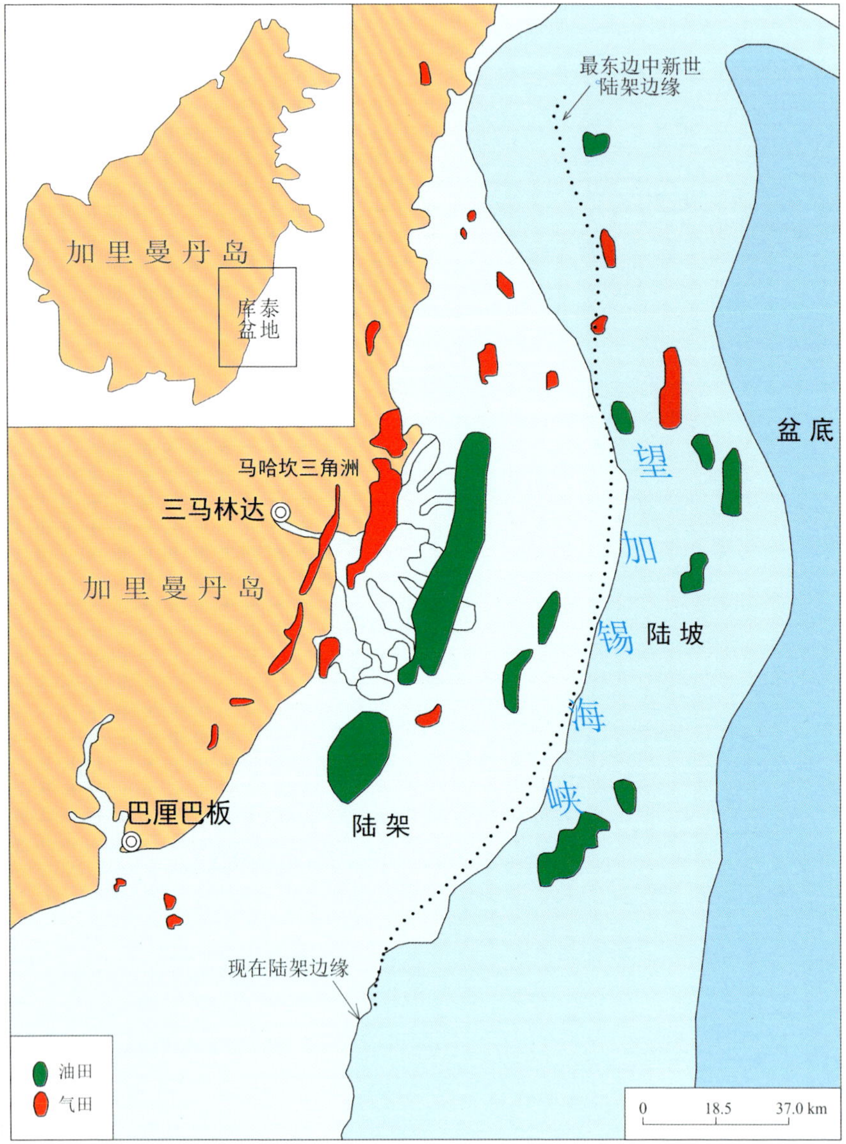

（据Arthur Saller et al.,2008,修改）

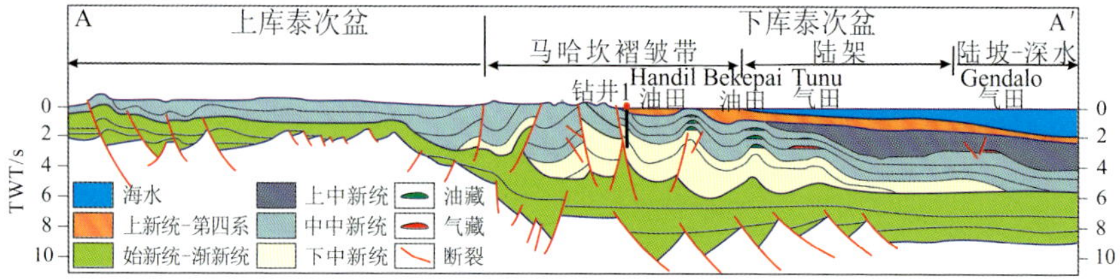

库泰盆地综合解释地质剖面图

（据鲁银涛等，2022修改，剖面位置见2-4-1）

库泰盆地是印度尼西亚仅次于中苏门答腊的第二大产油区，也是东南亚最富油气的两个盆地，经历了100多年的油气勘探，目前该盆地已发现109个油气田（藏），其中世界级特大油气田6个，深水油气田4个，油气生产主要集中分布于马哈坎三角洲地区和陆坡深水区。囿于勘探技术手段的限制，20世纪90年代以前盆地的油气勘探一直局限于沿岸近海地带，主要集中在马哈坎三角洲地区，中国石油天然气集团有限公司于2009年首次在中中新统下部—下中新统滨海相砂岩中获得油气发现，对盆地深层滨海相成藏组合进行了系统研究（史卜庆等，2015；鲁银涛等，2017；2019）。近十几年来，随着深水油气勘探技术的进步及世界各国对能源需求的增长，盆地油气勘探活动逐渐由浅水区进入深水区，并在深水区取得了油气的重大突破，深水海域已逐渐成为目前乃至今后主要的勘探目标。

2-4-3 库泰盆地地层与石油地质综合柱状图

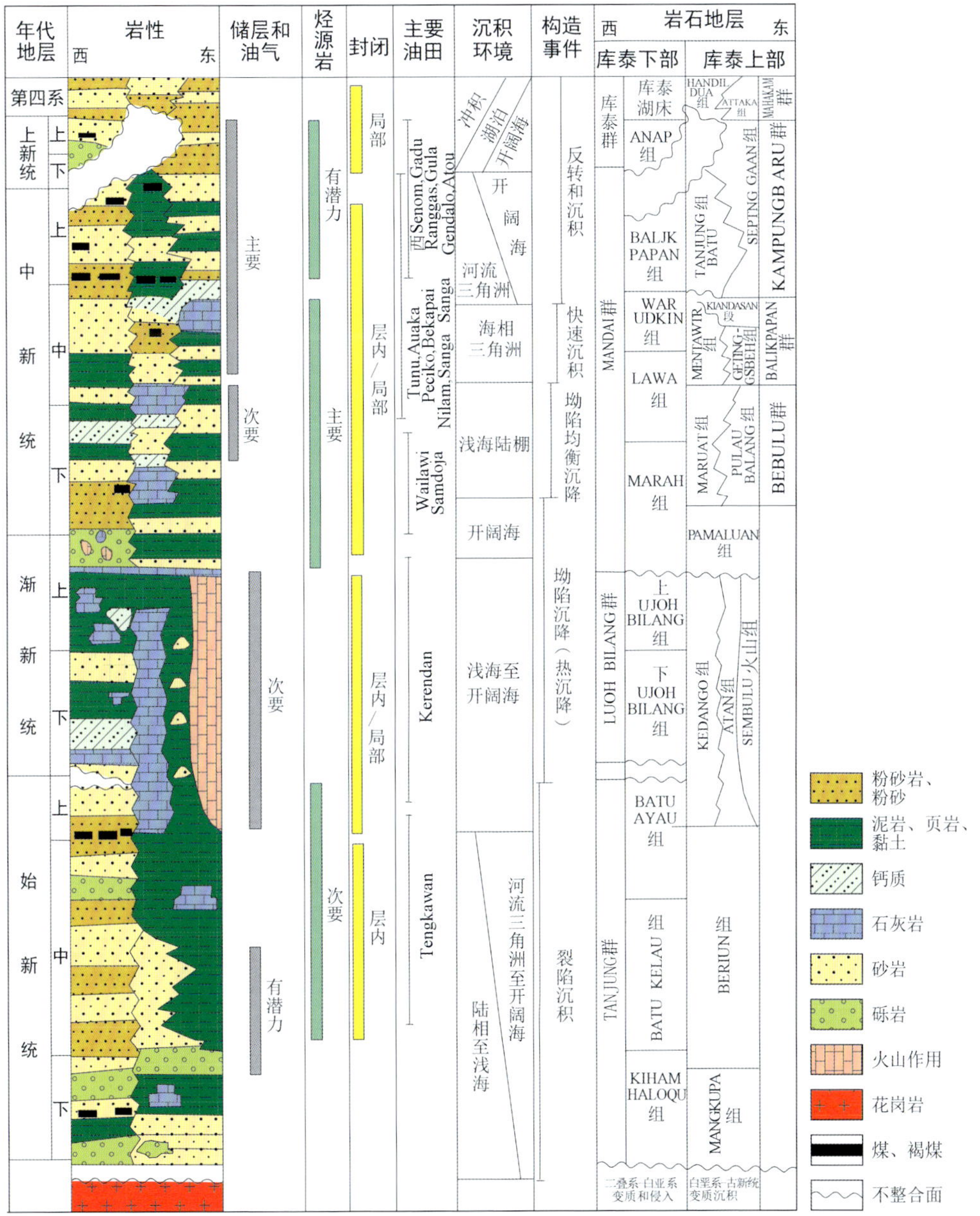

库泰盆地是印度尼西亚最大、最深的新生代裂谷盆地，也是在前新生代基底之上发育的被动大陆边缘张裂型盆地，主要充填始新世—第四纪沉积地层，古近纪—新近纪地层最大沉积厚度可达14 000 m（Awang Harun Satyanaetal，1999），平均厚度为5 000 m，前新生代基底埋深达6 000 ~ 8 000 m。

中—上始新统：Tanjung群不整合在白垩系变质基底上，包括Kiham Haloq组、Beriun组和Mangkupa组，为一套向上变细的碎屑岩层序，其底部为下始新统陆缘碎屑岩，主要为块状砂砾岩。中始新统下部Kiham Haloq组底部为砾岩、砾状砂岩及火山岩，向上渐变为砂岩、泥岩夹煤层，顶部发育有火山岩，最厚达1 500 m。上始新统Batu Ayau组以海相灰岩为主，最厚达1 500 m。该套地层为盆地演化同裂谷期沉积产物，从近源冲积扇到远源深海沉积均有出现。

渐新统：Ujoh Biliang群包括Berai组、Bongan组、Len Muring组和Pamaluan组，由外陆架—半深海相泥岩、页岩夹砂岩及石灰岩组成。该套地层为盆地演化坳陷期沉积产物，盆地内以陆架至深海页岩沉积为主，盆地内隆起及边缘以碳酸盐岩沉积为主。该时期，盆地沉积范围扩大，由晚始新世的局部沉积转变为区域沉积。

下渐新统：下库泰次盆和北望加锡（Makassa）次盆在陆架浅水区以灰岩为主（Kedango组），而在沉积中心相变为海相页岩（Atan组）。

2-4-4 库泰盆地由陆至海年代地层对比图

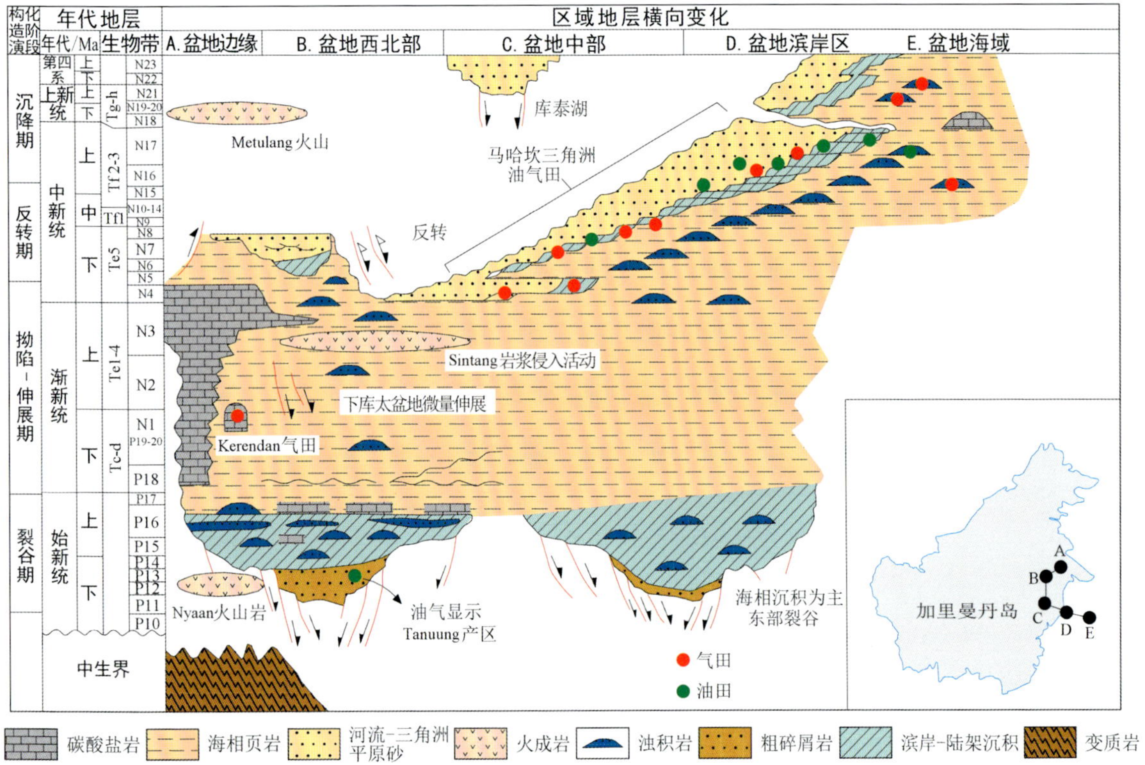

上渐新统—下中新统：Mandai群代表新近系底部，是下库泰次盆钻井揭示的时代最老沉积物。其Pamaluan组由黑色碳质页岩组成，偶夹细砂岩薄层，为一套半深海相沉积。下中新统Bebuluan群和Pamaluan组呈整合接触，在陆上由陆棚边缘相生物碎屑灰岩组成（Maruat组），在海区为陆坡—半深海相砂岩/粉砂岩和泥岩互层（Pulau Balang组）。

下—中中新统：Bebulu群由Maruat组和Pulau Bulang组所组成，前者为灰岩沉积，属生物礁相碎屑灰岩，后者为深水碎屑岩沉积，由砂岩、粉砂岩互层组成。该套地层为库泰盆地演化的构造反转期的沉积产物。通过最新的钻探成果和野外地质考察，认为下中新统以滨海相沉积为主，自下而上形成了海相暗色泥岩—进积砂岩—生屑灰岩的垂向沉积序列，以生屑灰岩为标志层。这套沉积序列具有明显的混积特征，生屑灰岩直接上覆在反旋律的滨海相砂岩之上，被厚层泥岩覆盖，认为这种生屑灰岩与砂岩交替发育的交互混积序列是一套完整的代表水体逐渐变浅、随后变深的海相准层序（鲁银涛等，2022）。

中中新统：巴厘巴板（Balikpapan）群包括Mentawir组、Gelingseh组、Klandasan段和Warukin组。Mentawir组为三角洲平原相块状和层状砂岩，Gelingseh组为远端三角洲至中陆棚相黏土岩沉积，顶部为Klandasan舌状体灰岩。该套地层代表一套从陆棚向陆坡和半深海过渡的沉积体系。

中中新统—上新统：Kampung Baru群主要由Tanjung Batu组和Seping Gan组组成。Kampung Baru群，在陆上和海区由砂岩、粉砂岩、页岩和煤层组成（Tanjung Batu组），属近海—三角洲相沉积；在深海区为页岩和粉砂岩，夹薄层砂岩和灰岩（Sepinggan组），代表浅海陆棚沉积。

第四系：Mahakam群包括西部的Handil Dua 组和东部的阿塔卡（Attaka）组，构成了现代海底的最上部。Handil Dua组为海进三角洲相沉积，不整合于Tanjung Batu组之上，由砂、黏土和淤泥组成。阿塔卡组为浅海环境下沉积的黏土、砂和生物碎屑。西部由陆相—三角洲相—滨海相碎屑岩夹煤层组成。

2-4-5 库泰盆地构造格架图

库泰盆地是由望加锡海峡和菲律宾海在中始新世拉伸张裂而形成的（Cloke et al.，1999），受后期构造运动改造明显，总体表现为NNE—SSW走向的逆断层和复背斜。以三马林达复背斜带为界，库泰盆地可分为西部陆上的上库泰次盆和东部海域的下库泰次盆。上库泰次盆为马哈坎三角洲的陆上部分，由一系列紧闭背斜和宽缓向斜组成的Samarinda复背斜。下库泰次盆为马哈坎三角洲的海上部分，至少经历了两期变形事件，中中新世和前中中新世挤压褶皱和逆冲褶皱，以及上覆的晚中新世—上新世张性断裂作用的影响。下库泰次盆的沉积层厚度超过9 000 m，其中新近系沉积厚度在6 000 m以上，是油气勘探的主要对象。

库泰盆地基底构造主要由NW—SE向和NE—SW向两组断层组成。NW—SE向断层主要由切断基底地层的小断层构成。NE—SW向断层横切NW—SE向断层，局部地区为基底与古近纪—新近纪盖层之间的断层边界。

库泰盆地始新世断层特征主要表现为盆地同裂谷期的半地堑，主要断层呈NW—SE和NE—SW向，代表了盆地断陷期构造张裂方向。在库泰盆地北部，NW—SE断层主要分布在西部的Gonggmay半地堑和Gergaji半地堑中；NE—SW向断层主要分布在东部Wahau半地堑中。

2-4-6 库泰盆地典型地质剖面图

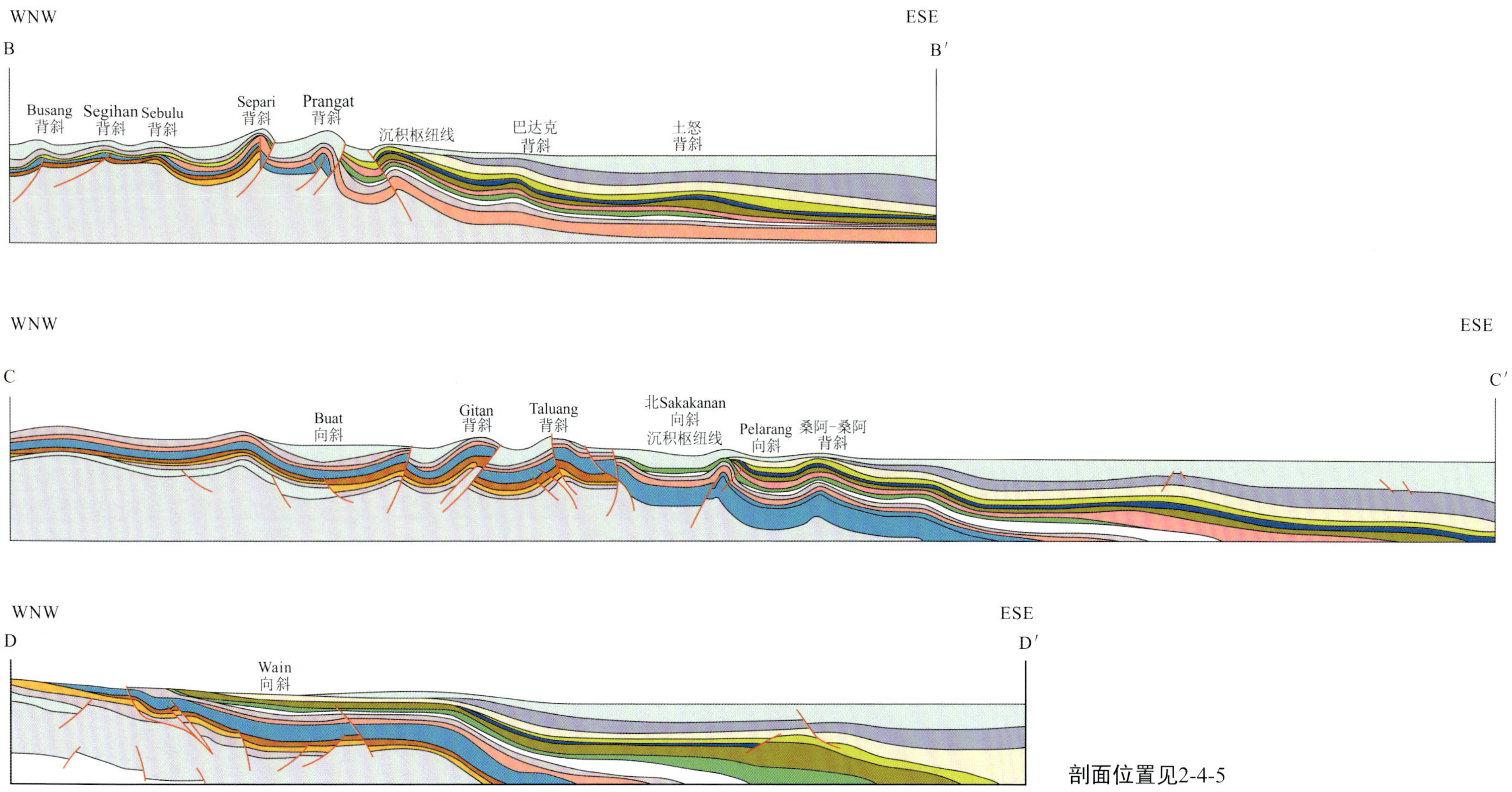

剖面位置见2-4-5

2-4-7 库泰盆地构造演化图

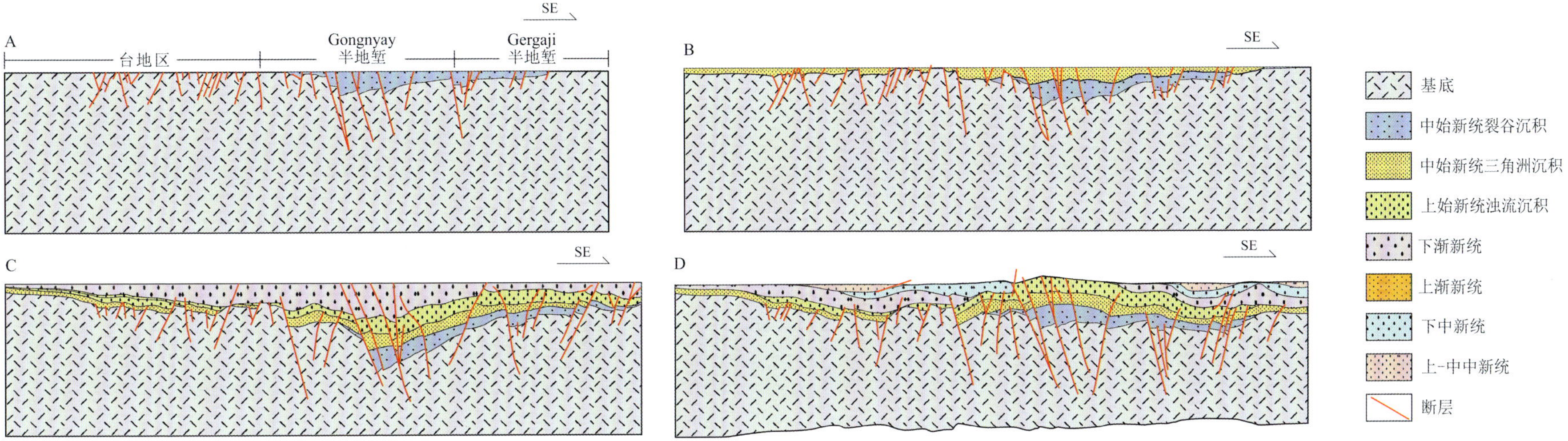

库泰盆地的构造演化可分为3个主要阶段：中—晚始新世裂谷阶段（A、B）、晚始新世—渐新世坳陷–伸展阶段（C）和早中新世至今挤压反转和沉降期（D）。

裂谷期（中—晚始新世）：库泰盆地的初始裂陷不同于其他伸展区域，如东非裂谷，沿一固定轴而伸展裂离，而是在伸展作用下形成分散的地堑、半地堑和小而分割的沉积中心。盆地裂谷早期以低分选粗碎屑岩沉积为主，充填于半地堑式裂谷中，物源主要来自盆地北部的芒卡利哈凸起、南部巽他克拉通和西北部的古晋隆起。在初始期，库泰盆地西部裂谷为冲积扇相沉积，而盆地东部裂谷为海相沉积（Cloke et al.，1999）。随着持续的裂陷作用、海侵作用及伴随区域沉降，盆地西部裂谷由陆相沉积逐步过渡为滨岸/浅海沉积，最终为半深海沉积环境。

坳陷–伸展期（晚始新世—渐新世）：始新世末，望加锡海峡扩张停止，东加里曼丹岛内部处于构造应力平静期，库泰盆地进入了坳陷演化阶段。沉积中心由裂陷期小型、分割断陷转变为区域沉降。该时期盆地周缘地形起伏较小，物源供给受到限制，盆地主要沉积了海相页岩和灰岩。晚渐新世，盆地仍以深海相环境为主，沉积了浅海至半深海相黏土和页岩，而盆地四周为浅海环境，沉积了碎屑岩和少量碳酸盐岩地层（Batu Baleh灰岩和Berai灰岩）。

挤压反转和沉降期（早中新世至今）：早中新世开始，库泰盆地进入构造活动强烈期，古近纪地层发生了强烈反转。在NW—SE向挤压构造应力场作用下，古晋凸起继续抬升，盆地西部褶皱成山，基底隆升，并遭受剥蚀。西南部隆起把巴里托盆地与库泰盆地分为两个不同的构造单元。该时期库泰盆地总体处于海退期，古马哈坎河三角洲开始进积，向盆地东部推进。物源主要来自盆地西部晚渐新世构造运动抬升的中生代燧石和浊积岩以及古近纪沉积物。下中新统以海相页岩、夹薄层砂岩为主。在三马林达地区发育进积型三角洲砂体。中中新世构造反转运动结束后，库泰盆地进入反转后期的沉降阶段。马哈坎三角洲通过三马林达背斜向东进积至望加锡海峡中。

2-4-8 库泰盆地油气成藏系列图

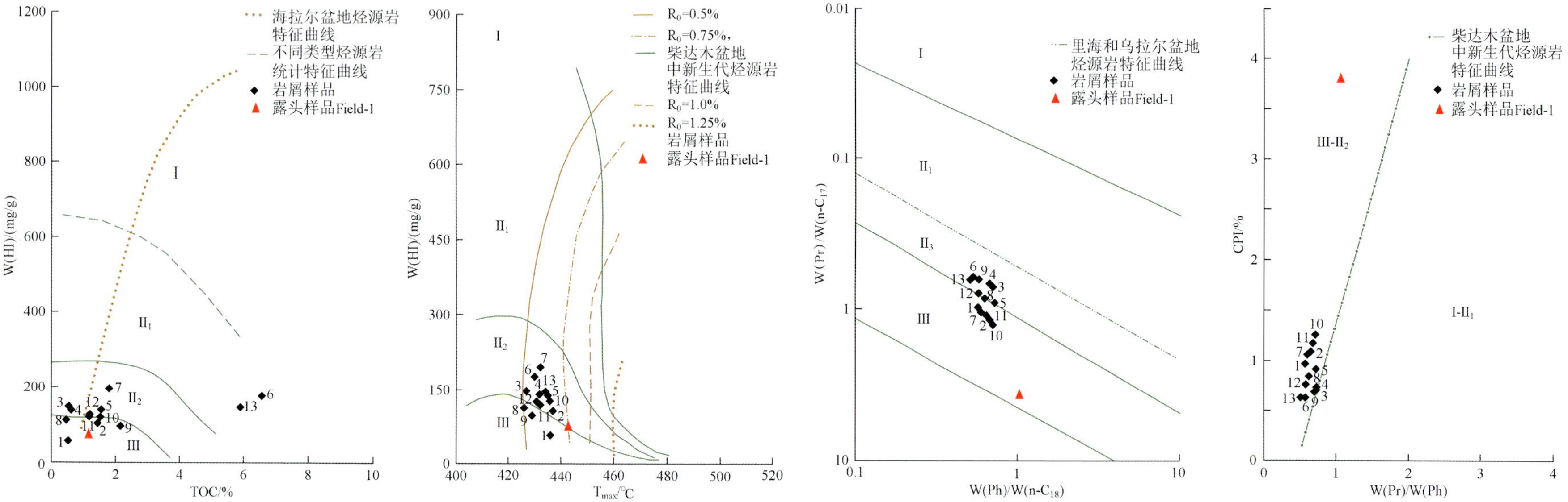

下中新统烃源岩母质类型分析

（据鲁银涛等，2019）

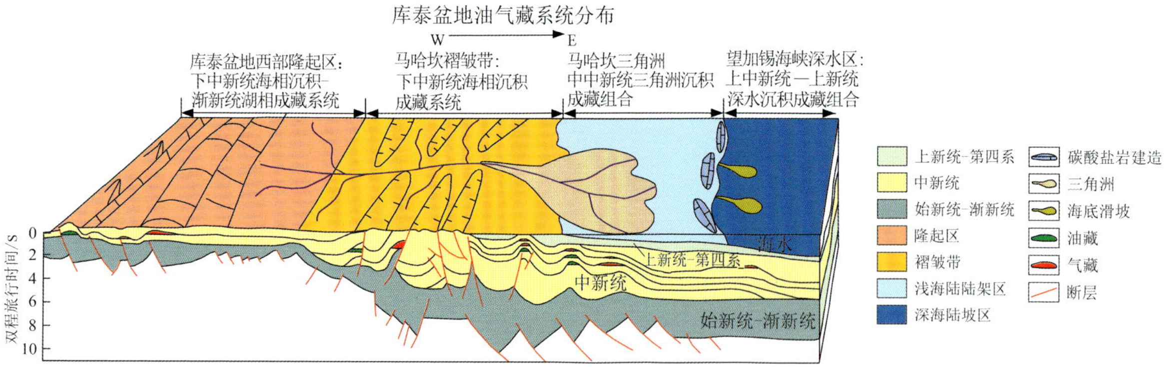

库泰盆地油气成藏分带分布图

（据张强等，2012；鲁银涛等，2019修改）

库泰盆地烃源岩主要发育在早中新世—早上新世Bebulu、Balikpapan和Kampung Baru 3个群的海侵和海退的地层中，岩性为碳质页岩、煤及海相页岩，富含蜡、树脂的陆缘高等植物，为Ⅲ/Ⅱ型干酪根类型，碳质页岩有机质含量较高，TOC为2.0% ~10%，有机质值高的碳质页岩的氢指数达到300 mg/g（HC/TOC），潜在生烃率达到60 mg/g，为极好的烃源岩。煤有机质含量为40% ~70%，以惰质体为主，含大量的角质层（高达45%）。其中，三角洲前缘或者三角洲平原Balikpapan群的煤和高总有机碳值的碳质页岩具有极好的潜在烃源岩特征，是库泰盆地主要的烃源岩。盆地的地温梯度为3.2°C/m，生油和生气窗的深度分别在3 500 ~ 4 000 m和5 000 ~ 6 000 m，从生烃灶到储层的初次运移沿碎屑岩通道由东往西进行，晚期的二次运移以油气通过砂体间的侧向运移为主，少数通过断层做垂向运移。

库泰盆地主要储层是中中新世—上新世的碎屑岩和中新统碳酸盐岩，油气主要产于三角洲平原—前三角洲至浅海相层状砂岩及河道、砂坝砂岩，储层厚1.8~50 m，孔隙度10% ~35%，渗透率为5 000 mD。马哈坎大型三角洲为马哈坎褶皱带中中新统三角洲砂岩储层提供充足的物源，使马哈坎褶皱带成为库泰盆地主要油气产区。因此，马哈坎三角洲的构造、生油与运移几乎是同时发生的，而部分石油的运移始于5 Ma前且至今可能仍在进行。渐新统海相页岩及中新统—现代三角洲层序中的层内页岩可作为良好的区域盖层，以背斜、构造—地层复合圈闭（断裂—碳酸盐岩建造）和地层圈闭（碳酸盐岩建造和砂岩尖灭带）为主。

勘探已证实库泰盆地油气成藏系统多，勘探层系多，发育始新统构造、下中新统构造—地层、下－中中新统碳酸盐岩地层、中中新统地层－构造和中中新统构造5个主要成藏组合，以及上始新统—上渐新统碳酸盐岩地层、上中新统—上新统地层—构造、上中新统—上新世构造、上渐新统—中中新统地层—构造、上渐新统—中中新统构造5个次级构造成藏组合，它们主要形成于中新世以后，油气储量占全盆地总储量的90%以上。勘探证实，巴厘巴板—Kampung Baru是库泰盆地唯一的含油气系统，盆地深水区及陆上远岸区油气前景巨大。

库泰盆地下中新统发育海相自生自储自封盖含油气系统，下中新统海相沉积序列发育厚层的海相暗色泥岩，呈现“富泥”特征，海相砂岩“旋回性”地发育在厚层泥岩内，与泥岩互层，呈现“泥包砂”的特征，构造运动使其强烈变形，形成有效圈闭，海相泥岩烃源岩生成的天然气近距离运移至海相砂岩，在砂岩内聚集成藏，同时，海相泥岩又作为有效盖层，为砂岩气藏提供顶部和侧向封堵（鲁银涛等，2019）。下中新统海相成藏系统具有分带规律，有利成藏组合可分为东部望加锡海峡中新统—上新统深水浊流系统、马哈坎三角洲和浅海区域中中新统三角洲相成藏组合、马哈坎褶皱带下中新统海相成藏组合、马哈坎褶皱带以西区域(上库泰盆地) 始新统—渐新统和下中新统海相成藏组合。其中，马哈坎三角洲和浅海区域中中新统三角洲相成藏组合、马哈坎褶皱带下中新统海相成藏组合油气勘探潜力大。

2-4-9 库泰盆地典型油气田（藏）特征图

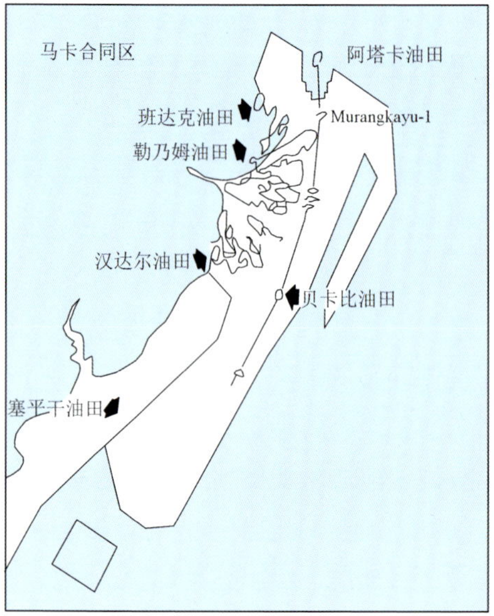

贝卡比油田位置图

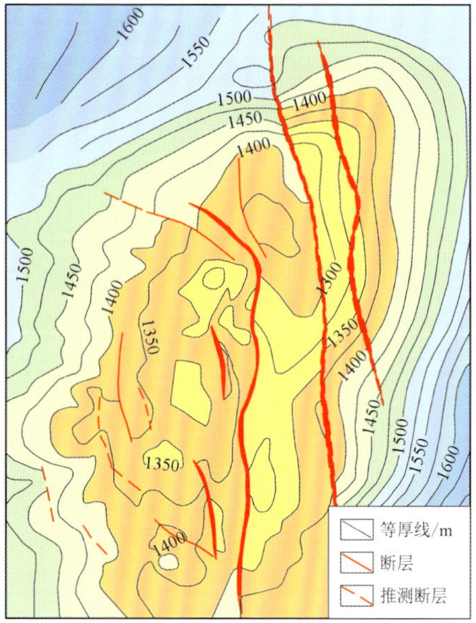

贝卡比油田平面构造图

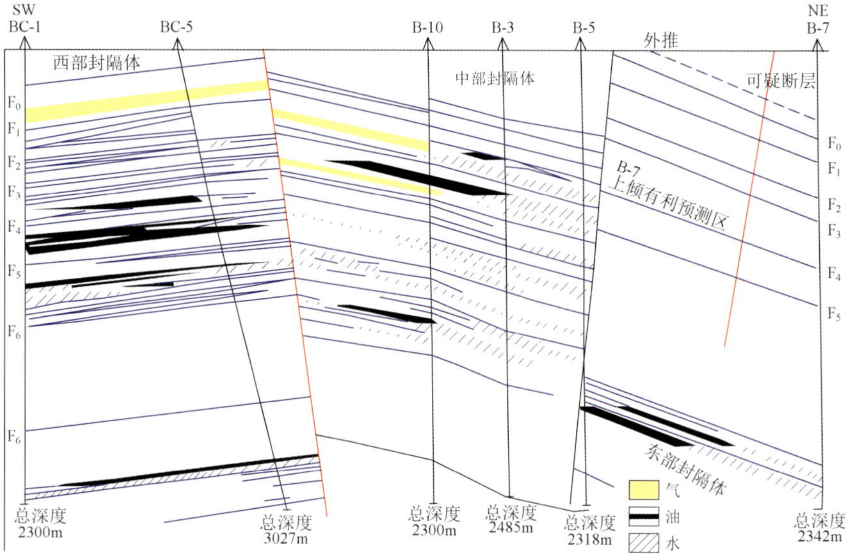

贝卡比油田油藏剖面图

目前，在库泰盆地已发现了许多油气田，它们主要分布在马哈坎三角洲地区。

贝卡比(Bakepai)油田位于库泰盆地中部马哈坎三角洲，距离海岸30 km，发现于1972年。贝卡比油田位于贝卡比构造上，该构造是一个南北向构造带的一部分，这个带沿走向有2个较大的高点，北高点为阿塔比，南高点为贝卡。这一大背斜被一组南北向断层横切，这些断层的主要活动期较晚，并使背斜中心部分塌陷。东、西2条南北向主断层把该构造分为3部分，这2条断层的落差为100 ~150 m，构造的西部为油田主体，中部目前产油量较少，东部未发现具有工业价值的油流。贝卡比油田的储层为中新统上部巴厘巴板群的三角洲平原和三角洲前缘砂岩，砂岩颗粒较细，分选好，未固结，孔隙度为25% ~ 35%，渗透率一般大于1 μm^2。储层的横向连续性差，厚度变化为0 ~25 m，埋深在1 300~1 600 m之间，油气来源于邻近中新世—上新世沉积的页岩和煤层。这些烃源岩的有机质尽管主要为腐殖型干酪根，但生油潜力仍很大。与储层互层的页岩可作为局部盖层。

2-5 打拉根盆地

2-5-1 打拉根盆地地层与石油地质综合柱状图

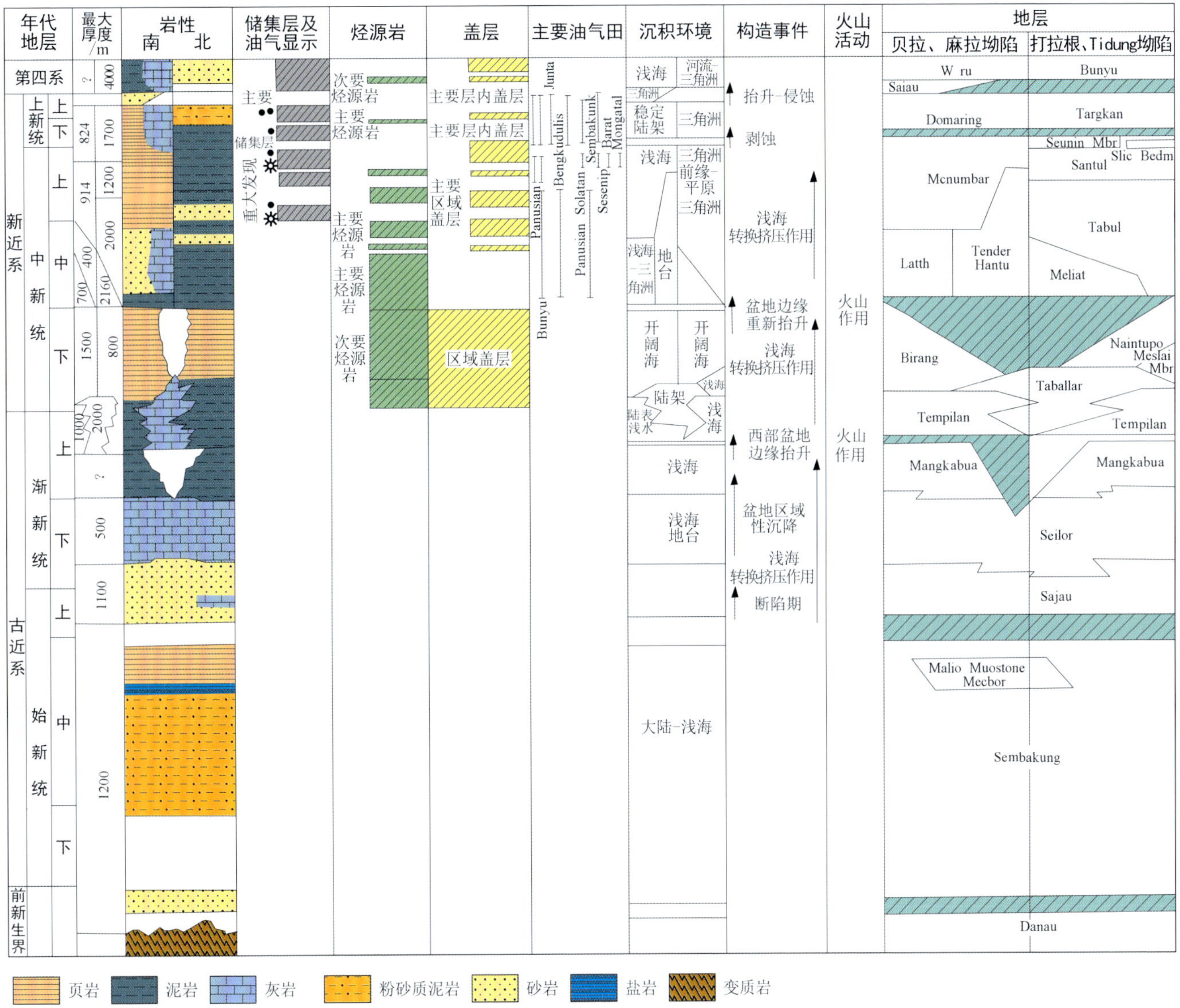

打拉根盆地（Tarakan Basin）是位于印度尼西亚东加里曼丹省的东北部和马来西亚沙巴，以望加锡海峡和苏拉威西海的西缘为界，72%位于苏拉威西海，盆地面积为7.3×10^4 km^2，属于被动陆缘张裂型盆地。20世纪初，打拉根盆地的印度尼西亚部分就被允许勘探开发，油气勘探主要集中在陆地和浅水大陆架地区，并向苏拉威西海深水区稍有延伸，陆地已发现油气，海域以天然气为主。马来西亚部分地区条件差，尚无油气发现。

打拉根盆地是在前新生代基底之上发育始新统、渐新统、中新统、上新统和第四系。盆地的基底包括前第三系Danau组和变质沉积岩以及古新统至始新统Sembakung组的碎屑岩和火山碎屑岩。Sembakung组不整合于Danau组之上，为一套陆相到海相的海侵碎屑岩夹火山碎屑岩和煤层的序列。上始新统Sajiau组为一套沉积于海陆交互相至海相的碎屑岩和火山碎屑岩地层，厚约1100 m。

2-5-2 打拉根盆地构造格架图

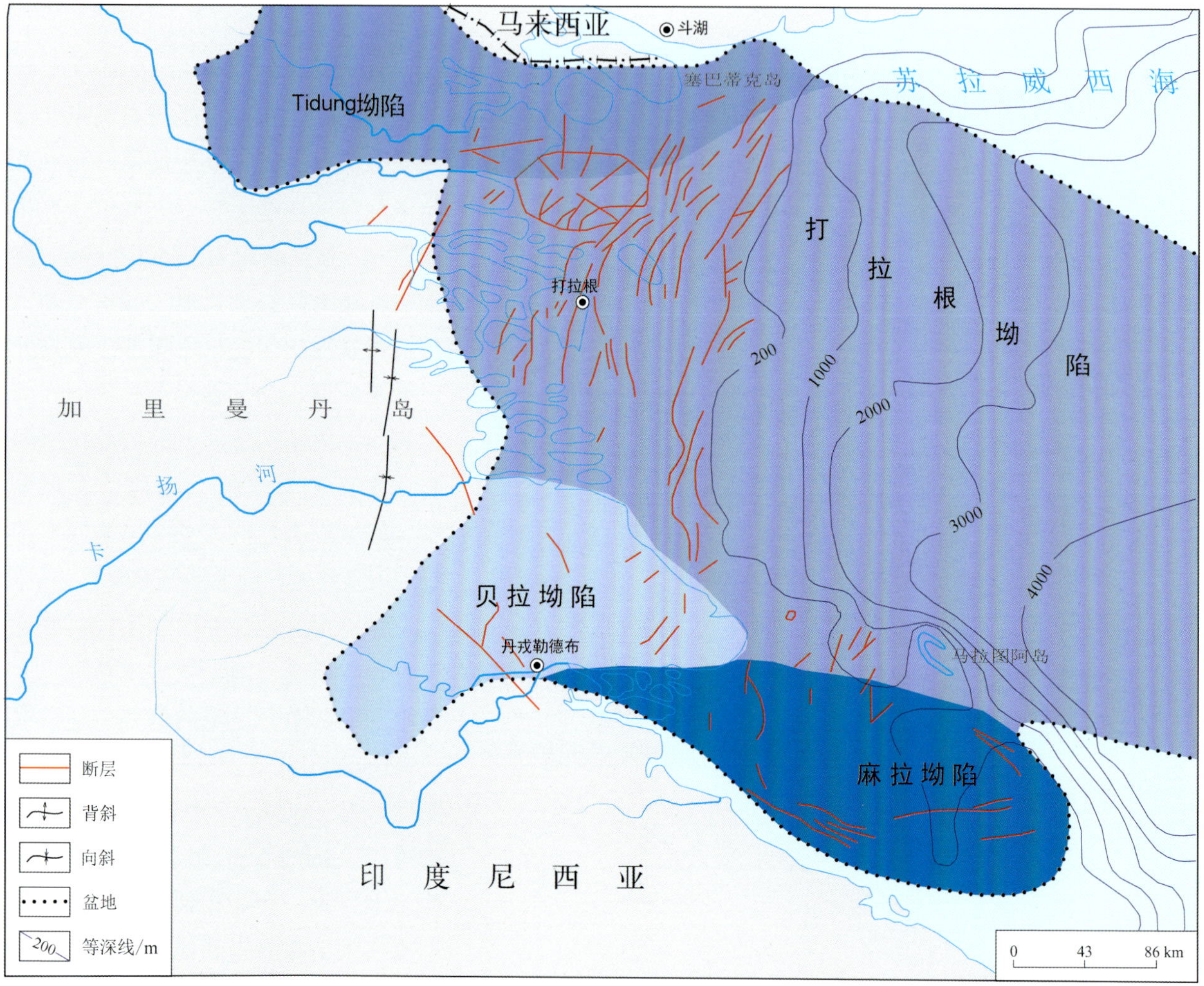

下渐新统Seilor组为台地相和潮下微晶碳酸盐岩，厚约500 m。上渐新统包括Mangkabua组和Tempilan组，前者由海相泥灰岩和页岩组成，后者为一套陆相至浅海相的砂岩、页岩和凝灰岩互层夹煤线的地层。上渐新统至下中新统Taballar组由浅海相石灰岩、环礁、块礁和塔礁组成，向盆地方向相变为泥灰岩、微晶灰岩和钙质浊积岩。

下中新统Naintupo组（盆地南部Birang组），为开阔海页岩和泥岩。中中新统Meliat组，在盆地西部由浅海到三角洲砂岩、页岩和煤组成，向东相变为深海相和前三角洲相砂岩、页岩；而南部Latith组为一套河流—三角洲相砂岩、页岩和煤层。中中新统至上中新统Tabul组和上中新统Santul组均为三角洲相碎屑岩沉积。

上新统打拉根组，在盆地北部为河流—三角洲相碎屑岩沉积，而南部西侧Domaring组为陆棚碳酸盐岩，向东相变为浅海相泥灰岩和页岩。

第四系Bunyu组，在盆地北部为河流至上三角洲环境的砂岩、页岩和褐煤。而南部Waru组为浅海相的石灰岩和泥灰岩。

打拉根盆地次级构造单元可分为4个坳陷，由北至南分别为Tidung坳陷、打拉根坳陷、麻拉坳陷和贝拉坳陷，除Tidung和贝拉坳陷形成于始新世至晚中新世的Sekatak山脉（或Sekatak构造背斜）分开之外，其他坳陷未被明显的构造所分割。

打拉根盆地发育5个构造地层单元或旋回：旋回1晚始新世的裂陷及晚始新世至渐新世的海侵、旋回2晚渐新世至早中新世的沉降和沉积、旋回3中—晚中新世的沉降和三角洲沉积（海退）、旋回4上新世三角洲沉积及其后的盆地反转和旋回5更新世至今，这些构造单元均被不整合面分隔。

2-5-3 打拉根盆地典型油气田（藏）特征图

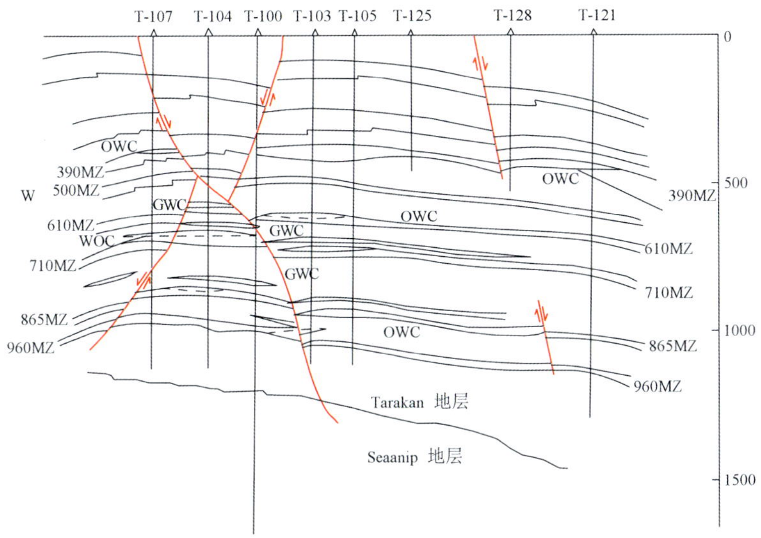

Bunyu岛油田油气藏剖面图（据IPA，1991年，修改）

OWC：油水界面；GWC：气水界面

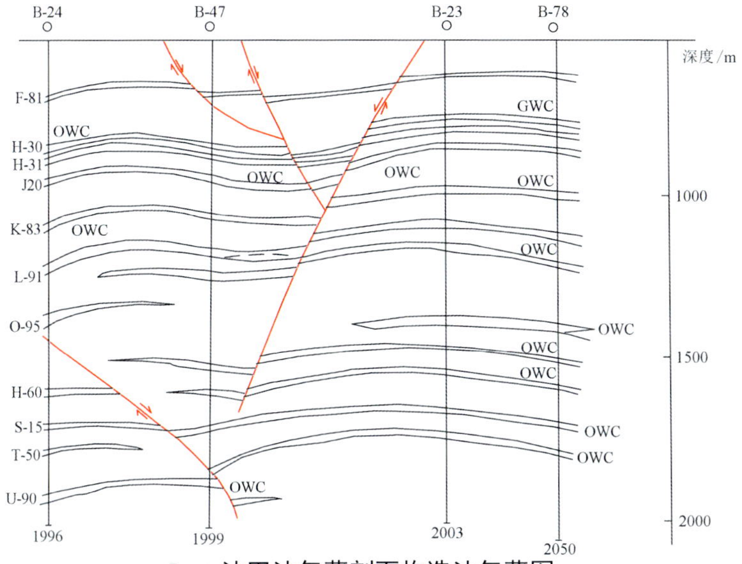

Juata油田油气藏剖面构造油气藏图

打拉根盆地已证实中中新统和上新统三角洲相的煤和页岩为良好的烃源岩，包括Bunyu组、打拉根组、Tabul组和Meliat组，其生烃潜力从一般到好，干酪根类型以Ⅲ型为主，局部Ⅱ型。盆地的地温梯度为3.67～4.18℃/100 m，平均4.0℃/ km，盆地主要生油窗深度位于1 350~2 500 m，与Bunyu岛大多数井的生油段相吻合。天然气和凝析油深度为2 500~3 400 m，对应于高成熟的生气带。盆地油气主要聚集于旋回3和旋回4（中中新统至上新统）的碎屑岩储层中，其中近75%的油气储集于打拉根组的砂岩，Tabul组和Santul组各占12.5%。打拉根、Santul和Tabul组内的页岩和煤层是其有效的局部盖层，主要的生储盖组合类型为自生自储型。

打拉根盆地典型油气田以Bunyu油田为代表，其油储量为19.1×10^6 t，天然气储量为99.1×10^8 m^3，是该盆地较大的油气田，属于构造型油气藏。其油气产层包括打拉根组、Santul组和Tabul组的三角洲相砂岩。这些储层的孔、渗性都比较好，构造是早上新世至更新世形成的背斜构造圈闭。

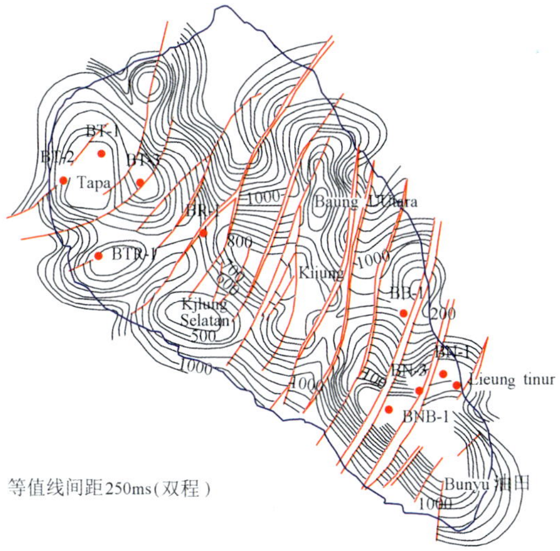

Bunyu油田Tabul组顶面构造（据Samuel,1980, 修改）

2–6 西北巴拉望盆地

2-6-1 西北巴拉望盆地构造位置图

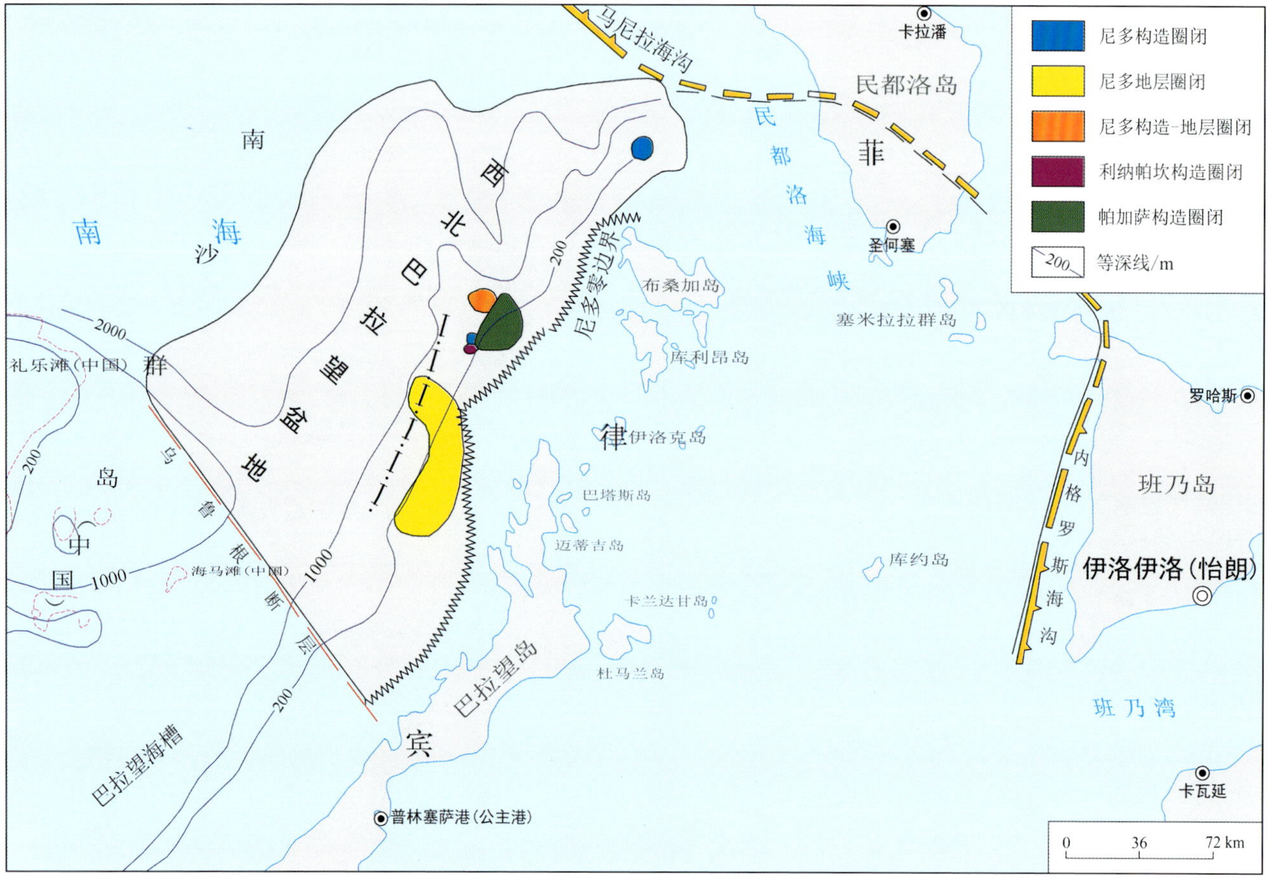

西北巴拉望盆地（Northwest Palawan Basin）位于南海东南部、菲律宾巴拉望岛西北侧，水深在50～2 000 m，大部分水深超过1 000 m。盆地总体呈NE向延伸，面积约4.0×10^4 km²，其中在我国传统疆界线内的盆地面积为1.76×10^4 km²。构造上，盆地位于乌鲁根断裂以东的巴拉望岛和卡拉绵岛西北大陆架及大陆坡上，与礼乐盆地一样，是从华南大陆分离出来的裂离陆块盆地，属中—新生代叠合盆地。

2-6-2 西北巴拉望盆地油气田分布图

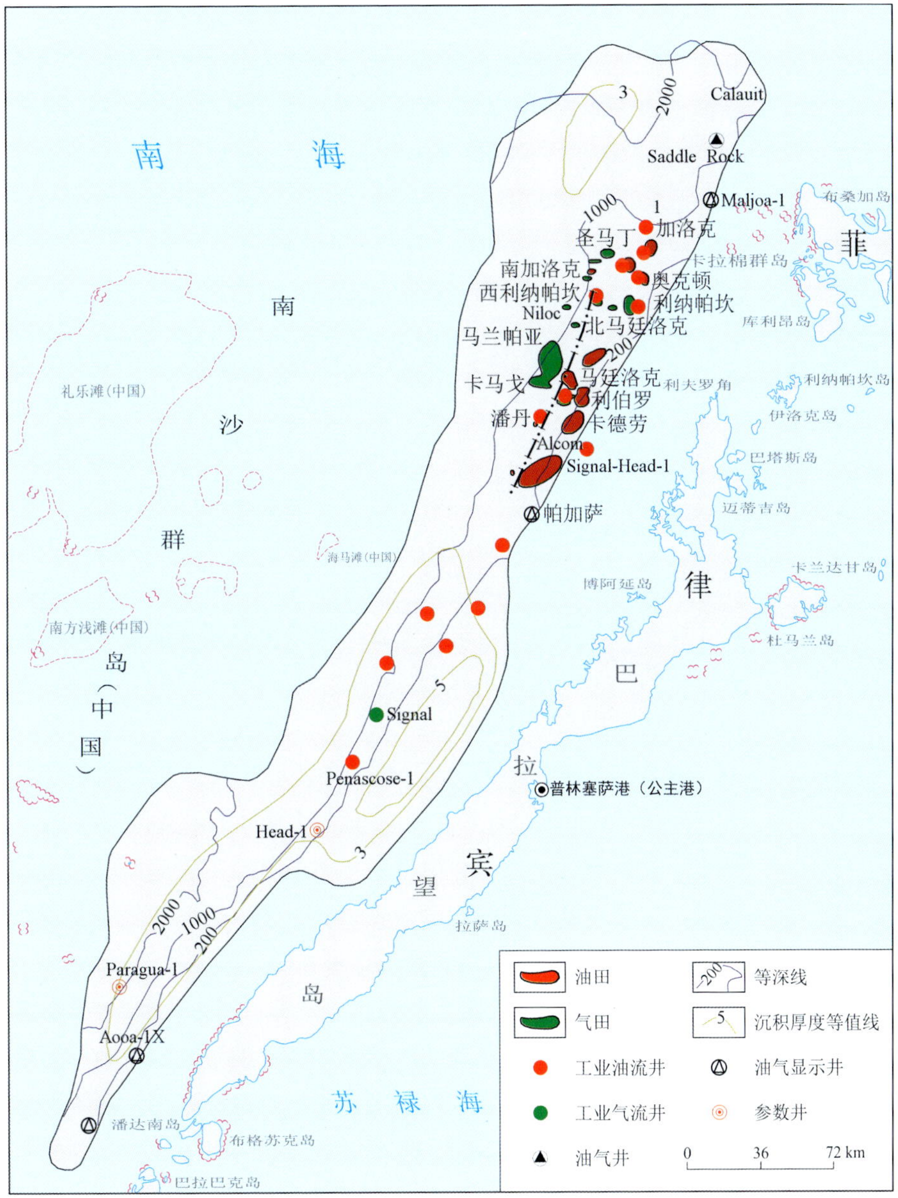

菲律宾在西北巴拉望盆地海上勘探始于1970年，1976年发现尼多（Nido）礁油田，而盆地近海区域的油气勘探活动几乎全为菲律宾国家所为，已在盆地内发现多个油气田、气田，油气田规模一般，为小型油气田或油田。西北巴拉望盆地油气勘探可分为3个阶段：发现阶段（1970—1981年）、停滞阶段（1982—1987年）和发展阶段（1988—1993年）。1990年壳牌/西方石油公司在盆地西北部发现了马兰帕亚（Malampaya）和卡马戈（Camago）大气田，水深820 m，气藏埋深3 000 m（以海底计），探明天然气储量849×10^8 m^3，石油储量0.27×10^8 t。

2-6-3 西北巴拉望盆地地层与石油地质综合柱状图

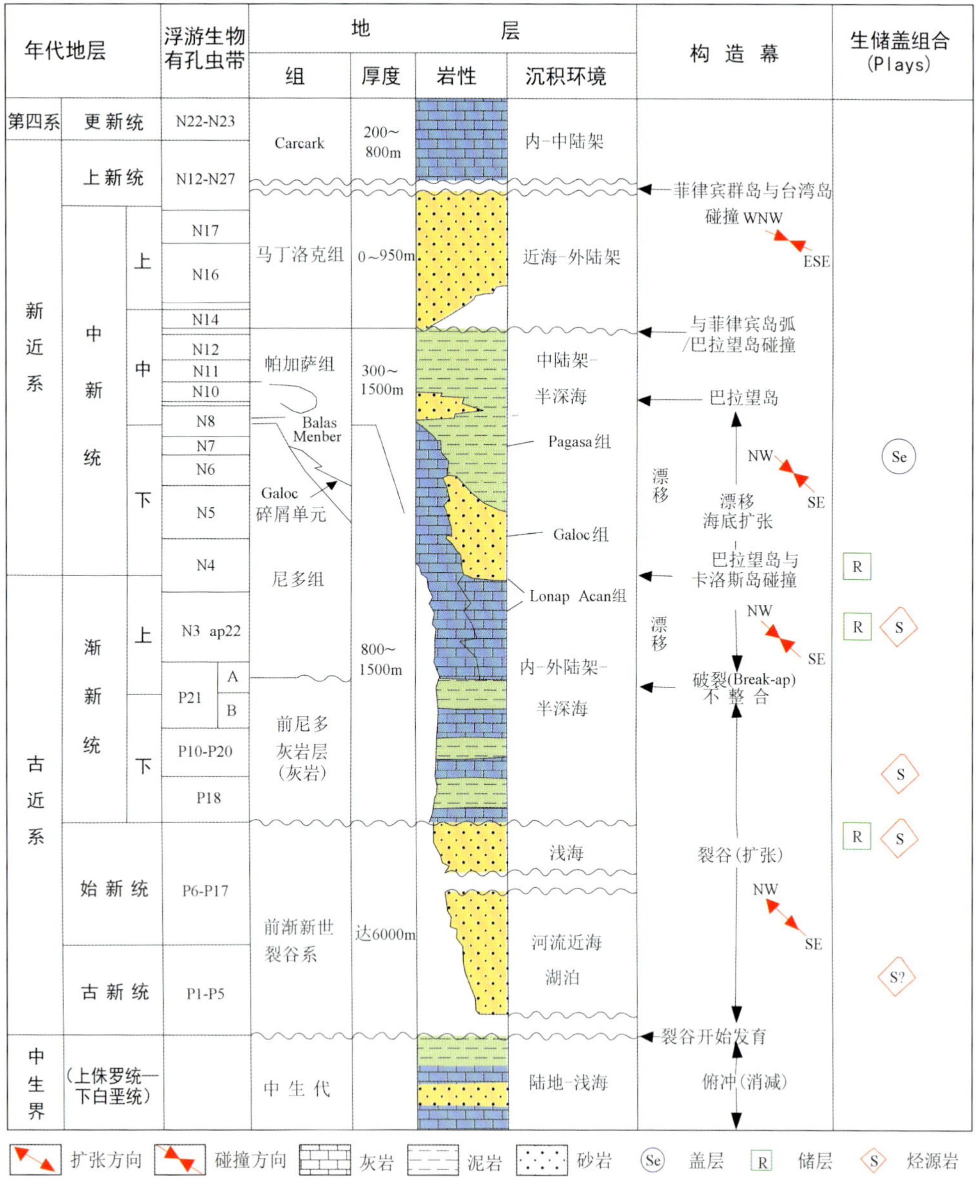

西北巴拉望盆地发育的地层为中生界侏罗系—白垩系、新生界古近系、新近系和第四系，盆地的基底为二叠系—三叠系的低级变质岩，其中生代的构造和地层特点与华南大陆架中生代盆地相似，上覆古近系和新近系为海相碎屑岩与碳酸盐岩。盆地经历了4个构造演化阶段：中生代—古近纪前裂谷阶段、晚渐新世—早中新世裂陷和陆块漂移阶段、碰撞及碰撞后阶段、上新世—第四纪区域沉降阶段。

西北巴拉望盆地发现的油气成因尚不清楚，烃类主要储集于裂谷后期沉积的尼多（Nido）组灰岩中，国外勘探和开发证实，盆地石油比重为27~54 API，具有低的CPI指数以及低的姥鲛烷/植烷，表明烃源岩沉积于还原环境，而石油中的硫含量随GC/MS而变化，说明有大量的陆相物质注入。近年研究成果揭示，盆地可能存在3套烃源岩：下—中中新统帕加萨组（Pagasa）黏土岩、始新统—古新统页岩和晚渐新世碳酸盐岩，认为上渐新统是主要的烃源岩，它含有丰富的有机质，古新统可能是潜在的烃源岩。

盆地共发育4套储层，分别为渐新统—中新统尼多灰岩，下中新统Galoc浊积砂岩，下—中中新统砂岩和始新统砂岩。其中，上渐新统—下中新统尼多灰岩是盆地主要的储层，由生物礁、台地碳酸岩和浊积扇砂岩组成。中新统帕加萨组厚层泥岩、页岩和黏土岩是一套良好的区域盖层，厚度大于610 m。

目前盆地中已发现了4种油气圈闭：盆地南部生物礁体（尼多油田）、盆地北部的浊积扇砂体（加洛克油田）和深水碳酸盐岩以及断块。大多数圈闭为生物礁地层圈闭，圈闭形成时间为早中新世。

2-6-4 西北巴拉望盆地上渐新统—下中新统碳酸盐岩顶部构造图

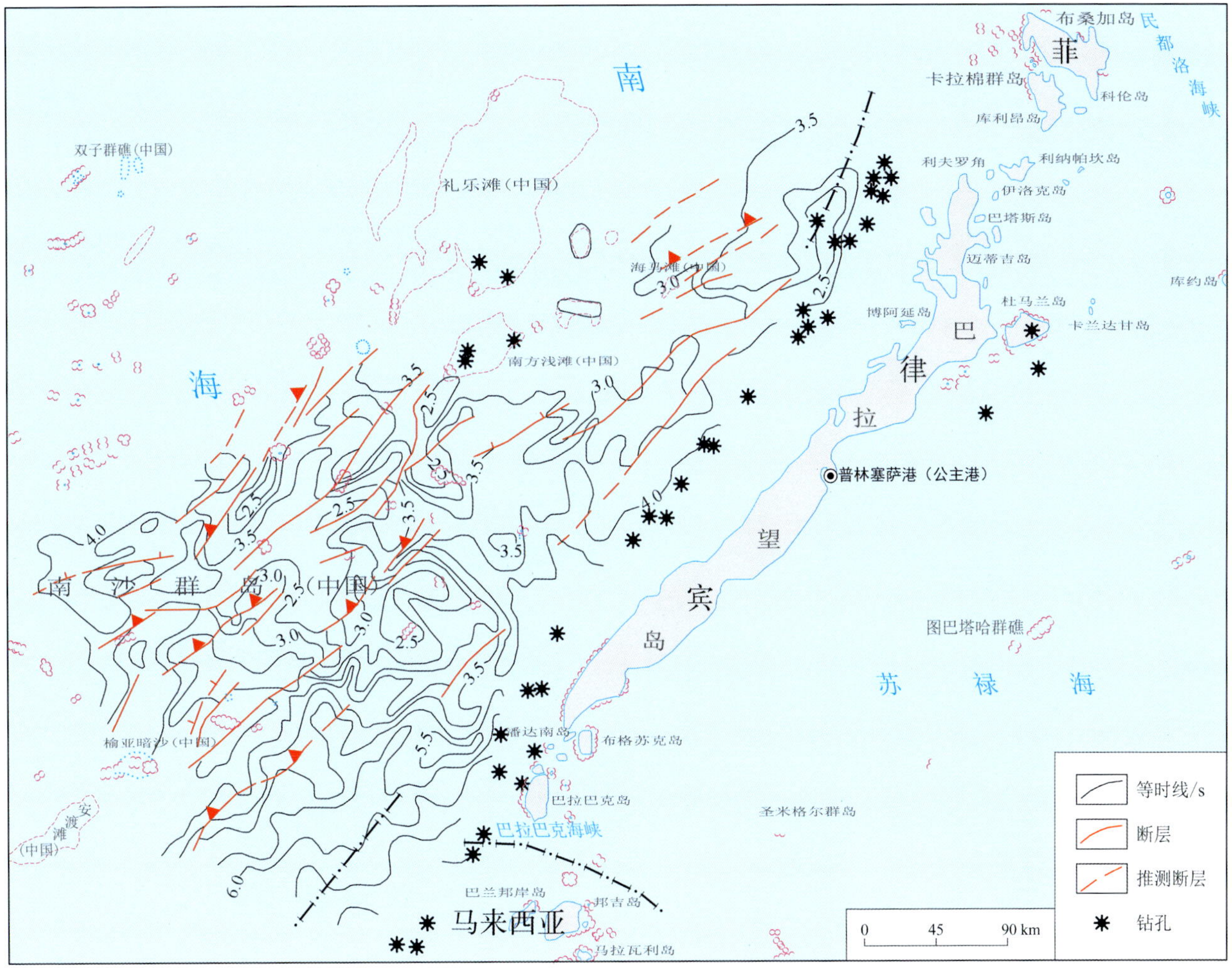

双程时间，等时线距0.5s

2-6-5 西北巴拉望盆地油气成藏模式及典型油气田（藏）特征图

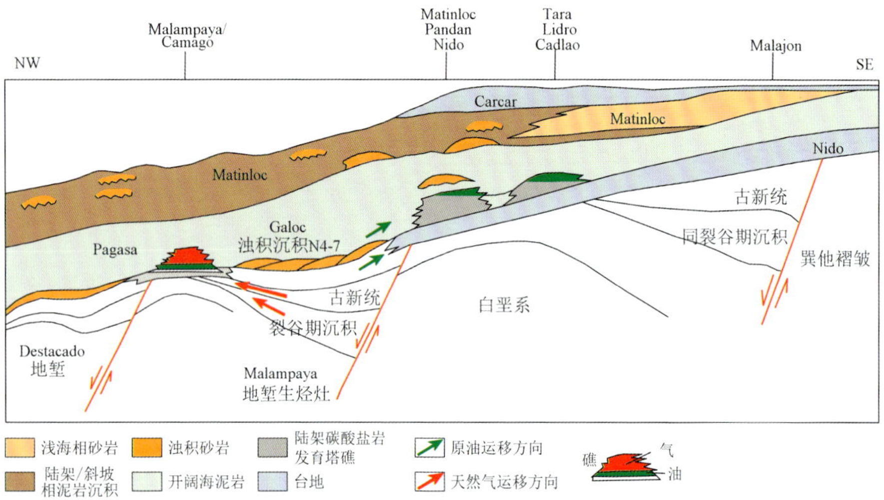

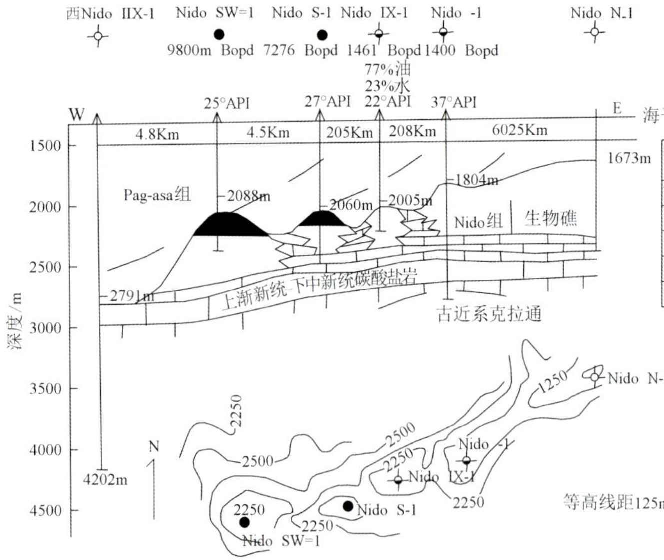

井号	闭合高度(m)	油柱高度(m)
Nido SW-1	210	188
Nido S-1	180	87
Nido IX-1	150	15
Nido -1	90	16
Nido N-1	60	*

* 6m油斑

尼多油田灰岩顶面构造图及油气藏平剖面图（据Beddoes & Leslie，1980）

西北巴拉望盆地的生储盖组合类型为古生新储和自生自储两种类型，其烃源岩是古近纪裂谷期的页岩和晚渐新世—早中新世后裂谷期的碳酸盐岩，如早中新世尼多组和Linapacan组的碳酸盐岩、早—中中新世帕加萨组的碳酸盐岩。盆地发育6种类型的含油气成藏组合：下中新统尼多组构造油气成藏组合、下中新统尼多组地层油气成藏组合、下中新统尼多组构造—地层油气成藏组合、下中新统Linapacan组油气成藏组合、下中新统Linapacan组构造油气成藏组合和下—中中新统帕加萨组构造油气成藏组合。其中，下中新统尼多组构造—地层油气成藏组合、中新统尼多组地层油气成藏组合和下—中中新统帕加萨组构造油气成藏组合油气储量占盆地储量的80%以上。

西北巴拉望盆地典型的油田是尼多油田，发现于1976年，为一个小型油田，水深12~70 m，地质储量8.06 × 10^6 t油当量（57.6 × 10^4 bbl），最终可采储量2.8 × 10^6 t油当量（20 × 10^4 bbl，可采系数35%），原油具有中等密度（27 API）、低黏度1.87 ~ 1.96 CPI，为中新统下部塔礁碳酸盐岩建造作为储层的地层圈闭，盆地相页岩为区域盖层。

西北巴拉望盆地近海油气勘探程度较高，但盆地深水勘探程度较低，油气潜力较大，是未来重要的勘探目标。

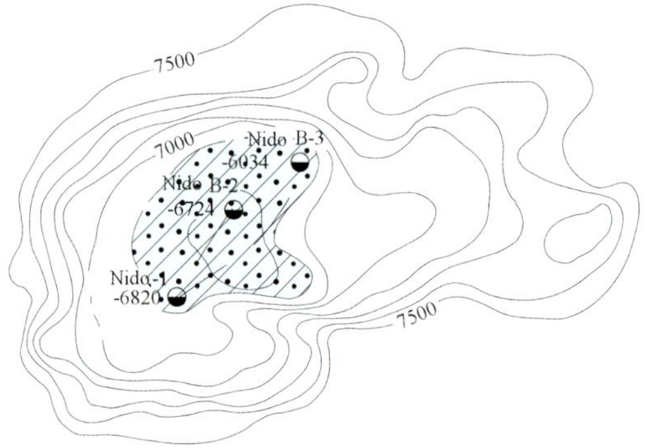

尼多油田灰岩下中统顶面构造图

2-7 钦敦盆地

2-7-1 钦敦盆地大地构造位置与盆地构造格架图

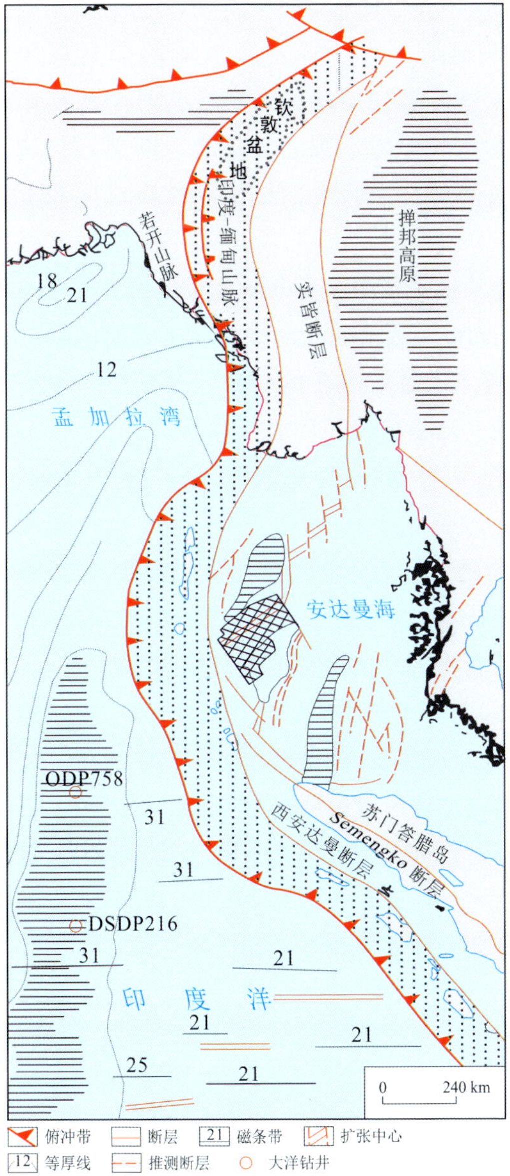

钦敦盆地大地构造位置图

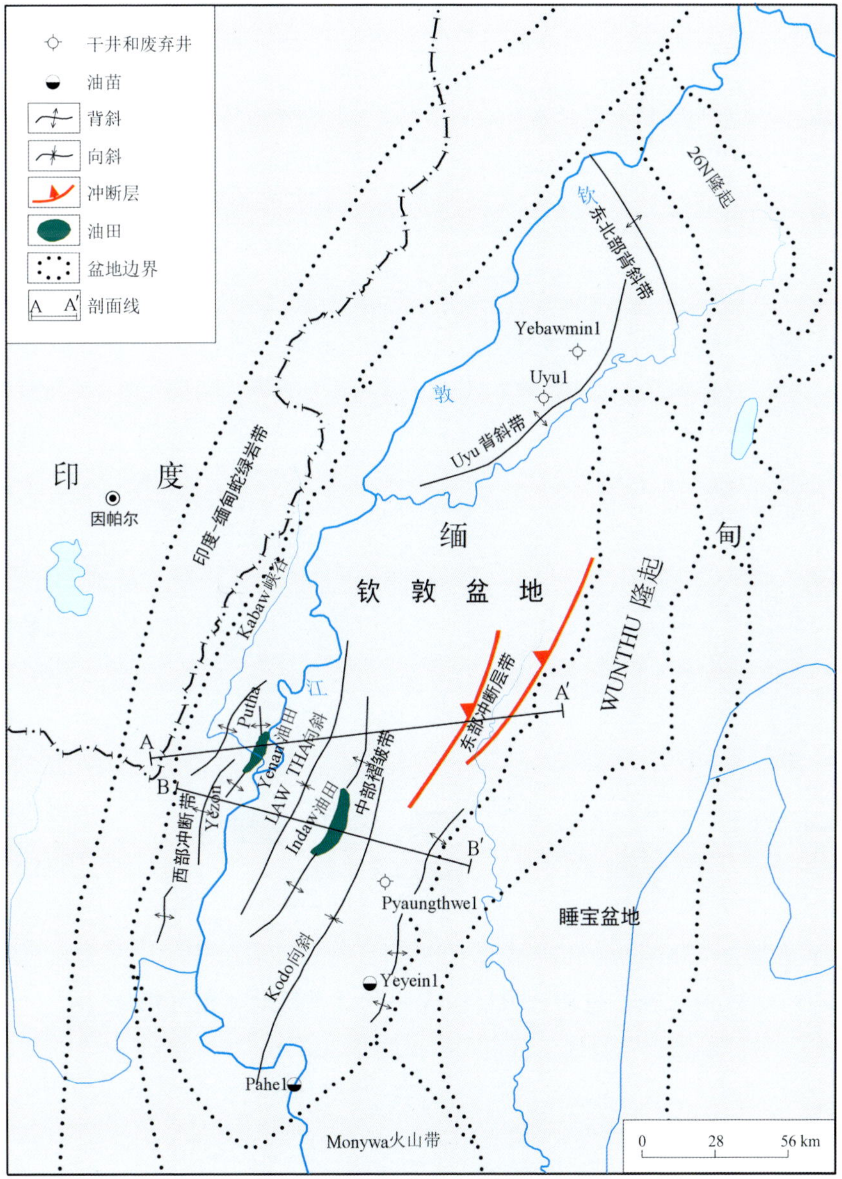

钦敦盆地构造格架图

钦敦盆地（Chindwin Basin）位于缅甸西部和中央低地的北部，属于缅甸—安达曼—巽他岛弧系的弧前盆地，盆地呈NE—SW向，面积约3.8×10^4 km^2，全部位于陆上。盆地油气勘探程度较低，仅有二维地震、部分钻井、重磁测量及野外地质调查资料。20 世纪初，首次在钦敦盆地南部的Indaw 背斜获得商业油气发现，截至 2010年底，盆地共有钻井约 100 口，油气勘探活动基本没有新进展（袁书坤，2015）。

2-7-2 钦敦盆地地层与石油地质综合柱状图

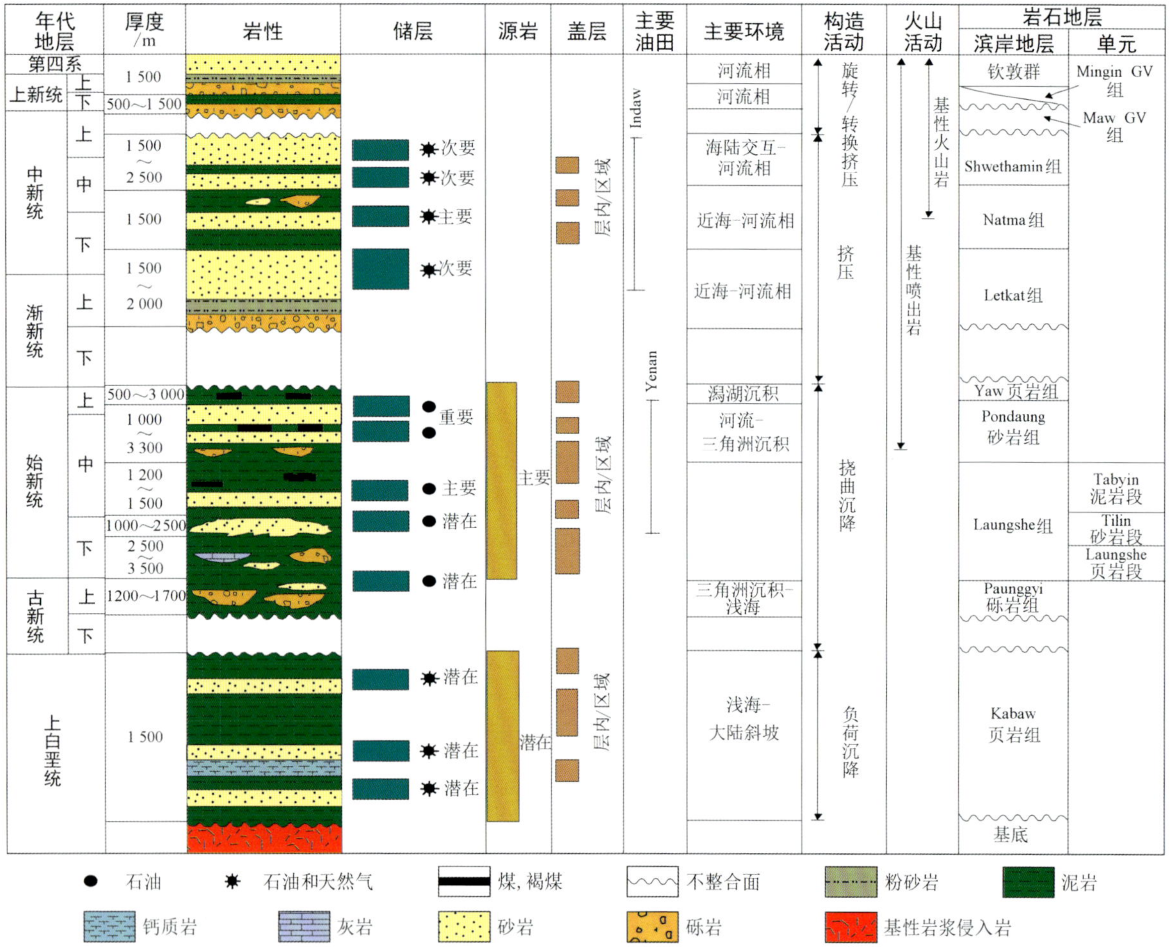

钦敦盆地主要沉积了白垩系—第四系，缺失全部的渐新统和部分上中新统，盆地可分为前坳陷期地层单元、弧前聚敛坳陷期地层单元、挤压坳陷期地层单元和挤压抬升期地层单元。盆地基底形成于被动大陆边缘的裂谷构造环境，由晚侏罗世—晚白垩世基性火成岩和上覆Kabaw页岩组成。

前坳陷期地层单元Kabaw页岩组：为一套厚度500~1 500 m较薄层状和纹层状的页岩地层，夹有砂岩，是盆地潜在的烃源岩和储层，主要为近滨到大陆斜坡沉积环境。

弧前聚敛坳陷期地层单元：晚古新世Thanitian期到晚始新世Priabonian期，盆地沉积了一套底砾岩和其上砂泥岩互层地层，包括晚古新世Paunggyi砾岩组、早—中始新世Laungshe组、晚始新世Pondaung砂岩组和Yaw页岩组。

挤压坳陷期地层单元：由Letkat组、Natma组、Shwethamin组构成。Letkat组厚1 200~2 000 m，以薄层具有结核的蓝色页岩为主，以早中新世三角洲平原、滨海过渡相沉积环境为主。Natma组最大厚度1 500 m，岩性为砂泥岩，以早中新世晚期到中中新世早期河流、滨海沉积环境为主。Shwethamin组由厚1 500~2 500 m砂岩组成，以中中新世晚期到晚中新世早期陆相沉积环境为主。

挤压抬升期地层单元：由Maw砾石组、Mingin砾石组和钦敦群构成一套早上新世陆相沉积物。

2-7-3 钦敦盆地典型地质剖面图

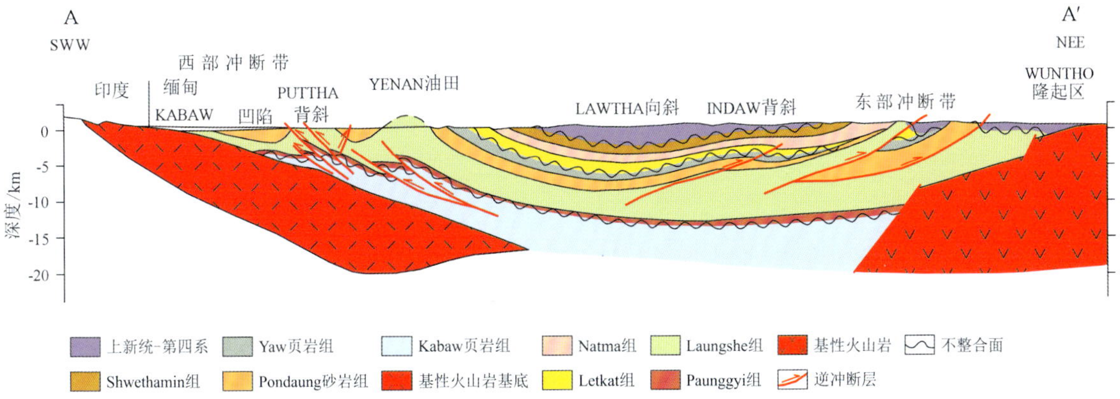

穿过Yenan 油田的AA’地质剖面图（剖面位置见2-7-1）

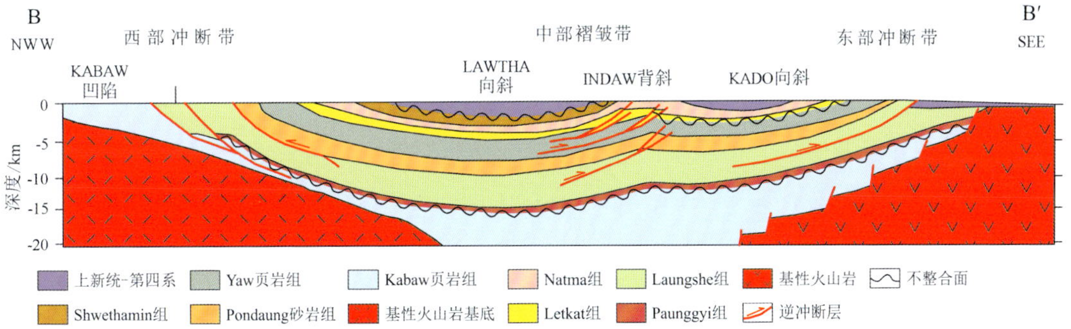

穿过Indaw油田BB’地质剖面图（剖面位置见2-7-1）

钦敦盆地是一个挤压应力环境下的大向斜，西部紧邻若开造山带，构造样式以挤压型褶皱为主。总体上，钦敦盆地表现为南部地区构造活动强度大、褶皱密度大、翼陡的特点，而北部地区的构造活动强度相对较弱、褶皱密度小、翼缓的特点。 其中，钦敦盆地南部地区的褶皱带可划分4个构造带，分别为西部冲断带、中部褶皱带、东部冲断带和Uyu背斜—东北背斜带（袁书坤，2015）。

西部冲断带：位于钦敦盆地西南部，由一系列的NE—SW走向、SE倾向的逆掩冲断带组成，断面倾角和贯穿深度都大。

中部褶皱带：构造相对简单、翼部相对宽缓，地层沉积厚度可达 15 000 m，为钦敦盆地最主要的生烃区，主要由 Lawtha向斜、Indaw背斜和Kado 向斜组成。

东部冲断带：靠近钦敦盆地东部边缘、西倾逆断层控制的狭窄冲断带，断面上陡下缓铲式明显，延伸长度约 30 km，与断层相关褶皱不发育。

Uyu 背斜—东北背斜带：Uyu 背斜带为弧形背斜，呈近NE—SW向，延伸长度达 100 km，下伏断层逆冲幅度较大。东北背斜带位于盆地最北端，与 Uyu 背斜近似垂直，呈NNW—SSE向展布，位于 Uyu 背斜带的东北部。

2-7-4 钦敦盆地生储盖组合表

钦敦盆地烃源岩一览表

地层年代	烃源岩	岩性	TOC（%）	HI[mg.g⁻¹（以TOC计）]	Ro（%）	沉积环境
上始新世	Yaw 组页岩	页岩	8	＜150	—	潟湖相
		煤岩	30	150～340	0.45～0.6	
中始新世	Pondaung 组	页岩	—	—	—	河流相—三角洲相
		煤岩	＞30	200～440	0.45～0.6	三角洲相—河流相
中始新世	Tabyin 泥岩段	煤岩	＞30	275～365	0.6～0.76	近滨—大陆斜坡相
上白垩世	Kabaw 组	页岩	0.5～2.3	＜120	1.4	

钦敦盆地储层一览表

地层年代	储层	岩性	孔隙度（%）	渗透率（mD）	沉积环境
下中新世	Natma 组	砂岩	16~24	40~105	近海—河流相
中始新世	Pondaung 组	砂岩	5~22	10	河流相—三角洲相
下—中始新世	Laungshe 组	砂岩	15	10	浅海—河流相
上白垩世	Kabaw 组	砂岩（潜在）	—	—	近滨—大陆斜坡相

钦敦盆地盖层一览表

地层年代	盖层	岩性	沉积环境
上中新世	Natma 组	泥岩，页岩	近海—河流相
中始新世	Pondaung 组	页岩	河流相—三角洲相
下—中始新世	Laungshe 组	泥岩，页岩	浅海—陆相（河流）相
上白垩世	Kabaw 组页岩	页岩（潜在）	近滨—大陆斜坡相

钦敦盆地的烃源岩主要有上白垩统的页岩以及中上始新统的页岩和煤。其中，上白垩统的页岩成熟度较高，是一套潜在（以天然气为主）的烃源岩，目前勘探尚未发现由其生成的天然气，但其潜力应当引起重视。中上始新统的页岩和煤是弧前汇聚坳陷期的浅海—陆相沉积，生烃潜力较大，目前已发现油田的原油是来自该套烃源岩。

钦敦盆地的储层主要为砂岩，包括下中新统Natma组、中始新统Pondaung组、下—中始新统Laungshe组和上白垩统Kabaw组页岩。其中，下中新统Natma组、中始新统Pondaung组和下—中始新统Laungshe组砂岩为盆地主要储层。

钦敦盆地的盖层在前坳陷期、弧前汇聚坳陷期和挤压坳陷期皆有发育。中新世是东南亚区域上大规模的海侵期，在钦敦盆地表现为湖侵，湖侵期发育稳定的页岩和泥岩，形成了盆地最新的一套盖层。

钦敦盆地已发现构造、地层和复合（构造—不整合）圈闭3种类型。在盆地西部，推测以构造圈闭为主，并发育地层/岩性圈闭。在盆地中部和东部中浅层，构造圈闭、地层/岩性圈闭均发育，而在深层可能以地层/岩性圈闭为主，盆地内地层/岩性圈闭的勘探将是未来一个十分重要的领域。

2-7-5 钦敦盆地典型油气田（藏）特征图

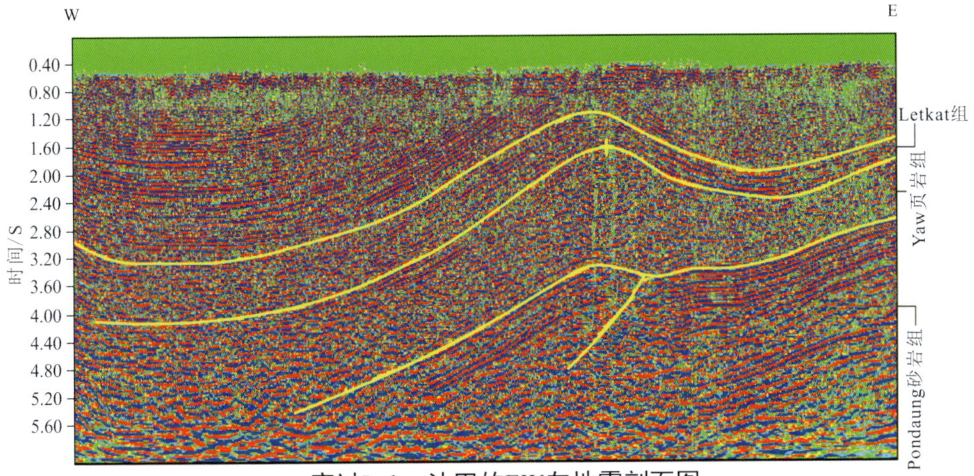

穿过Indaw油田的EW向地震剖面图

Indaw油气田位于钦敦盆地中部褶皱带上，于1912年发现，储层为中新统Natma组砂岩，油气储量为0.5×10^6 t油当量（3.28×10^4 bbl）。该油气田发育不对称冲断背斜构造，其走向NNE—SSW，背斜西侧较平缓，其倾角为10°~15°；东侧较陡，其倾角为50°~65°。

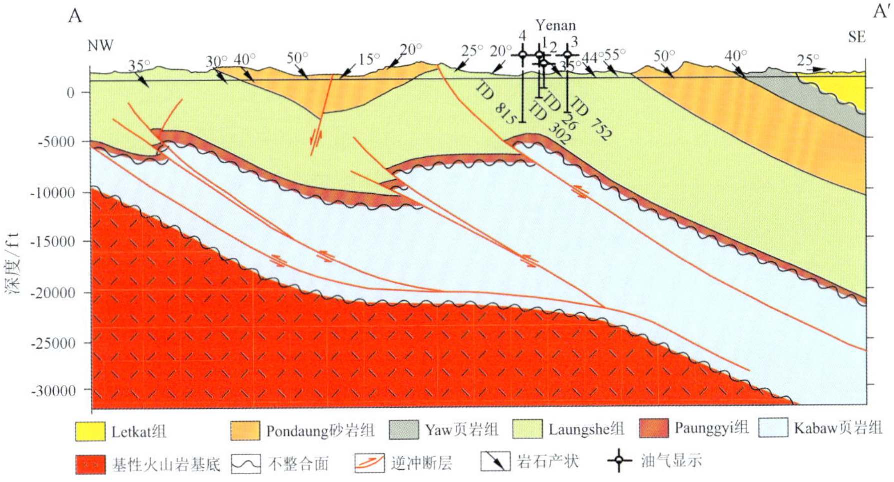

穿过Yenan 油田的NW—SE向剖面

1 ft=0.3048 m

Yenan油田位于钦敦盆地西部冲断带上，于1922年发现，储层为始新统Tabyin泥岩层段，油气储量2 800 t 油当量。该油田发育冲断不对称背斜构造，走向NNE—SSW，背斜西侧较平缓，倾角为0°~10°，东侧较陡，倾角为20°~45°，始新统Tabyin组泥岩层段位于背斜中间。Yu河流经过整个构造并经过构造的最高点，在构造的顶部出现气苗，气苗在Yu河两边均出现，河水高涨时期气苗更为普遍。

2-8 缅甸中央盆地

2-8-1 缅中盆地区域构造位置图

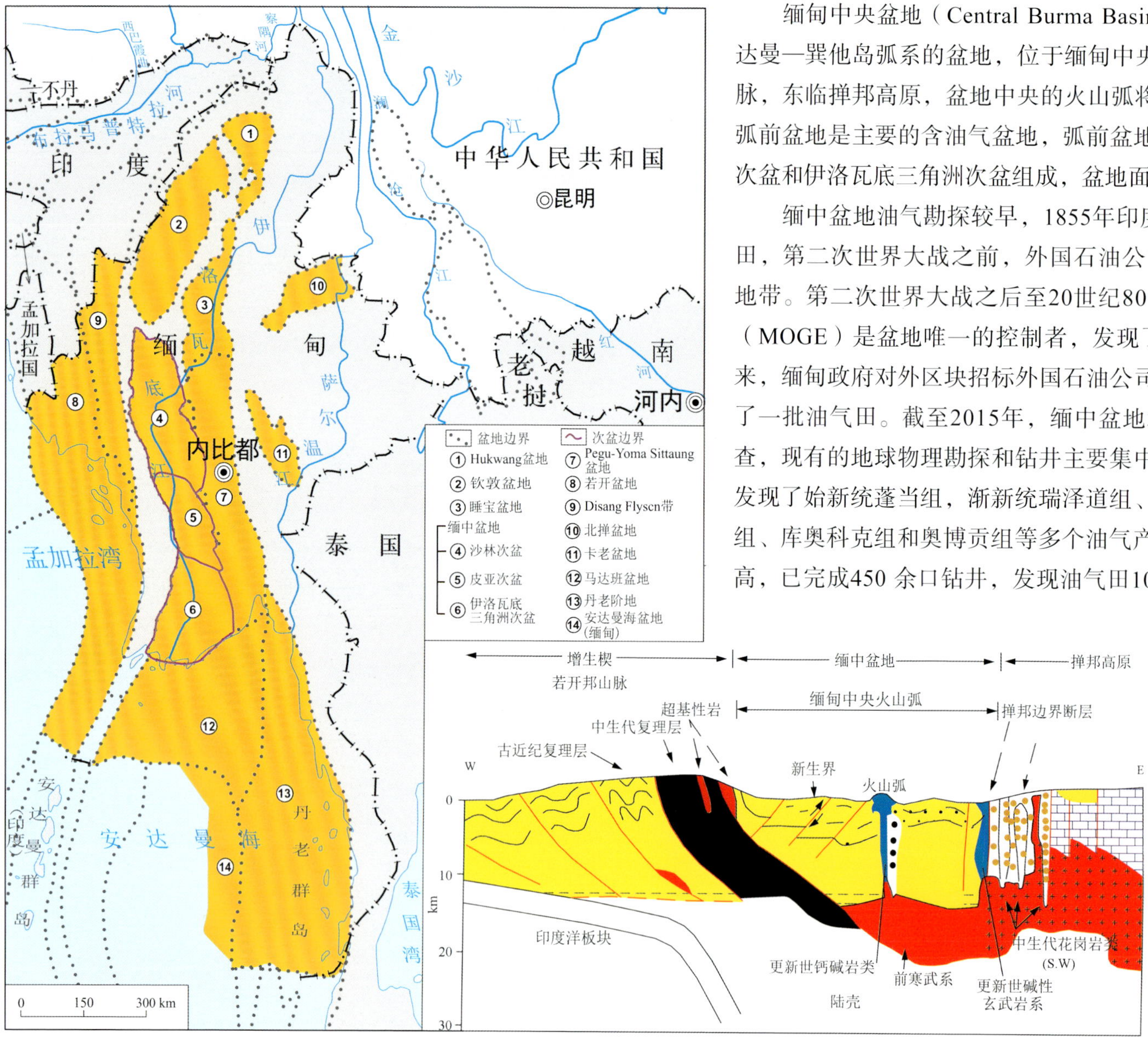

缅甸中央盆地（Central Burma Basin）简称“缅中盆地”，属于缅甸—安达曼—巽他岛弧系的盆地，位于缅甸中央低地的中心部位，西邻印度—缅甸山脉，东临掸邦高原，盆地中央的火山弧将盆地分为弧前和弧后两部分，其中，弧前盆地是主要的含油气盆地，弧前盆地由沙林（Salin）次盆、皮亚（Pyay）次盆和伊洛瓦底三角洲次盆组成，盆地面积为8.08×10^4 km^2。

缅中盆地油气勘探较早，1855年印度地质调查局首次发现Yenangyaung油田，第二次世界大战之前，外国石油公司主要集中在缅中盆地北部以及海岸地带。第二次世界大战之后至20世纪80年代中期，缅甸国有石油天然气公司（MOGE）是盆地唯一的控制者，发现了Mann油田等。20世纪80年代末期以来，缅甸政府对外区块招标外国石油公司，盆地油气勘探得到迅速发展，发现了一批油气田。截至2015年，缅中盆地北部沙林次盆已完成全部地面地质调查，现有的地球物理勘探和钻井主要集中于沙林次盆东部斜坡的油气聚集带，发现了始新统蓬当组，渐新统瑞泽道组、巴当组、鄂霍明当组以及中新统标贝组、库奥科克组和奥博贡组等多个油气产层。中部皮亚次盆的勘探程度相对较高，已完成450 余口钻井，发现油气田10个，以产气为主，主要产气层为中新统标贝组和库奥科克组。南部伊洛瓦底三角洲次盆由缅甸国有石油公司作业，勘探程度较高，钻探24口井，在陆上区块已发现油气田 8个，以产天然气为主，主要产气层为中新统奥博贡组、库奥科克组和标贝组。

2-8-2 缅中盆地地层与石油地质综合柱状图

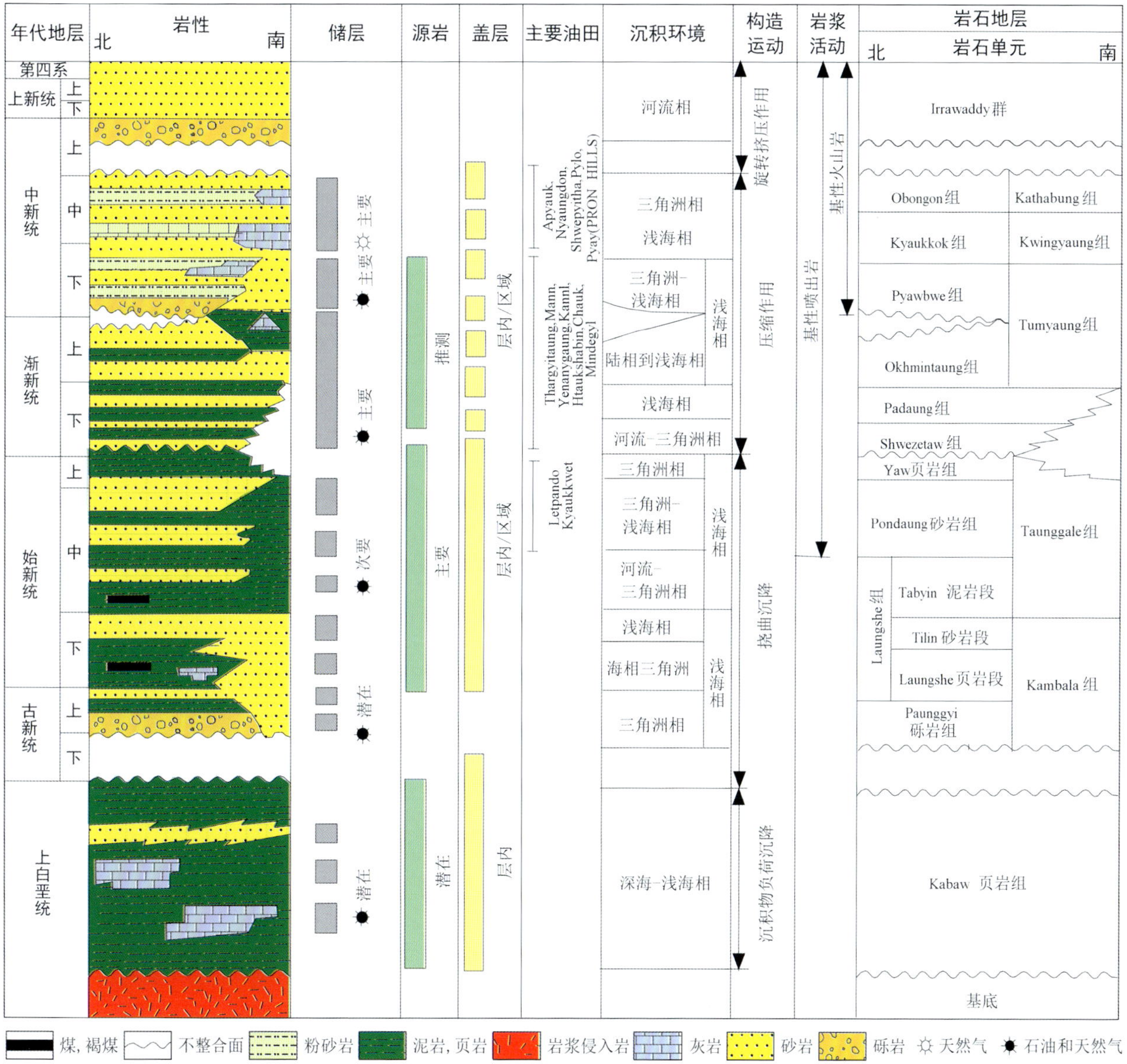

缅中盆地与钦敦盆地发育史相似，地层层序也具有相似的特征，主要沉积了白垩纪—第四纪的地层。晚侏罗世—中白垩世冈瓦纳大陆晚期的洋壳构成了盆地古近纪—新近纪中心带（CMTB）弧前盆地基底，上覆地层为Kabaw页岩组。盆地包括4个地层单元，分别为前坳陷期地层单元（Kabaw页岩组）、弧前汇聚坳陷期地层单元、挤压坳陷期地层单元和挤压抬升期地层单元。

前坳陷期地层单元（Kabaw页岩组）：为一套深灰色—蓝灰色较薄的层状和纹层状的页岩，夹砂岩，厚500～1 500 m，是盆地潜在的烃源岩层和储层，为滨海至大陆斜坡沉积环境，位于东面的中缅山脉和西面的印度板块俯冲形成的深槽之间。

弧前汇聚坳陷期地层单元：为晚古新世至晚始新世坳陷期，沉积了一套底砾岩和其上砂泥岩互层的地层。

挤压坳陷期地层单元：为晚渐新世—中新世坳陷期，沉积了一套海陆过渡—海相至近海—河流—三角洲平原、滨海和陆相的砂岩、泥岩，地层中的砂岩可作为盆地的良好储层。

挤压抬升期地层单元：为上新世—第四纪隆升期，以陆相砂砾岩沉积环境为主。

2-8-3 缅中盆地始新统—中新统等厚图

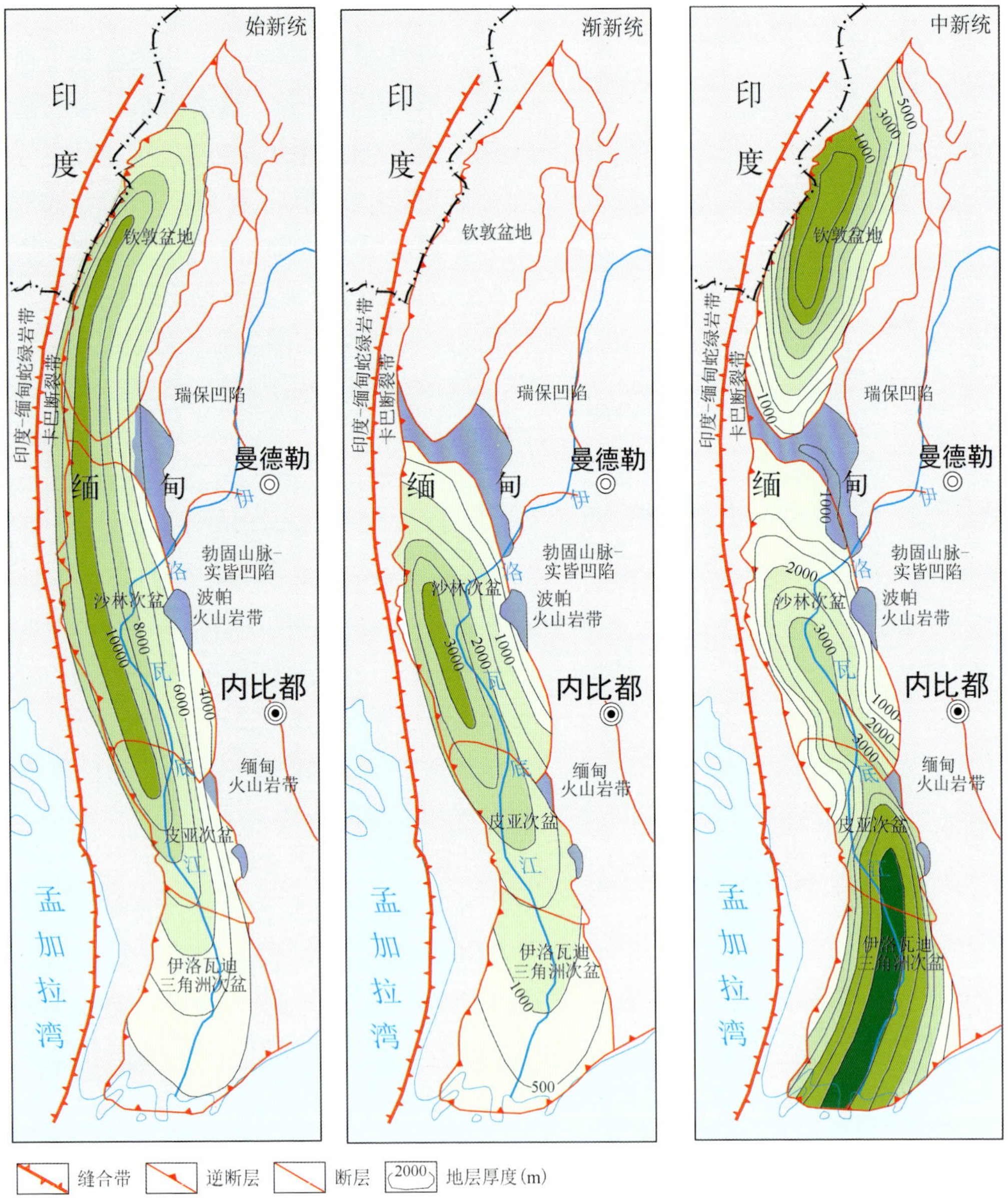

从地层分布特征来看，缅中盆地上白垩统几乎全区发育，总体表现为西南厚、东北薄的特点，岩性以泥岩为主，由南向北含砂量逐渐增加。古新统主要发育了庞吉组，分布广泛，岩性以砾岩、砂岩和泥岩为主，地层厚度800～1 800 m，具有西南厚、东北薄的特征。始新统在伊洛瓦底次盆的西部深坳带广泛分布，目前尚无钻井揭示整套地层，表现呈东薄西厚的特点，沉积中心位于盆地西缘。渐新统具有双物源特征，但在西部深坳带南部和北部地区缺失严重，仅在盆地中部的沙林次盆地层发育较全，厚度1 500～3 000 m，具有西厚东薄和沉积中心东移的特点。中新统在西部深坳带内发育较全，横向分布较稳定，具有中间薄两端厚的特征。其中，南部的伊洛瓦底三角洲次盆地层厚度3 000～6 000 m。上新统—第四系主要发育了伊洛瓦底群陆相沉积，以砂岩、砾岩和泥岩为主，地层厚度一般较大，具南厚北薄的特点，在南部三角洲最大厚度可达3 000 m。

2-8-4 沙林次盆构造格架图

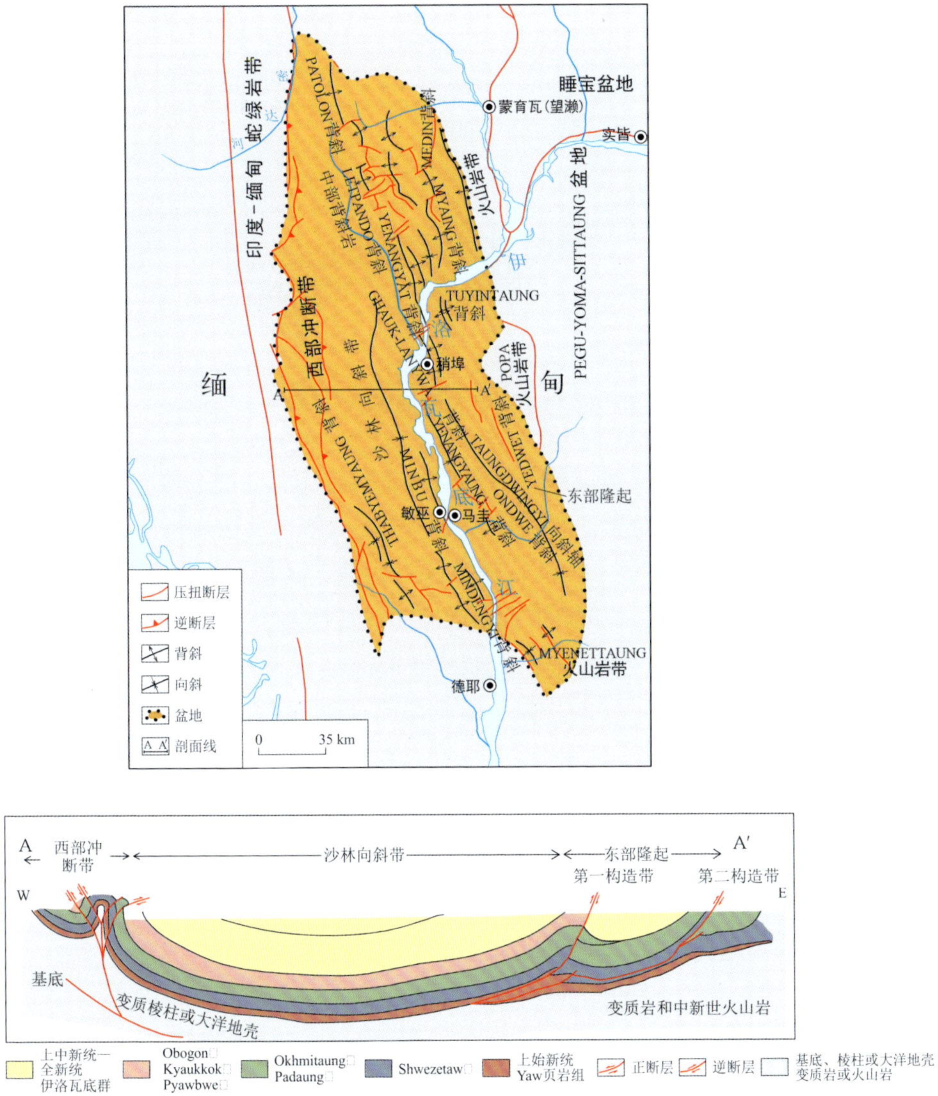

沙林次盆是缅中盆地西部深坳带油气最富集的次盆，其南北均为局部凸起带，呈NNW—SSE走向，长约300 km，宽110 km，面积约为3.5×10^4 km^2。沙林次盆内构造活动强度差异较大，自西向东主要发育有西部边缘冲断带、沙林向斜带、中部背斜带和东部隆起等4个构造带（袁书坤，2015）。

西部边缘冲断带：位于印缅造山带附近的沙林向斜西翼，呈NNW向展布，由叠瓦状东倾逆冲断层组成，背斜构造不发育。

沙林向斜带：位于沙林次盆中部，宽缓，呈NW向展布的向斜，是沙林次盆最主要生烃区。

中部背斜带：位于沙林次盆东翼下部，主要由两组近乎平行、受西倾逆冲断层控制的背斜带组成，勘探证明其是缅中盆地最主要的产油气区。

2-8-5 皮亚次盆和伊洛瓦底三角洲次盆构造格架图

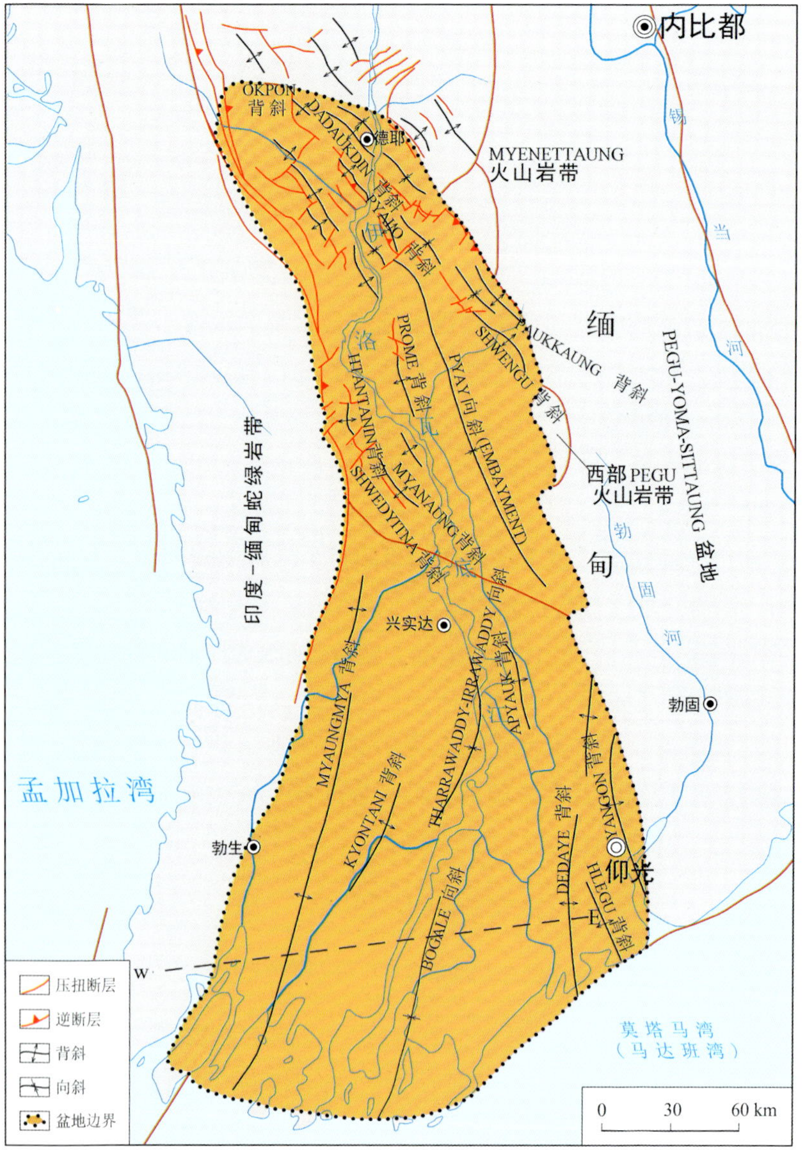

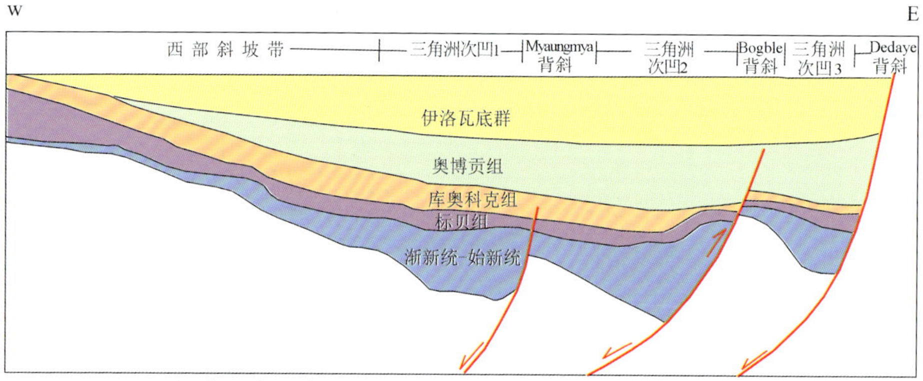

伊洛瓦底三角州次盆E—W向地质剖面（据袁书坤，2015）

皮亚次盆位于沙林次盆南部，西部紧邻若开造山带，主要发育NW向雁列式断层及相关褶皱、断鼻、断块等，与沙林次盆结构及构造特征相似，皮亚次盆的褶皱为逆冲断层、向斜隔开的背斜构造，主要包括西南冲断背斜带、北部冲断背斜带、皮亚向斜带和东部冲断背斜带等次级构造单元。

伊洛瓦底三角洲次盆位于西部深坳带最南端，其北与皮亚次盆相邻（两者以18°N凸起带为界），呈NNE向展布，自北向南呈扇形展开，面积约3.1×10^4 km^2，其中海上面积0.3×10^4 km^2。在地质历史时期该次盆同时受到挤压、拉张及走滑等多种应力场的共同作用，自西向东主要发育了Myaungmya基底隆起带、Bogale 背斜、Dedaye 背斜、Apauk–Yangon–Helgu背斜带及Tharawaddy–Irrawady 向斜等次级构造单元。该次盆具有“叠合盆地”性质，即早期为拉张型伸展断陷，晚期为坳陷型沉积盆地。

2-8-6 缅中盆地典型油气田（藏）特征图

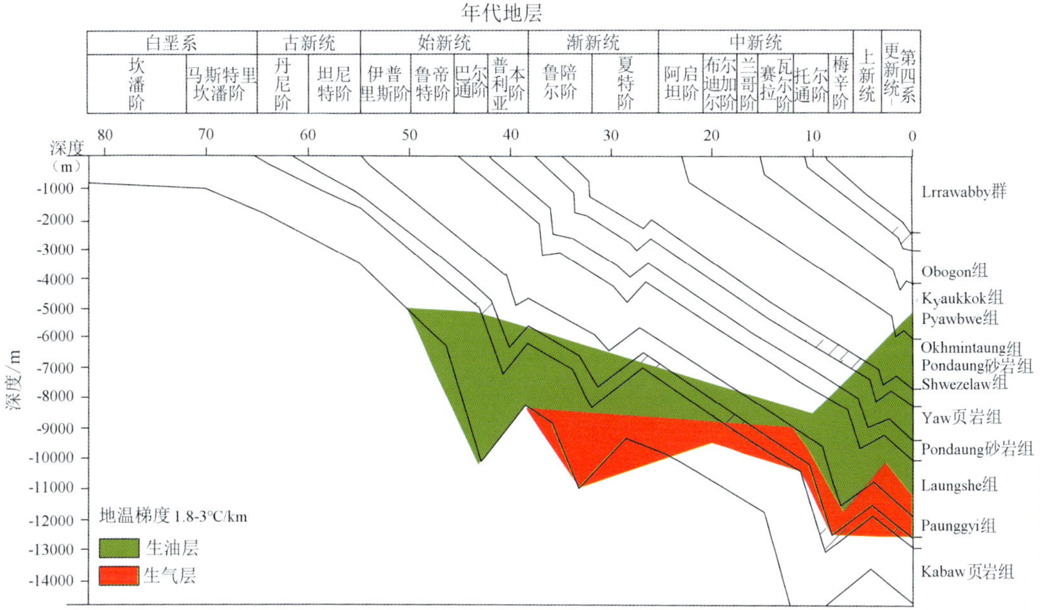

缅中盆地烃源岩为始新世Laungshe组、Tabyin组和Yaw组以及早中新世的海陆过渡相页岩、泥岩和煤，干酪根类型以Ⅲ型为主，总体呈中等—好的品质。储盖层为渐新统—中新统和上新统伊洛瓦底群海陆过渡相、海相砂岩和页岩，局部发育碳酸盐岩和火山岩储层，以构造圈闭和构造-地层复合圈闭为主。目前油气发现和油气地质条件表明，盆地主要发育4套储盖组合类型：中新统自生自储成藏组合、始新统—中新统下生上储成藏组合、始新统—渐新统下生上储成藏组合和三角洲凹陷中新统自生自储成藏组合。沙林次盆是缅中盆地最重要的油气产区，始新统—中新统下生上储成藏组合是该次盆主要的油气成藏组合类型，在中南部已发现了Yenangyaung、Mann及Minbu等油田。

缅中盆地目前已发现9个油气田。其中，Htaukshabin大型油田发现于1978年，砂岩储层，最终可采储量为78.4×10^6 t 油当量。Mann中型油田发现于1970年，砂岩储层，最终可采储量31.4×10^6 t 油当量。

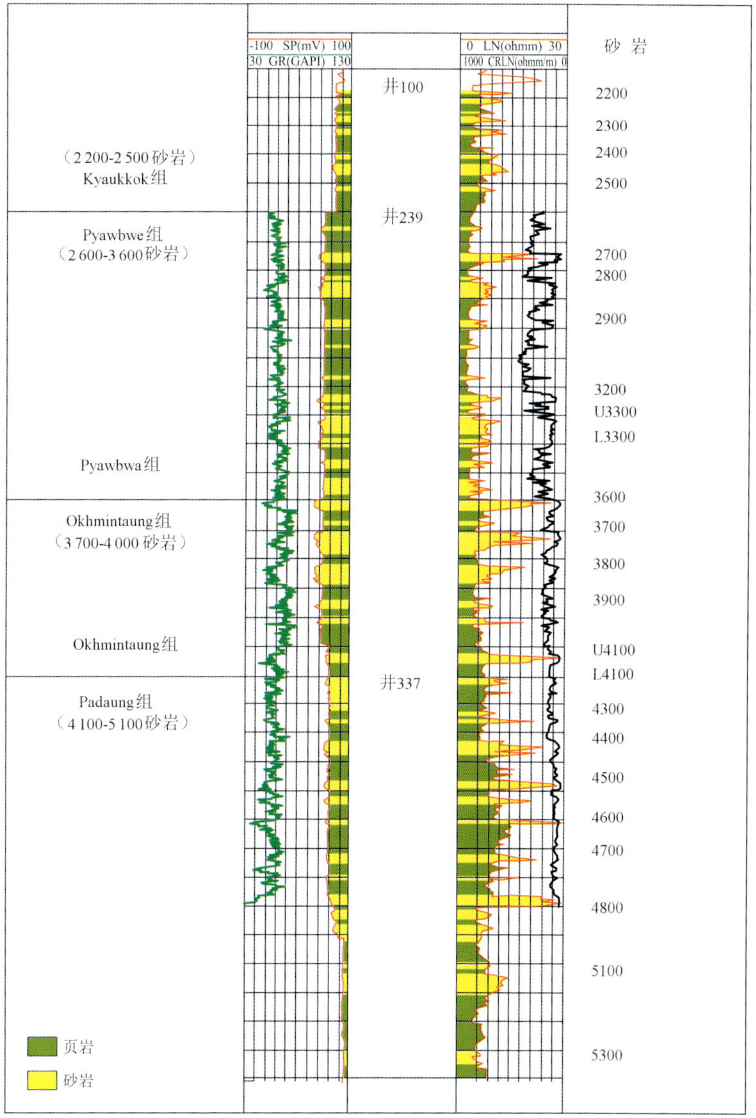

Mann油田测井曲线解释成果图

2-9 马达班盆地

2-9-1 马达班盆地油气田分布图

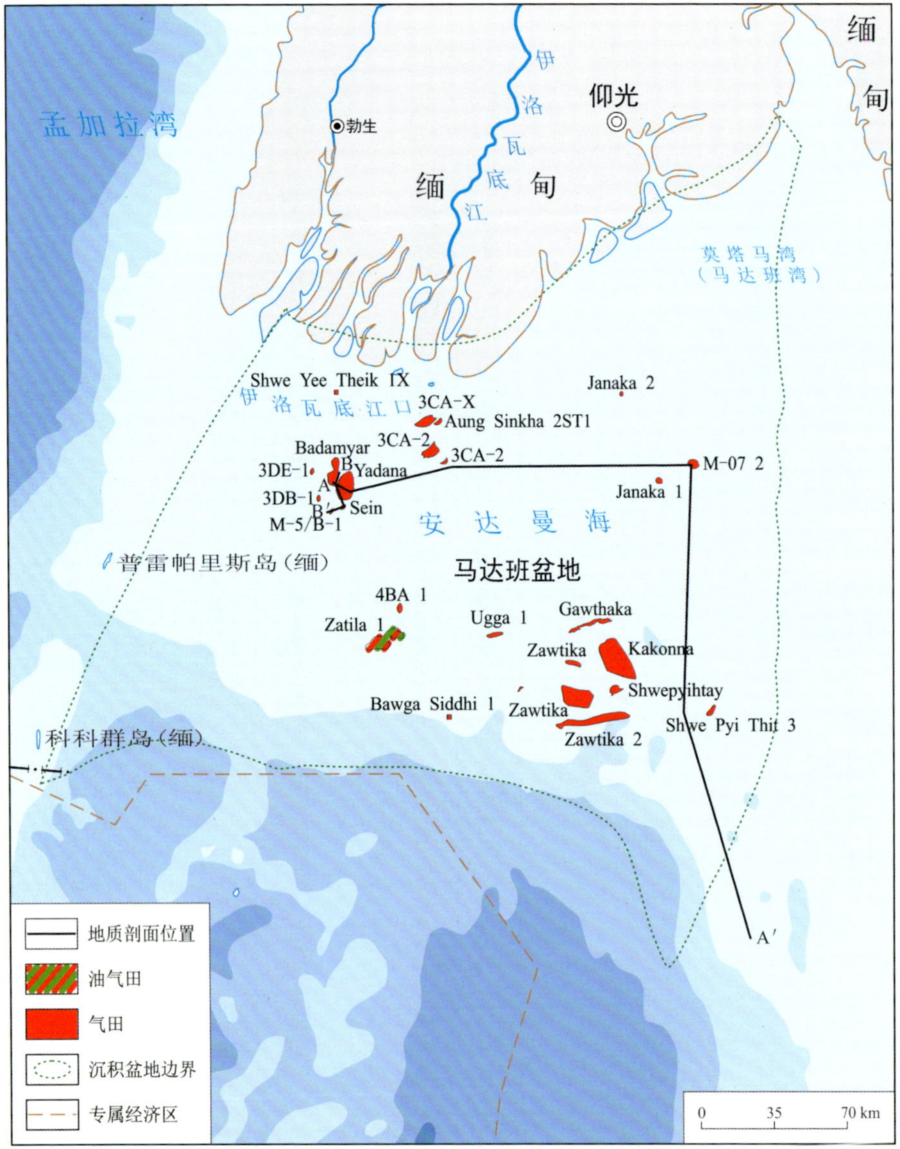

（据HIS数据库，2021；陈建宏等，2022）

马达班盆地（Moattama Basin）位于缅甸南部马达班湾和安达曼海北部，北与缅甸中央盆地相连，南接安达曼海盆地，盆地长290 km，宽220 km，面积为8.5×10^4 km²，其中海域面积为8.42×10^4 km²，盆地大部分水深小于200 m。近年来，马达班盆地南部成为东南亚油气勘探的热点，已有探井116口，发现22个气田和1个以产气为主的油气田，以及SPT1、SPT2、M-7 等多个含气构造，天然气2P可采储量2 754.7 × 10^8 m³。目前，盆地亚德那（Yadana）、Badayar、Sein、Shwepyihtay、扎提卡（Zawtika）、Kakonna、扎提卡2等7个气田在产，Gawthaka气田处于开发阶段，证实盆地尤其南部具有良好的油气地质条件。

2-9-2 马达班盆地地层与石油地质综合柱状图

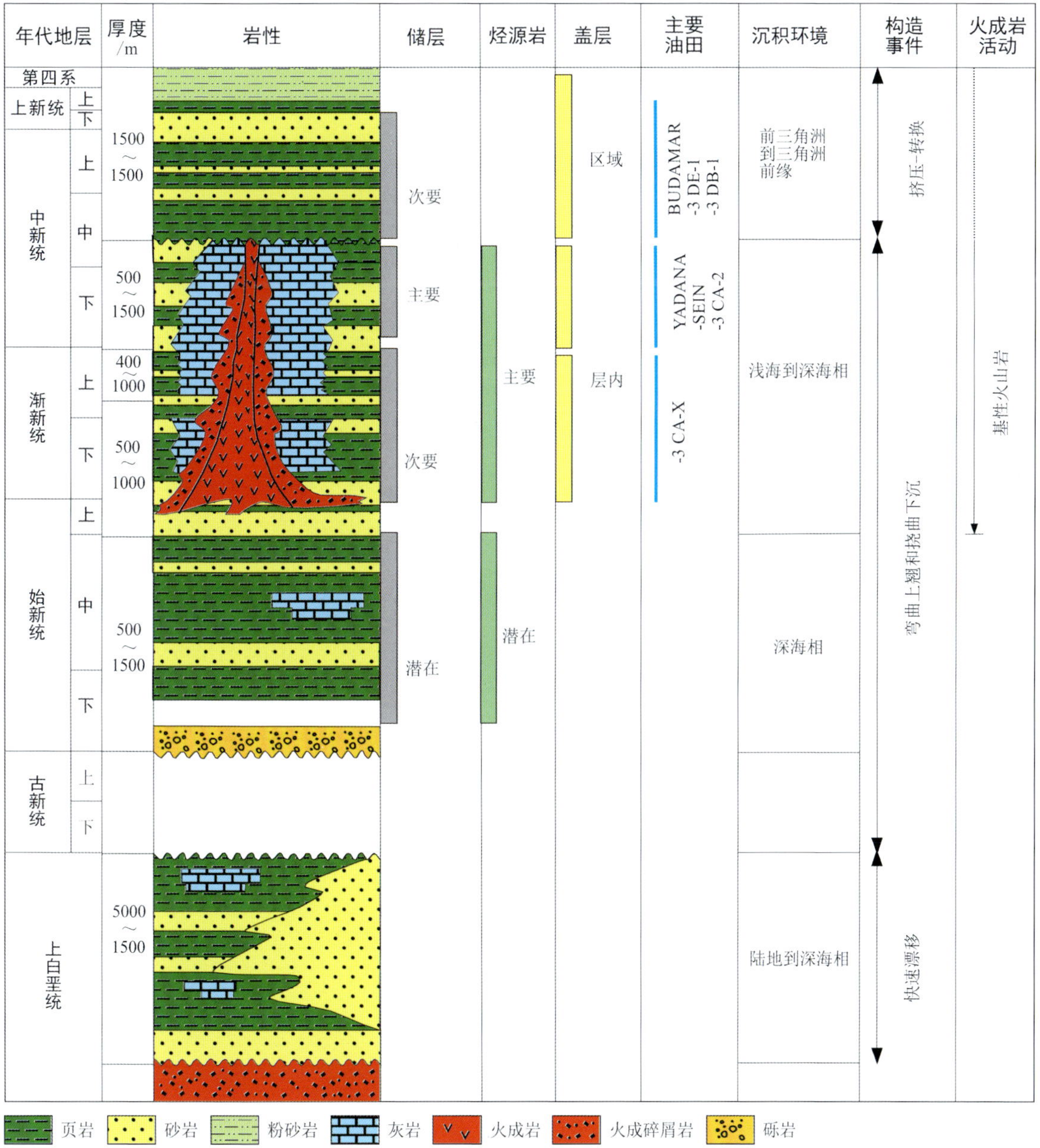

马达班盆地发育上白垩统—第四系，缺失古新统。上白垩统主要是与特提斯洋相关的一套深海相至海陆过渡相的砂岩、页岩互层夹灰岩沉积物，呈现西海东陆特征。下始新统底部为陆相的粗碎屑砾岩，其上部中始新统为一套深海相页岩、泥岩为主，夹砂岩和局部灰岩的地层，上始新统主要以砂岩为主局部夹页岩、泥岩地层。渐新统—中中新统下部为一大套深海至浅海页岩、泥岩和砂岩组成的碎屑岩、碳酸盐岩和火山岩层系。中中新统中上部—第四系为一套海陆过渡相三角洲沉积。总体上，马达班盆地新生代经历了海进至海退沉积旋回。

马达班盆地渐新统—中中新统页岩、泥岩是主要烃源岩，中始新统海相页岩、泥岩为潜在烃源岩。渐新统—中中新统碳酸盐岩、中中新统—上新统前三角洲和三角洲前缘砂岩是盆地主要储层，盖层为储层内部互层出现的泥岩、页岩。盆地以背斜、断背斜和三角洲相关的滚动背斜构造圈闭为主，如亚德那（Yadana）大气田，为碳酸盐岩储层的不对称断背斜圈闭。

2-9-3 马达班盆地构造格架图

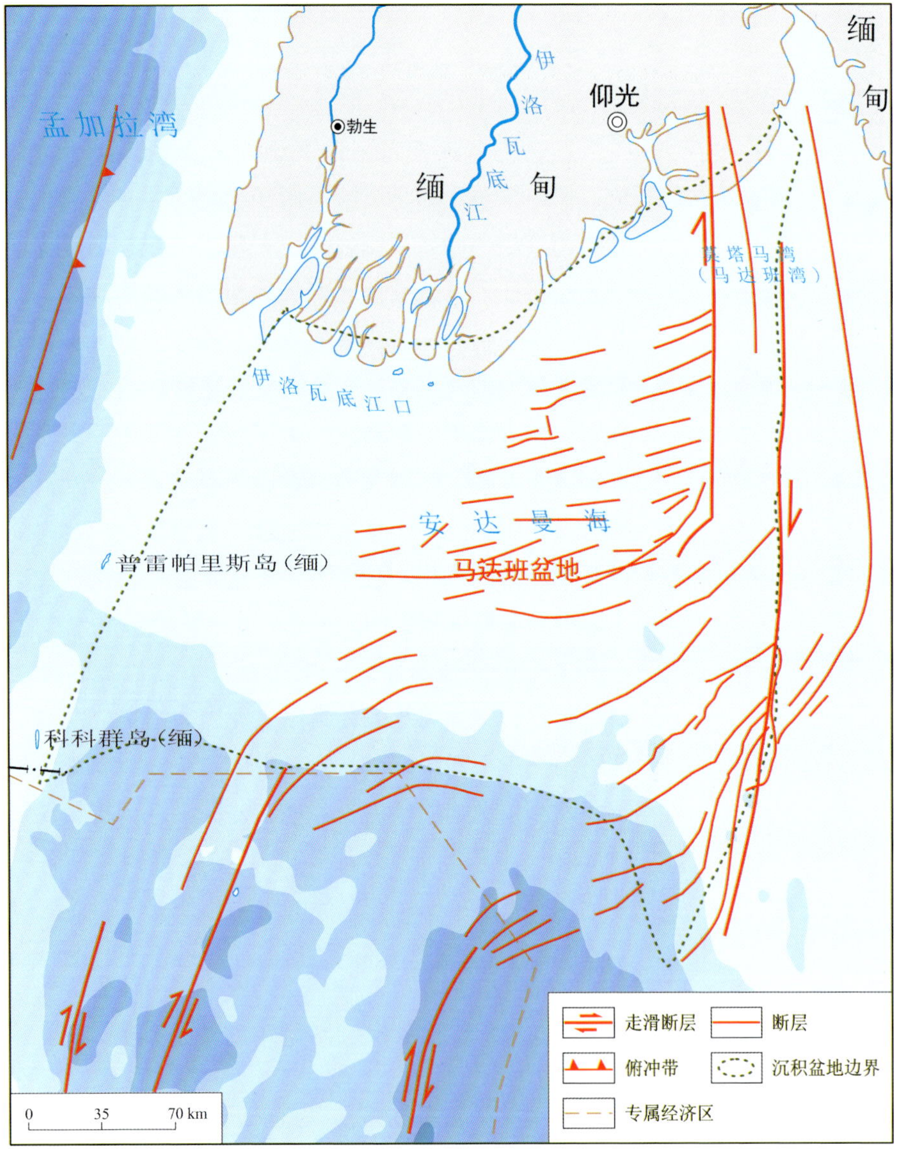

马达班盆地主体是一个弧后盆地，其形成于印度板块俯冲到缅甸地块之下产生的沟–弧–盆系统，与安达曼海扩张有关。盆地西侧为非火山外弧和上白垩统—始新统的增生楔，以火山内弧为界，马达班盆地可分为西部弧前断陷或坳陷和东部弧后断陷或坳陷。西部弧前断陷或坳陷被火山外弧和火山内弧所夹，东部弧后断陷或坳陷位于火山内弧东侧，东界被S—N走向的断层所限，是实皆右旋走滑断层往南的延伸。盆地断层发育，主要为NEE、NE、近S—N向断层，NEE和NE向正断层分布在盆地中部、东南部，近S—N向走滑断层分布在盆地东部，西部发育与俯冲作用相关的逆冲断层。马达班盆地经历早中新世、上新世—更新世两个主要期次的构造活动，形成与基底断块有关的挤压褶皱及转换挤压褶皱。

2-9-4 马达班盆地典型地质剖面图

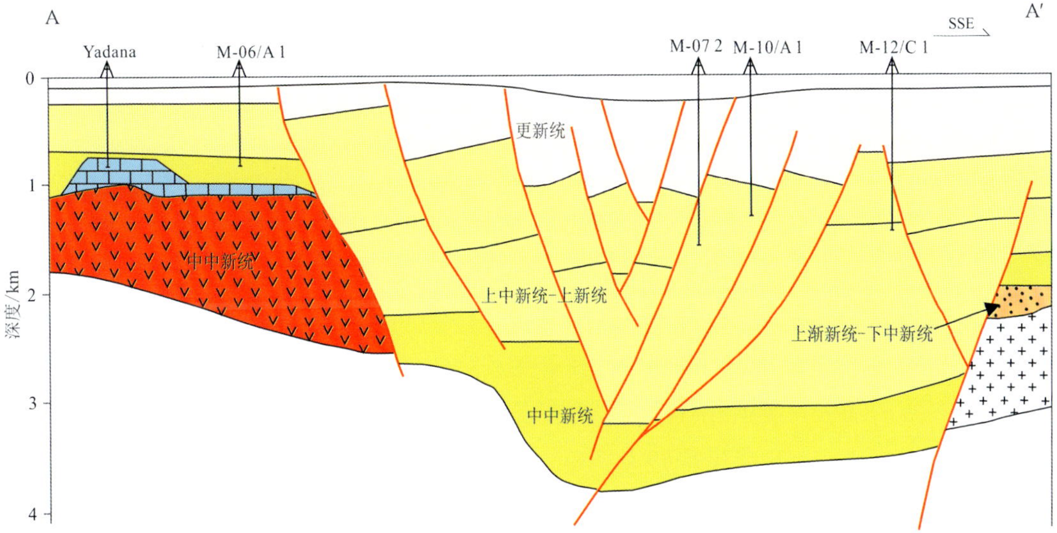

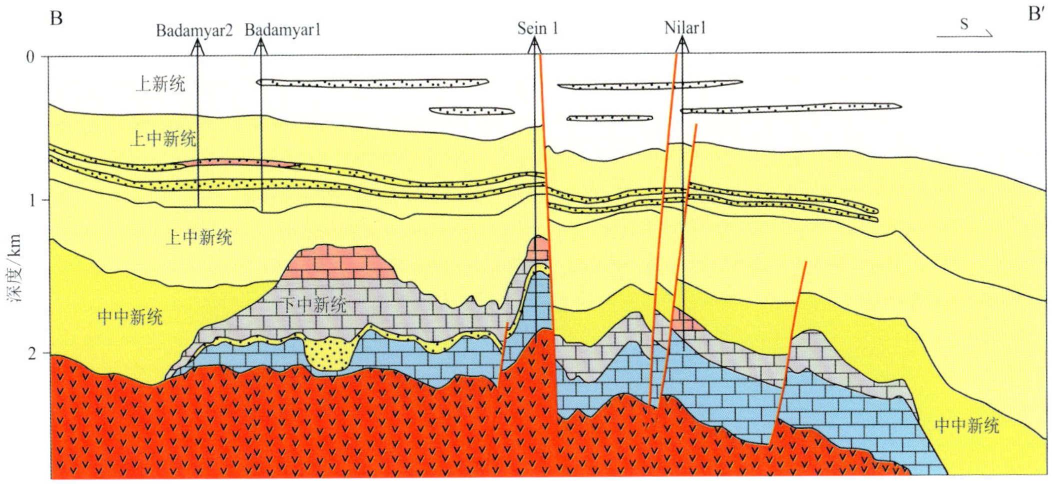

剖面位置见2-9-1

基于地层与沉积构造特征以及区域构造背景，马达班盆地的形成演化可划分为3个阶段：晚白垩世快速漂移阶段、始新世—中中新世挤压抬升—伸展沉降阶段、中中新世中期—第四纪构造反转阶段。晚白垩世快速漂移阶段，马达班盆地属于特提斯洋的一部分，为开阔海环境。中始新世，特提斯洋在北部关闭，伴随印度板块向缅甸地块下部俯冲。始新世末期，随着印度板块不断向东俯冲，俯冲带东部增生楔开始抬起，盆地沉积中心位于西部原深水海相沉积之上，而盆地东部处于浅海环境，物源主要来自东部掸邦—泰国地块。早渐新世，由于印度板块向东俯冲消减和实皆断层右旋走滑作用，马达班盆地继续往东伸展沉降，火山活动开始，并在晚中新世达到顶峰，在盆地内形成了火山岛弧。中新世晚期—上新世构造反转阶段，由于印度板块北部与欧亚板块碰撞作用，导致区域应力场改变，由伸展转为挤压，马达班盆地发生构造反转隆升，由海相逐渐变为海陆过渡相和陆相，盆地进入伊洛瓦底河前三角洲沉积，并过渡到三角洲前缘演化阶段。

2-10 安达曼海盆地

2-10-1 安达曼海盆地区域构造位置和构造分区图

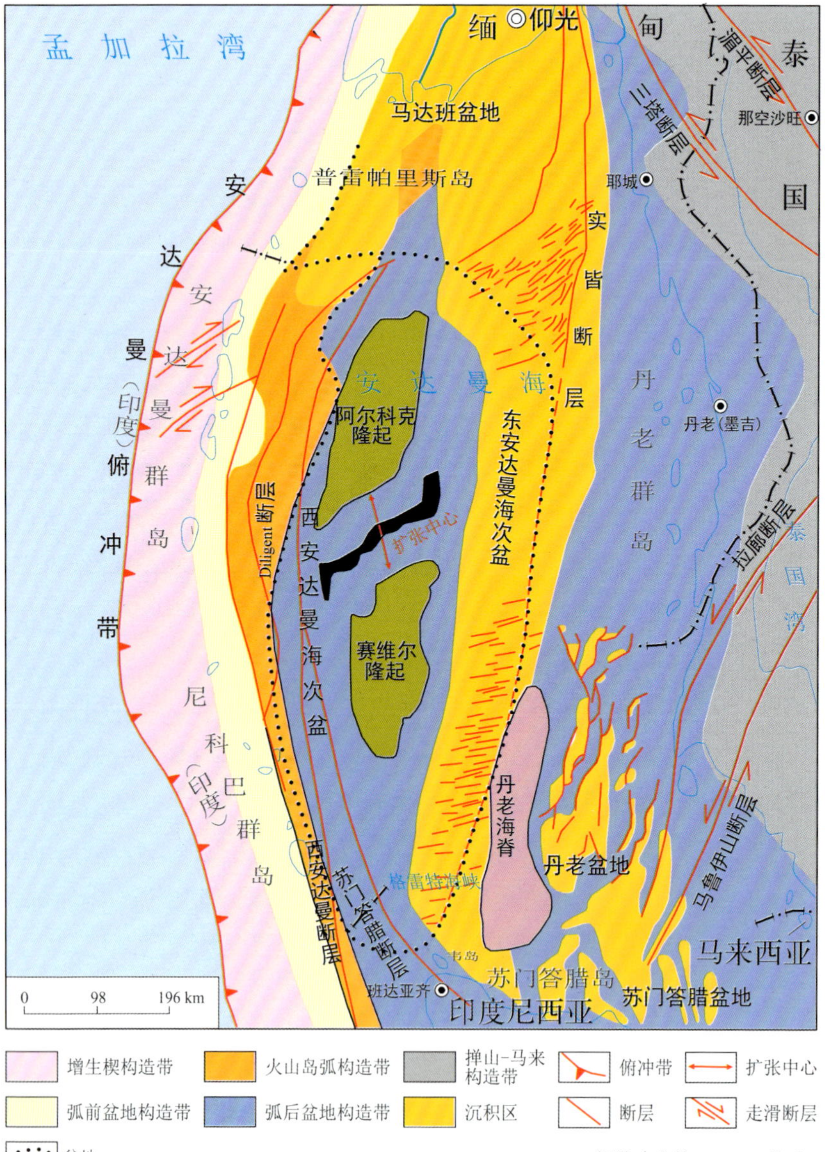

据陈建宏等，2022，修改

安达曼海盆地（Andama Sea Basin）北起缅甸，与马达班盆地相连，南到印度尼西亚—马来西亚海域，并延伸至北苏门答腊盆地，东以实皆断层、西以西安达曼断层为界，面积约$4.7\times10^4\,km^2$，是一个活动的弧后盆地。

安达曼海盆地的油气勘探开发程度较低，但油气成藏条件较为复杂。印度石油公司及国外石油公司曾在安达曼盆地内进行能源探勘（Curry, 2014），已完成二维地震勘探49 007 km，三维地震勘探660 km^2，钻探井15口，除了北部陆架区马达班盆地发现大、中型气田外，安达曼海盆地的深水区勘探仍未取得突破。AN-1-1井在下—中中新统灰岩中见到天然气显示，其他一些井在下中新统也见到天然气显示，推测盆地以含气为主，具有一定的勘探潜力。总体上，盆地处于油气勘探早期阶段。

安达曼海盆地内断层非常发育，其中大型断层有实皆断层、西安达曼断层、苏门答腊断层，以及一系列小型断层。区域上，从西向东可划分5个构造带，分别为增生楔构造带、弧前盆地构造带、火山岛弧构造带、弧后盆地构造带和掸邦—马来构造带。

2-10-2 安达曼海盆地地层与石油地质综合柱状图

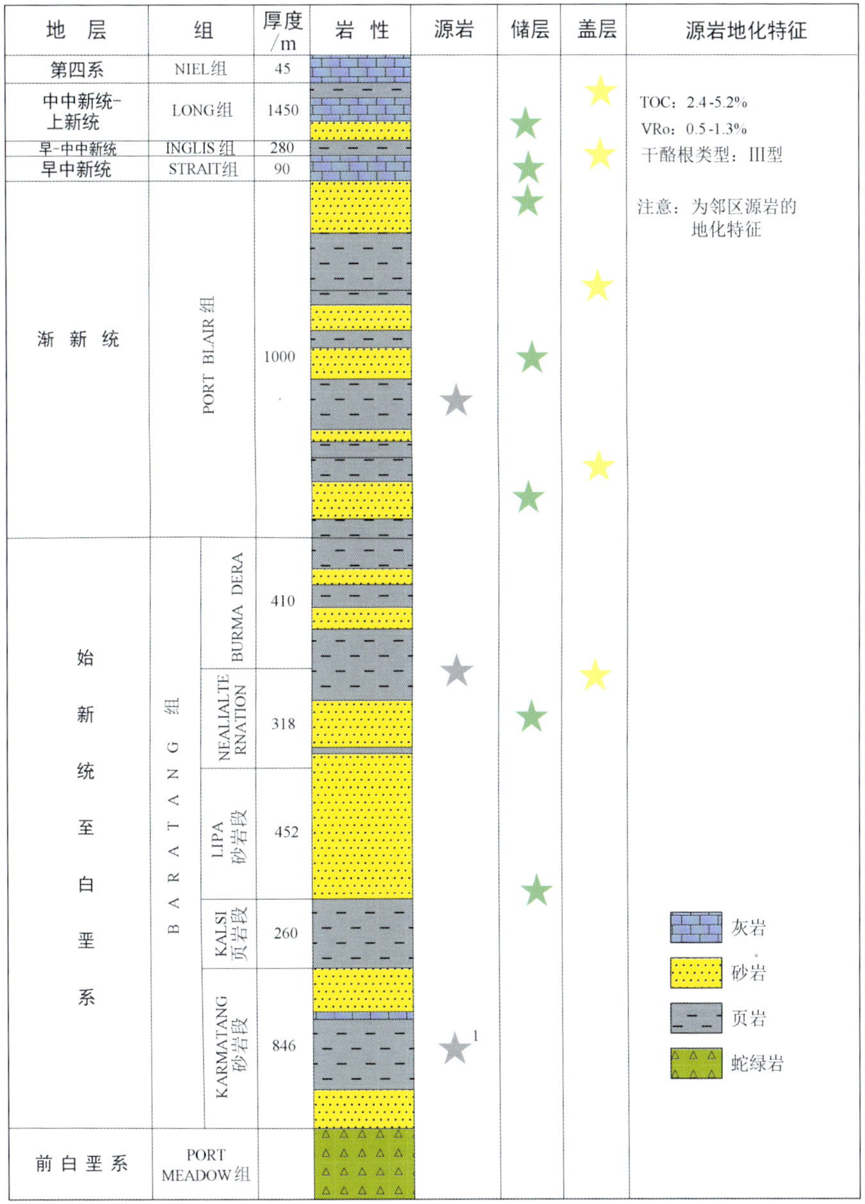

安达曼海盆地发育白垩纪—第四纪地层，以渐新世—第四纪地层为主。盆地基底为前白垩系Port Meadow组，形成于晚中生代，岩性为蛇绿岩，主要出露在安达曼海外的海岭和中安达曼岛东部地区。

白垩系—始新统Baratang组：从下往上包含Karmatang砂岩段、Kalsi页岩段、Lipa 砂岩段、Nealialte-rantion段和Burma Dera段5个层段，其中Burma Dera段、Nealialte-rantion段和Karmatang砂岩段中的灰岩和页岩具有较好的生烃潜力。Karmatang砂岩段为砂岩和页岩，夹灰岩薄层，厚846 m。Kalsi页岩段为砂岩夹页岩，厚260 m。Lipa砂岩段为砂岩夹燧石和页岩，厚452 m。Nealialte-rantion段为页岩和砂岩夹薄层灰岩，厚318 m。Burma Dera段为页岩和砂岩，含生物扰动构造，厚410 m。

渐新统Port Blair组：为砂岩与页岩互层，厚1 000 m。

下中新统Strait组为含砂灰岩，厚90 m。下—中中新统Inglis组为页岩，厚280 m。中中新统—上新统Long组为页岩、灰岩和砂岩，厚1 450 m。

更新统Niel组：为致密灰岩，厚45 m。

基于构造特征和沉积物来源，安达曼海盆地可划分为两大构造沉积带：北安达曼构造沉积带和南安达曼构造沉积带。北安达曼构造沉积带属于缅甸—安达曼扇（Burma-Adaman Fan）的沉积体系。

2-10-3 安达曼海盆地典型地质剖面图

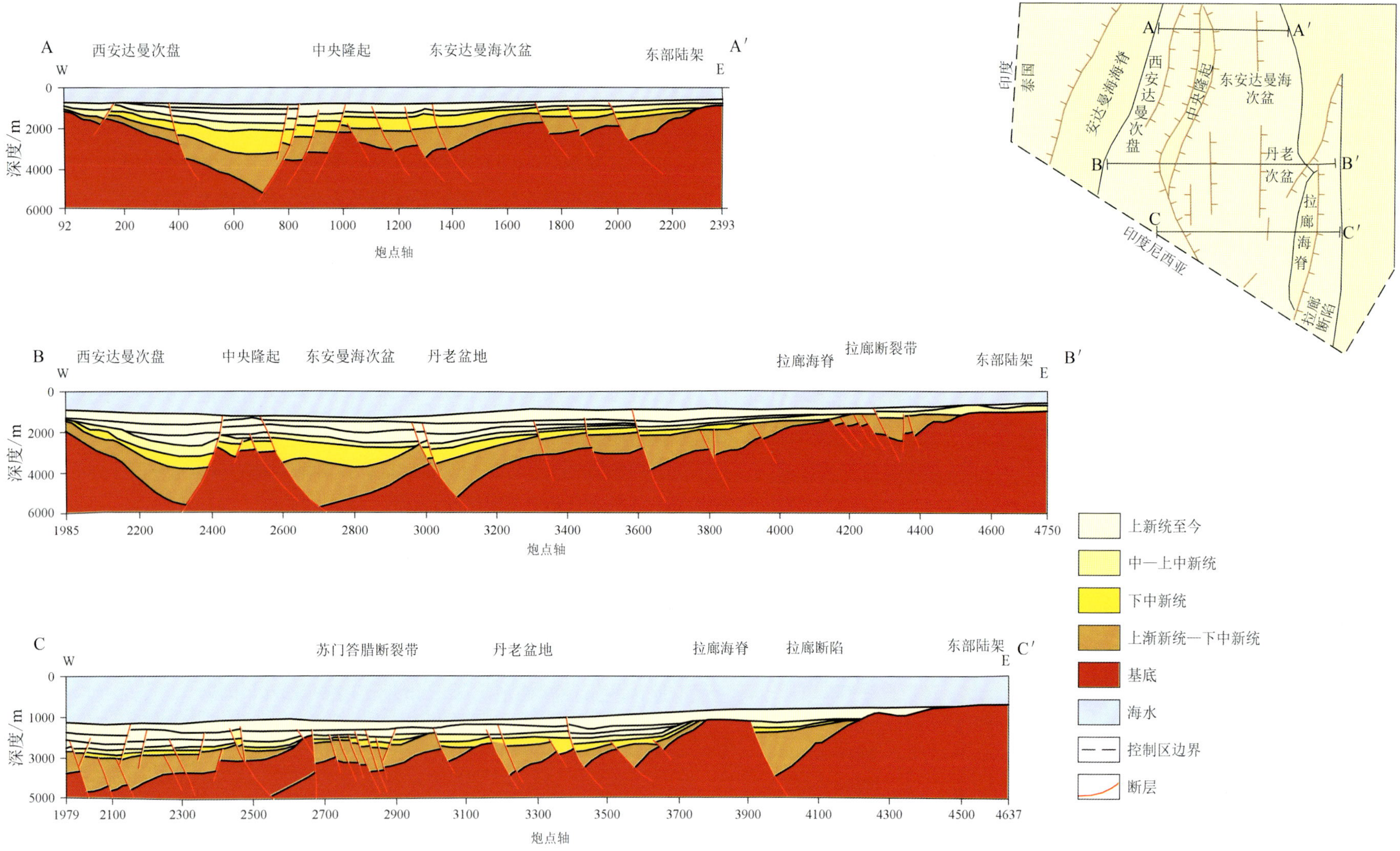

2-10-4 安达曼海盆地构造演化示意图

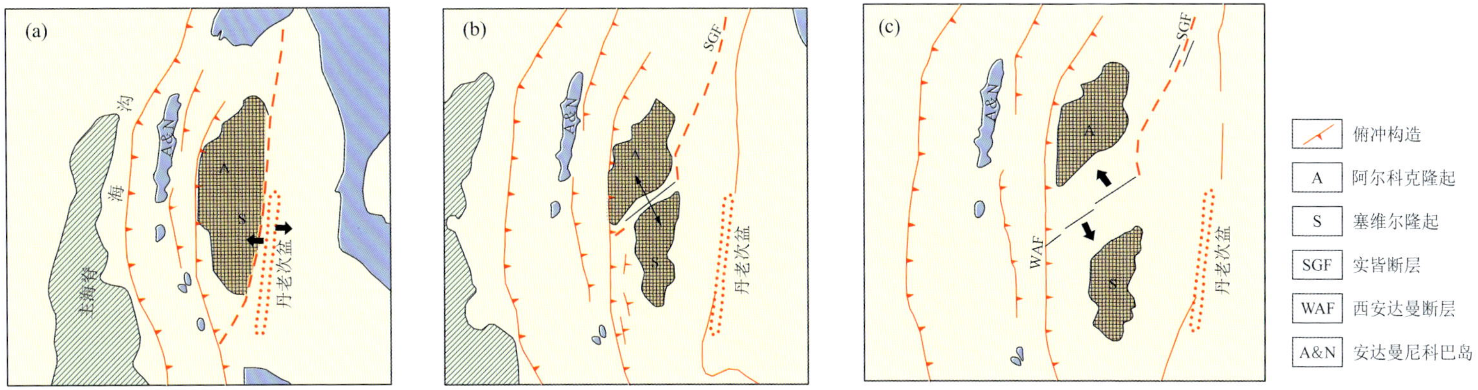

渐渐世　　中中新世　　现今

安达曼海盆地位于印度板块向欧亚板块俯冲的高倾斜汇聚边缘的弧后盆地。基于多波束测深、重磁和地震资料综合推断，盆地自晚渐新世以来经历了3期的构造演化阶段：晚渐新世张裂阶段、中中新世—上新世早期张裂—初始扩张阶段和上新世—全新世海底扩张阶段。

晚渐新世张裂阶段：32 Ma，由于大陆或火山弧扩张，安达曼海盆地开始在Klong Marui 和Ranong 断层交汇处开始张裂。该时期，安达曼盆地可以分为两个不同的构造沉积区：以缅甸为主要物源的北安达曼构造沉积带和以巽他陆架为物源的南安达曼构造沉积带。晚渐新世马来西亚造山带为南安达曼次盆提供了主要的物源，盆地充填物从南部的海相页岩和浊积岩（也拉组）向北部变为河流—三角洲砂岩（拉廊组），海水向北侵入，逐渐沉积深水物质。

中中新世—上新世早期张裂—初始扩张阶段：早中新世（23 Ma），弧后海底扩张开始，之后演变为阿尔科克（Alcock）隆起和塞维尔（Sewell）隆起裂开。从中中新世（16 Ma）起，这些相邻构造体在NW—SE向扩张作用下开始与大陆分离，西安达曼断层被苏门答腊弧前盆地的明打威断层所接替。新近纪以来，马达班大峡谷和伊洛瓦底三角洲是北安达曼构造沉降带的主要物源，随着盆地的持续沉降，在安达曼海盆地中部和南部出现以深海相页岩为主的沉积（干当组），盆地北部边缘为浅海—进积三角洲前缘砾岩和页岩（攀牙组）沉积，由于伊洛瓦底江丰富的物源供给，尤其自上新世以来，青藏高原的强烈隆升，导致伊洛瓦底江的物源供给更加充沛，安达曼海盆地北部形成深水海底扇。

上新世—全新世海底扩张阶段：约3～4 Ma，安达曼盆地进入海底扩张，阿尔科克隆起和塞维尔隆起逐渐分离，断裂活动从明打威断层开始，向对接苏门答腊的断层移动，现今的板块边缘形成。

2-10-5 安达曼海盆地生储盖组合和圈闭类型图

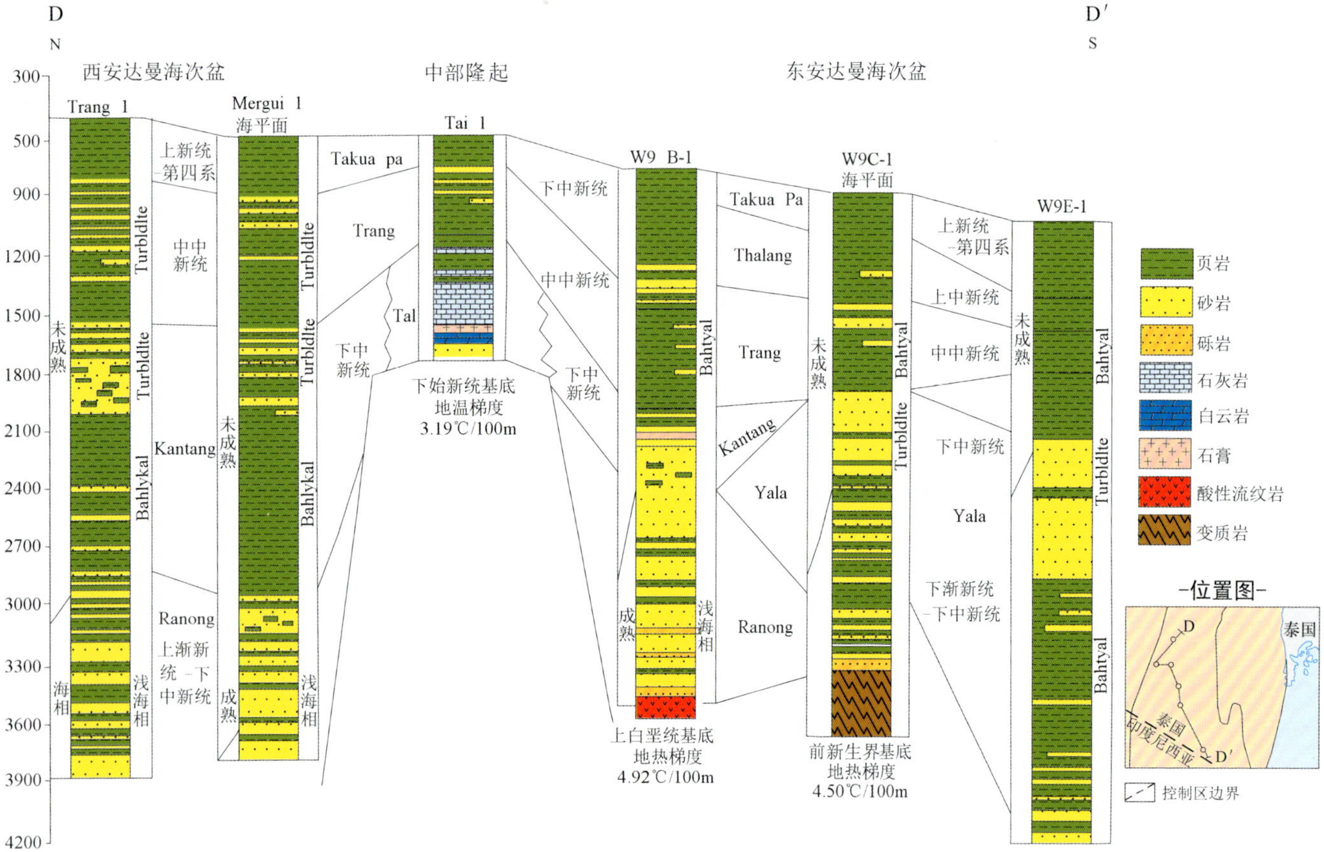

穿过安达曼海盆地近S—N向地层对比联井剖面图

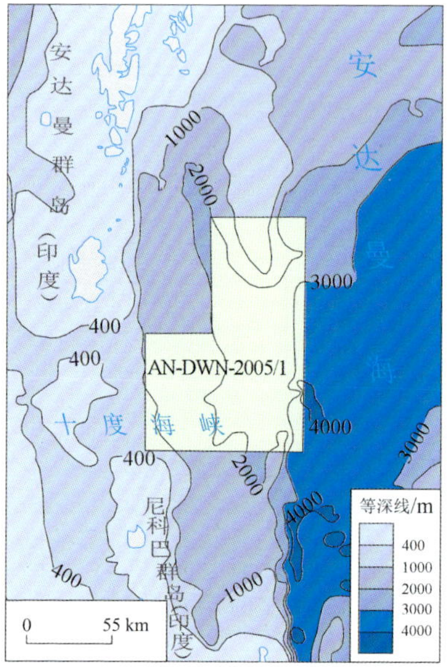

AN-DWN-2005/1招标区块

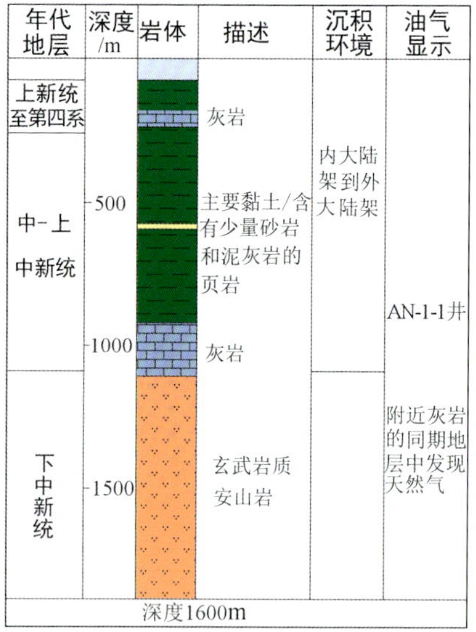

AN-1-1#地层综合柱状图

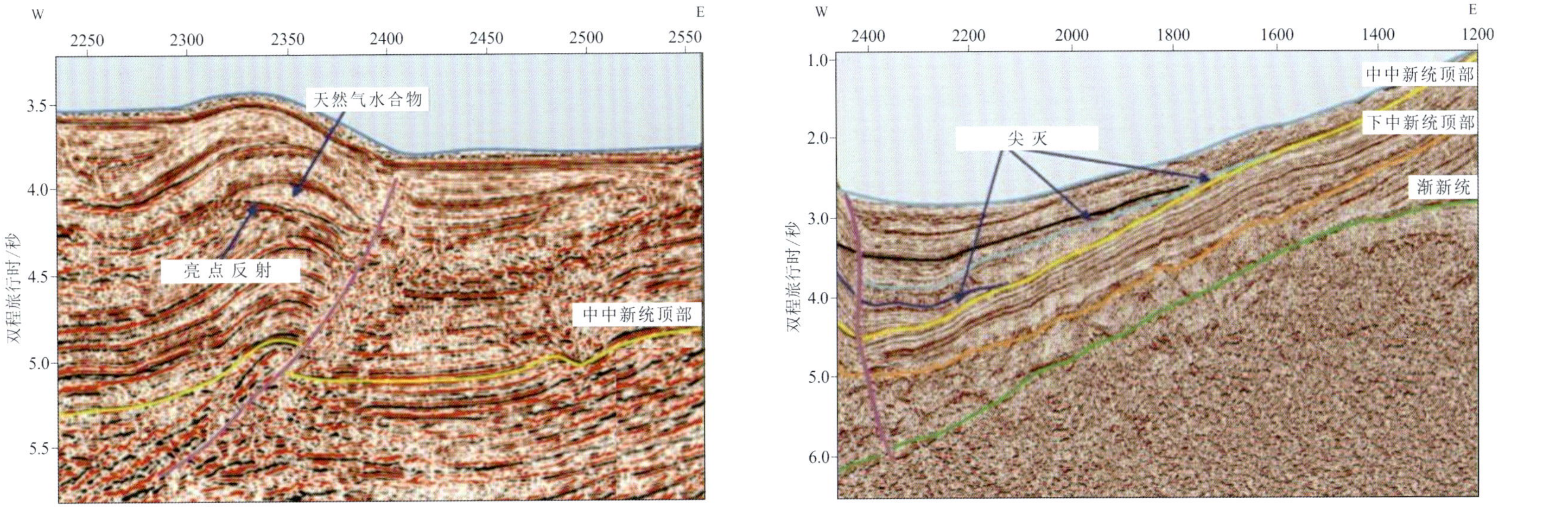

安达曼海盆地AN-DWN-2005/1招标区块地震剖面图

晚白垩世—始新世页岩、Baratang层灰岩以及Port Blair层页岩都是安达曼海盆地良好的烃源岩。其中Karmatang砂岩层段中的页岩TOC值为2.4%～2.5%，镜质体反射率Ro为0.5%～1.3%，干酪根类型为Ⅲ型。

Lipa 砂岩段、Kalsi 页岩段、Nealialte Rantion段、Port Blair组、Strait组和Long组都可作为盆地储层，其中下—中中新统的碳酸盐岩和中新统—上新统的浊积岩是有效的储集岩。

Port Blair组、Inglis组、Long组和Niel组的页岩和致密灰岩为盆地区域盖层。

安达曼海盆地北部圈闭类型主要为构造（背斜/与断层有关的圈闭）和地层圈闭（碳酸盐岩建隆和地层尖灭），在深水区还可能发育深水海底扇。安达曼海盆地的南部圈闭主要是背斜、断块和地层圈闭等类型。

2-11 北苏门答腊盆地

2-11-1 北苏门答腊盆地构造格架图

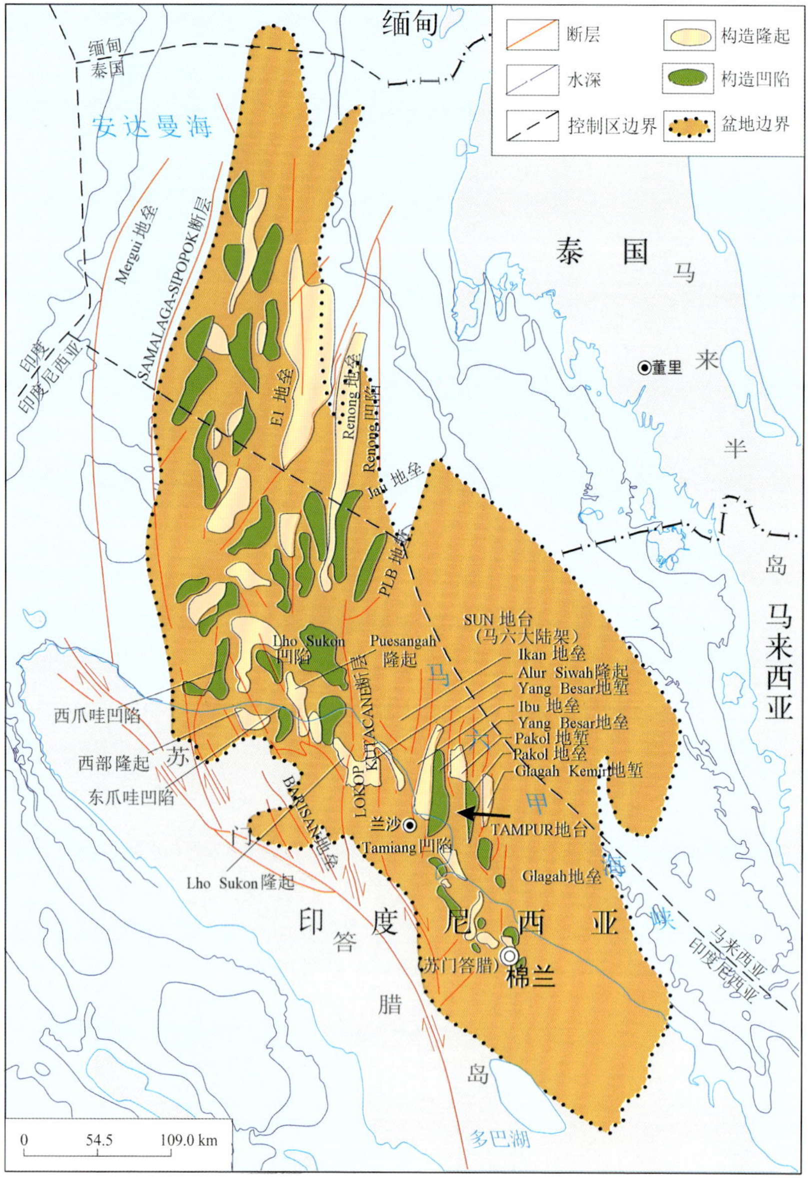

北苏门答腊盆地（North Sumatra Basin）横跨印度尼西亚、泰国和马来西亚三国，主体在印度尼西亚，位于苏门答腊岛北部，北向延伸马六甲海峡和安达曼海，东南以阿萨汉隆起与中苏门答腊盆地分开，盆地面积约15.61×10^4 km^2，主体位于海域，海域面积为12.17×10^4 km^2，占总面积84%，陆域面积为3.44×10^4 km^2，占总面积16%，盆地主体位于印度尼西亚，也是主要的油气发现区。

北苏门答腊盆地作为印度尼西亚第三大富油气盆地，是世界液化天然气工业的发源地。其油气勘探历史可追溯到19世纪80年代，首次在Telaga Said发现工业油流。早在1890年荷兰皇家石油公司进行了石油勘探，于1893年就地向新加坡出口石油。1971年，莫比尔公司在陆上“B”区块礁灰岩中发现了阿隆（Arun）气田，原始地质储量为4584.6×10^8 m^3，约占盆地总油气储量85%，较大的油田还有兰陶（Rantau）油田等。至1993年底，Baong组以上已发现37个次生油气田，大多数油田有伴生气。据HIS Markit 2023年数据统计，截至目前已有探井800多口，共发现99个油气田，可采储量为881.66×10^6 m^3，油气主要分布在陆上和浅海地区，盆地天然气和石油可采储量油气比为1∶7，以天然气为主。在S—N和NW—SE向的凹陷和凸起构造中，以Jawa、Lhok Sukon和Tamiang 3个深凹陷最富集油气。

2-11-2 北苏门答腊盆地地层与石油地质综合柱状图

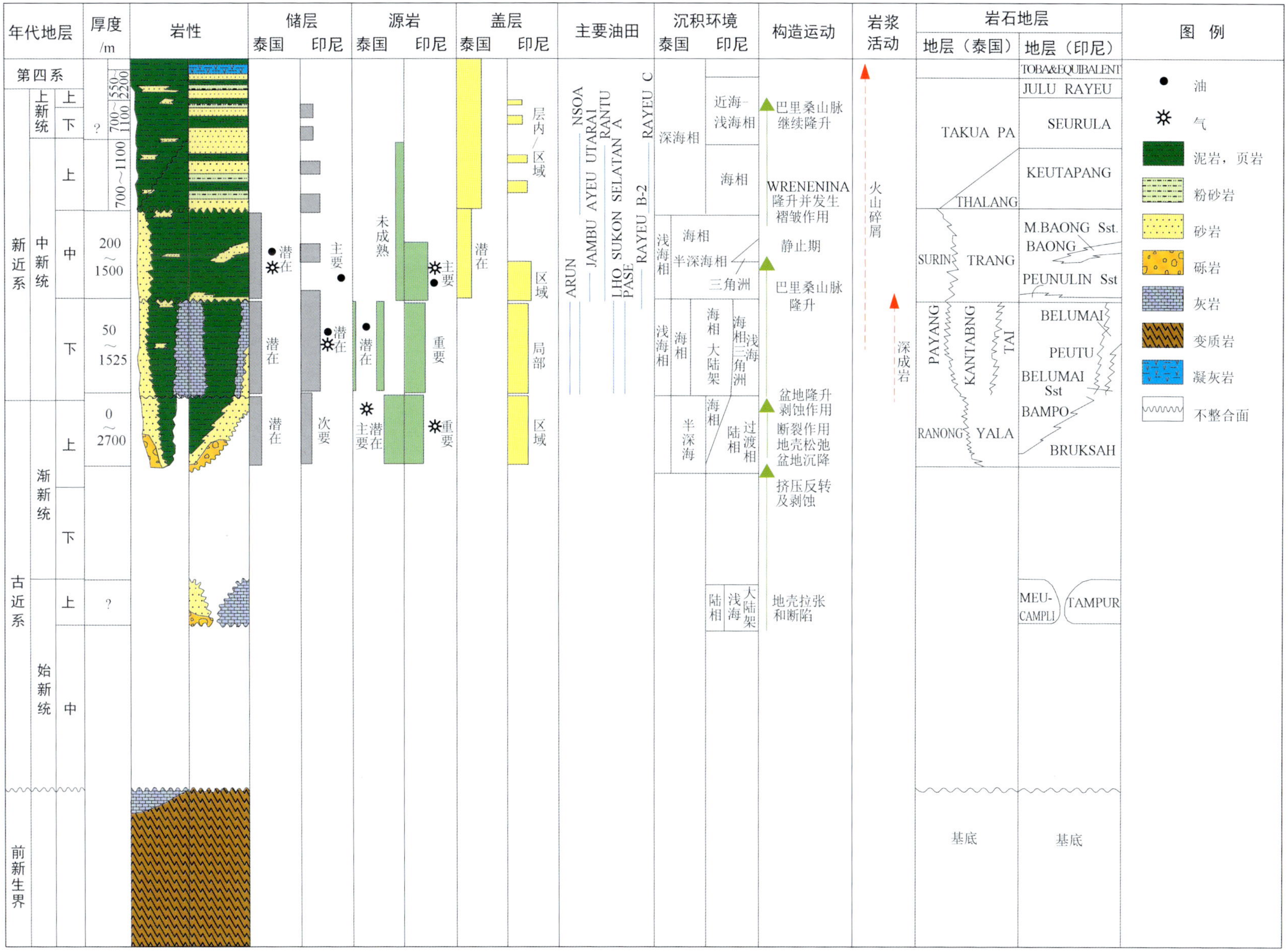

北苏门答腊盆地横跨印度尼西亚和泰国，由于印度尼西亚和泰国地层的划分方案和命名存在不同，以印度尼西亚的划分和命名方案为准。根据相邻区域钻井揭示，盆地基底为前新生界，但岩性变化较大，包括片岩、千枚岩、钙质板岩、变质硬砂岩、重结晶灰岩和中生代侵入岩、玄武岩(Buck & McCulloh，1994)。盆地发育始新世以来的地层，最大的沉积厚度出现在被S—N向和NW—SE向的隆起和斜坡带分隔的地堑和半地堑内。上始新统Tampur组白云质灰岩层仅分布在盆地东部，是盆地的主要储集岩。上渐新统下部由厚层砂岩和砾岩组成，属于冲积扇，上部班波（Bampo）组由暗灰色至黑色黏土岩和粉砂岩组成，为海相沉积环境，可作为盆地烃源岩和盖层。下中新统皮乌图（Peutu）组由大量细粒钙质页岩和泥灰岩组成，阿隆灰岩段主要由礁灰泥岩和少量钙质碎屑灰岩组成，钙质页岩可作为烃源岩。中中新统巴翁（Baong）组为浅海环境下沉积的块状暗灰色、富含有孔虫、易变化的钙质页岩，是盆地良好的烃源岩。上中新统—第四系为一套海退沉积层，主要由砂岩组成，还包括页岩、火成岩和黏土岩，局部发育灰岩。

2-11-3 北苏门答腊盆地典型地质剖面图

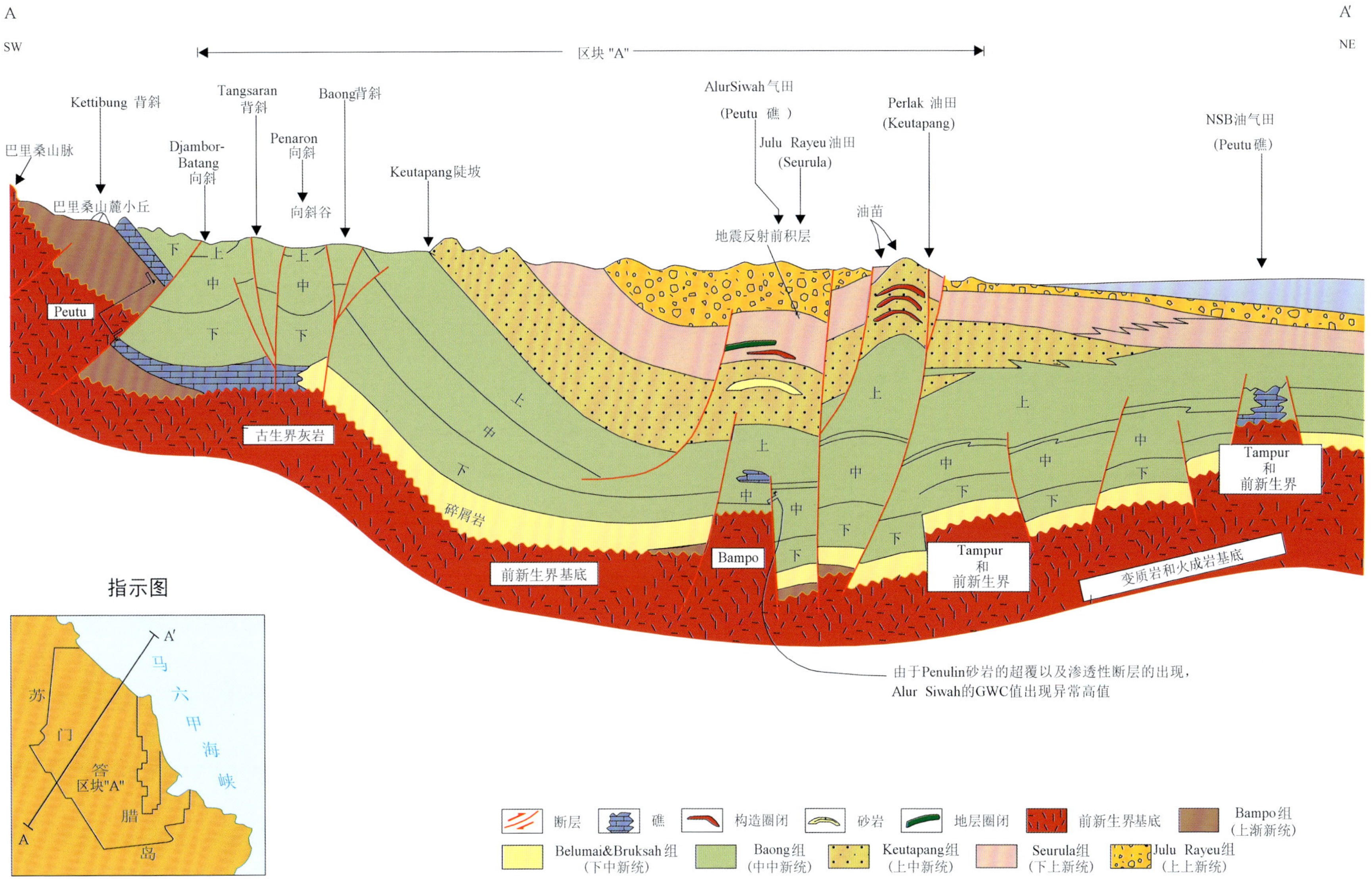

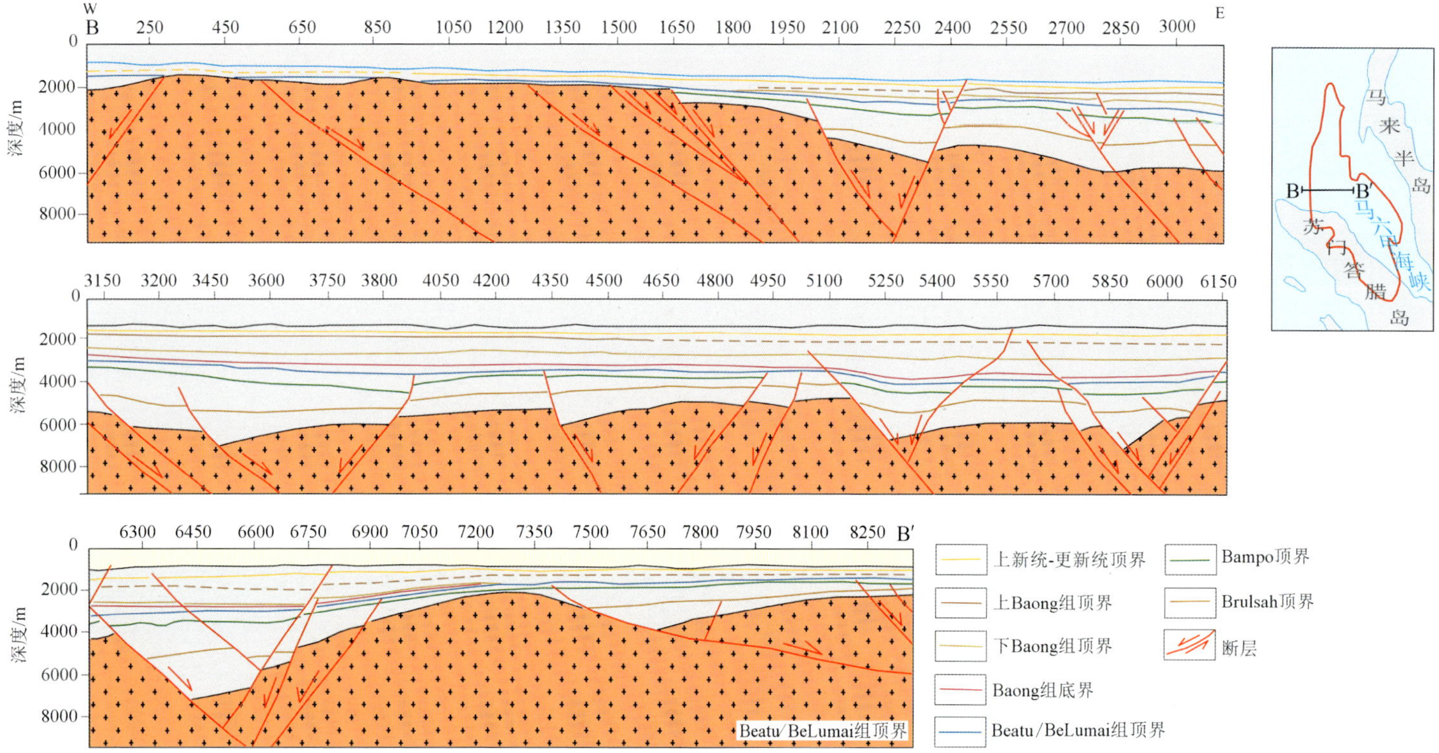

北苏门答腊盆东西向BB’地质剖面图

北苏门答腊盆地是弧后盆地，在构造位置上位于缅甸—安达曼—巽他岛弧自北西向南北转换的部位，盆地形成于古近纪（始新世—渐新世），表现为右旋走滑断层和与断层走向相同的地垒—地堑隆坳相间的构造格局，发育一系列分隔的深凹陷。自新生代以来，受印度板块向巽他陆块俯冲作用和挤压应力的释放影响，盆地经历了3个构造演化阶段：晚始新世—渐新世同生裂谷早期、早—中中新世同生裂谷晚期（坳陷期）和晚中新世—现今构造反转期。

晚始新世—渐新世同生裂谷早期：印度板块与欧亚板块俯冲碰撞，造成了东北面马六甲断层和苏门答腊断层的右旋走滑作用，在弧后拉张背景下，构造活动强烈。盆地沿薄弱地带发育了一系列的地垒、地堑和半地堑构造。渐新世晚期，构造活动趋弱，发生大规模海侵，并沉积了海侵沉积单元。

早—中中新世同生裂谷晚期（坳陷期）：由于印度洋板块扩张、俯冲后撤，区域上处于相对较稳定的构造环境，盆地裂谷阶段结束，逐渐连为一体，随着海侵进一步加大，进入开阔海沉积环境，在基底隆起部位发育礁体。

晚中新世—现今构造反转期：由于印度洋板块向北斜向俯冲加剧，受到区域应力挤压控制，导致盆地南部山脉的快速隆升，物源供给充足，地堑和半地堑边界断层发生逆向活化和构造反转，盆地发生海退，发育海陆过渡相和陆相沉积岩。

2-11-4 北苏门答腊盆地油气田分布图

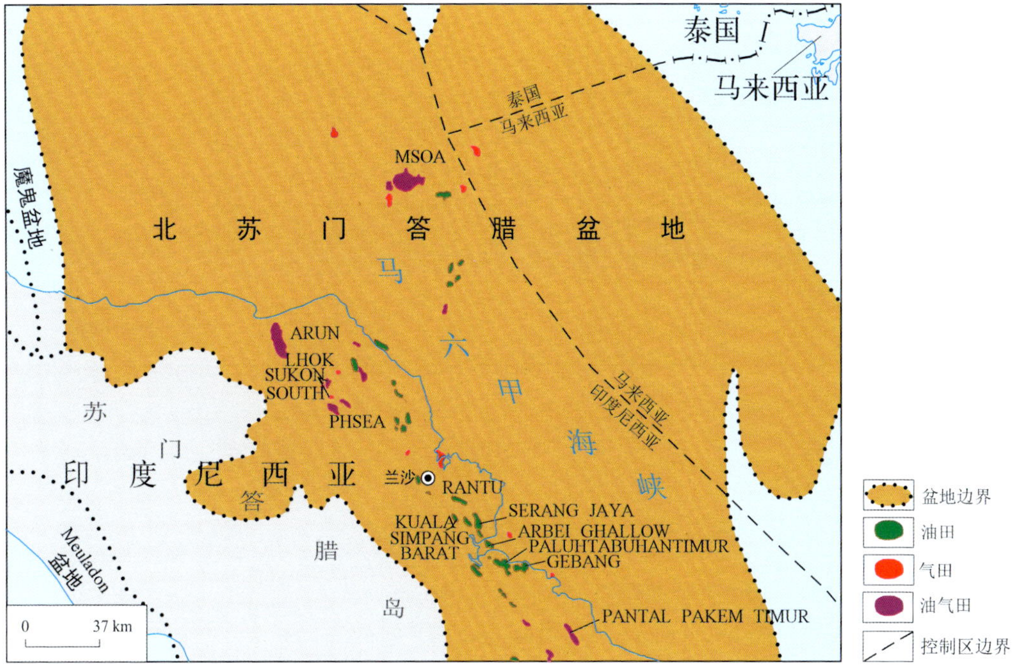

北苏门答腊盆地油气田分布图

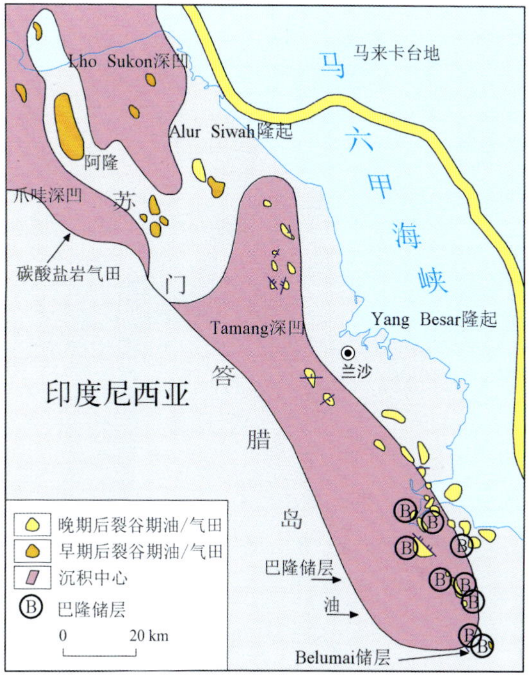

北苏门答腊盆地后裂谷期油气田分布图

北苏门答腊盆地主要发育两套烃源岩，即渐新世—早中新世班波组、皮乌图组和中—晚中新世巴翁组页岩。其中，班波组处于生气阶段，皮乌图组为中等生油岩，巴翁组为盆地最重要的油气烃源岩。由于盆地具有高地温梯度（4.7 ℃/100 m）、高沉降率（1 000 ft/Ma，1 ft=0.3048 m），成熟带埋深大，以生气为主。

盆地主要储层是早中新世的礁碳酸盐岩，即阿隆灰岩、鹿树昆碳酸盐岩和阿卢尔—锡瓦碳酸盐岩，总称为皮乌图组。在裂谷和台地之间油气聚集的分布有明显的不同，在帕斯次盆地，天然气和凝析油仅聚集于皮乌图碳酸盐岩岩隆内。在台地上，石油、天然气和凝析油储集于贝鲁迈到朱卢腊约组的碳酸盐岩和碎屑岩中。

巴翁组页岩是盆地重要的区域盖层，位于中巴翁组中部层内。

2-11-5 北苏门答腊盆地碳酸盐岩（礁）成藏组合分布和油气剖面特征图

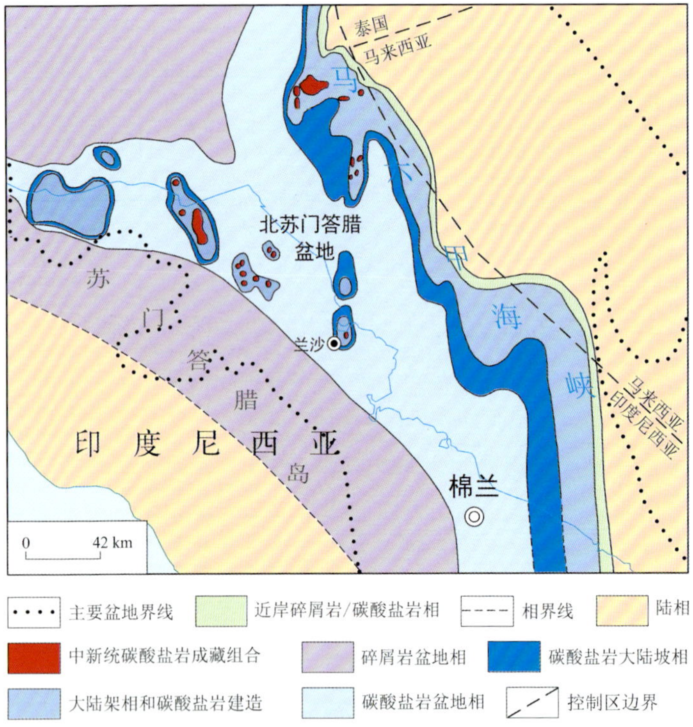

北苏门答腊盆地碳酸盐岩礁成藏组合域分布图

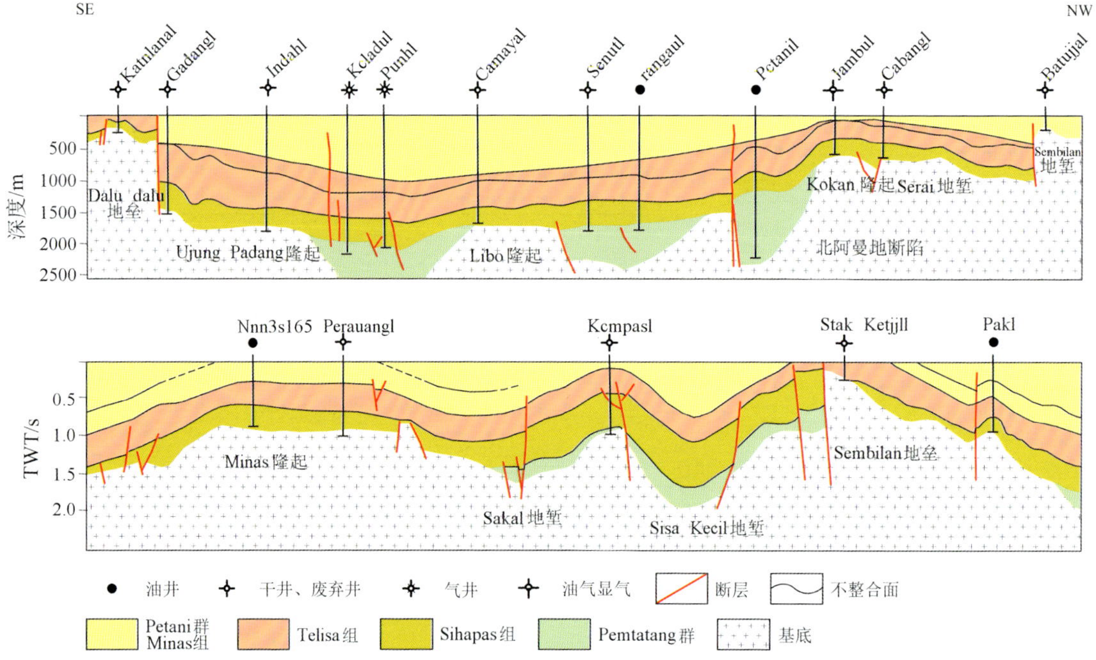

北苏门答腊盆地油气剖面特征图

基于油气地质条件的认识，北苏门答腊盆地主要发育碳酸盐岩油气藏组合，其烃源岩为班波组、皮乌图组和巴翁组页岩，储集层为皮乌图组中的阿隆灰岩、鹿树昆碳酸盐岩和阿卢尔—锡瓦碳酸盐岩，区域盖层为巴翁组页岩。研究证实，盆地内发育班波—皮乌图、巴翁—皮乌图/Belumai/上巴翁（post-Baong）2套含油气系统，其生、储、盖配置关系较好，油气储量占盆地油气发现的70%~90%（周增园等，2024）。

北苏门答腊盆地海域勘探程度仍处于较低水平，近年新增油气储量中，80%以上的油气来源于深水区。其中，北部Andaman Ⅲ PSC区块，勘探面积大，水深200~1700 m，发育下渐新统Parapat组湖相—三角洲煤系泥岩和上渐新统Bampo组海相泥岩2套重要烃源岩，且均处于成熟—高成熟阶段。储层为中新统Peutu组生物礁，储层物性条件较好，且在该区块东部已发现盆地规模最大的阿隆生物礁气田。目前，区块内各类岩性、地层和构造圈闭较为发育，尚有多个未钻圈闭（周增园等，2024），因此，深水区是北苏门答腊盆地未来油气勘探新领域。

2-11-6 北苏门答腊盆地典型油气田（藏）特征图

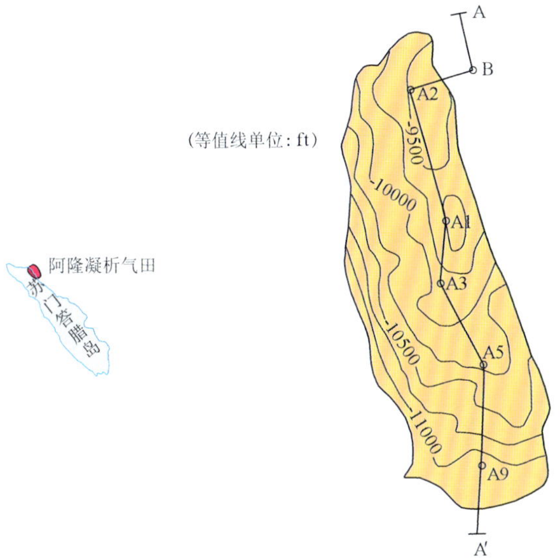

阿隆气田石灰岩顶面构造图

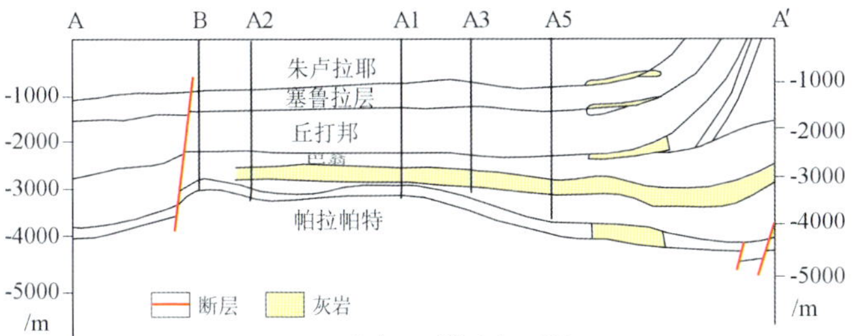

阿隆气田横剖面图

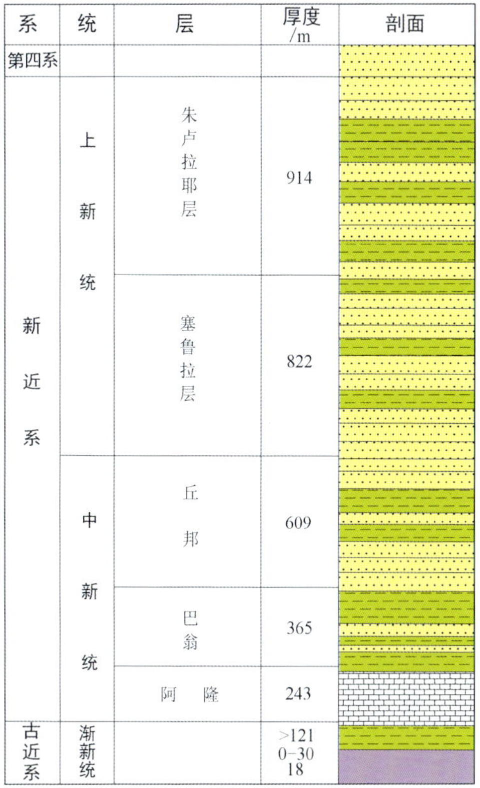

阿隆气田地层柱状图

北苏门答腊盆地的碳酸盐岩油气藏组合是最重要的石油天然气成藏组合，其油气储量占盆地总储量的80%左右，而碎屑岩成藏组合则是次要的。

阿隆（Arun）凝析气田位于北苏门答腊盆地内的鹿树昆凹陷与爪哇凹陷之间的阿隆—鹿树昆隆起上，为生物礁圈闭的大型凝析气田。其探明天然气可采储量为4 590 × 10^8 m^3,为已发现印度尼西亚第二大气田，世界上第104位的大型油气田。

储层是下—中中新统的多孔礁灰岩（皮乌图层中的阿隆灰岩段），平均孔隙度为16%，最大孔隙度达33%，平均渗透率为13.5 × 10^{-3} μm^2，其上被海进页岩（上巴翁层）所封闭。产层埋深3 050 m,平均产层厚度为150 m。

2-12 中苏门答腊盆地

2-12-1 中苏门答腊盆地油气田分布图

中苏门答腊盆地（Central Sumatra Basin）位于苏门答腊岛中部，其东部边界为马来半岛，西部则与巴里桑山脉的火山弧相邻（李国玉等，2005；许凡等，2010），盆地面积12.99×10^4 km²，其中75%的面积分布在陆上，面积约9.64×10^4 km²，滨海部分一直延伸到马六甲海峡，海上面积为3.35×10^4 km²，是沿着巽他克拉通边缘发育的弧后盆地。中苏门答腊盆地是印度尼西亚第一大产油区，先后发现米纳斯、杜里两个世界级特大油田和高产的贝卡萨普油田（童晓光等，2001），此后又相继发现蓬古特、哥打巴达克、贝卡萨普、北塞班嘎、佩马丹和塞姆乃等一众油气田，使其成为东南亚地区最富石油的盆地之一。盆地陆上都开展了大量的钻探工作，钻探时间长，勘探程度高，盆地海上区域的勘探程度相对较低。目前，中苏门答腊盆地的钻井密度以及开发的油田逐渐减少，油田越来越难发现，这说明中苏门答腊盆地的陆上部分已处于勘探成熟阶段，但滨岸部分处于勘探中期。盆地未来的勘探潜力主要集中在陆地和海域低勘探程度地区以及地层圈闭中，地层圈闭有发现小油气藏的巨大潜力。

2-12-2 中苏门答腊盆地地层与石油地质综合柱状图

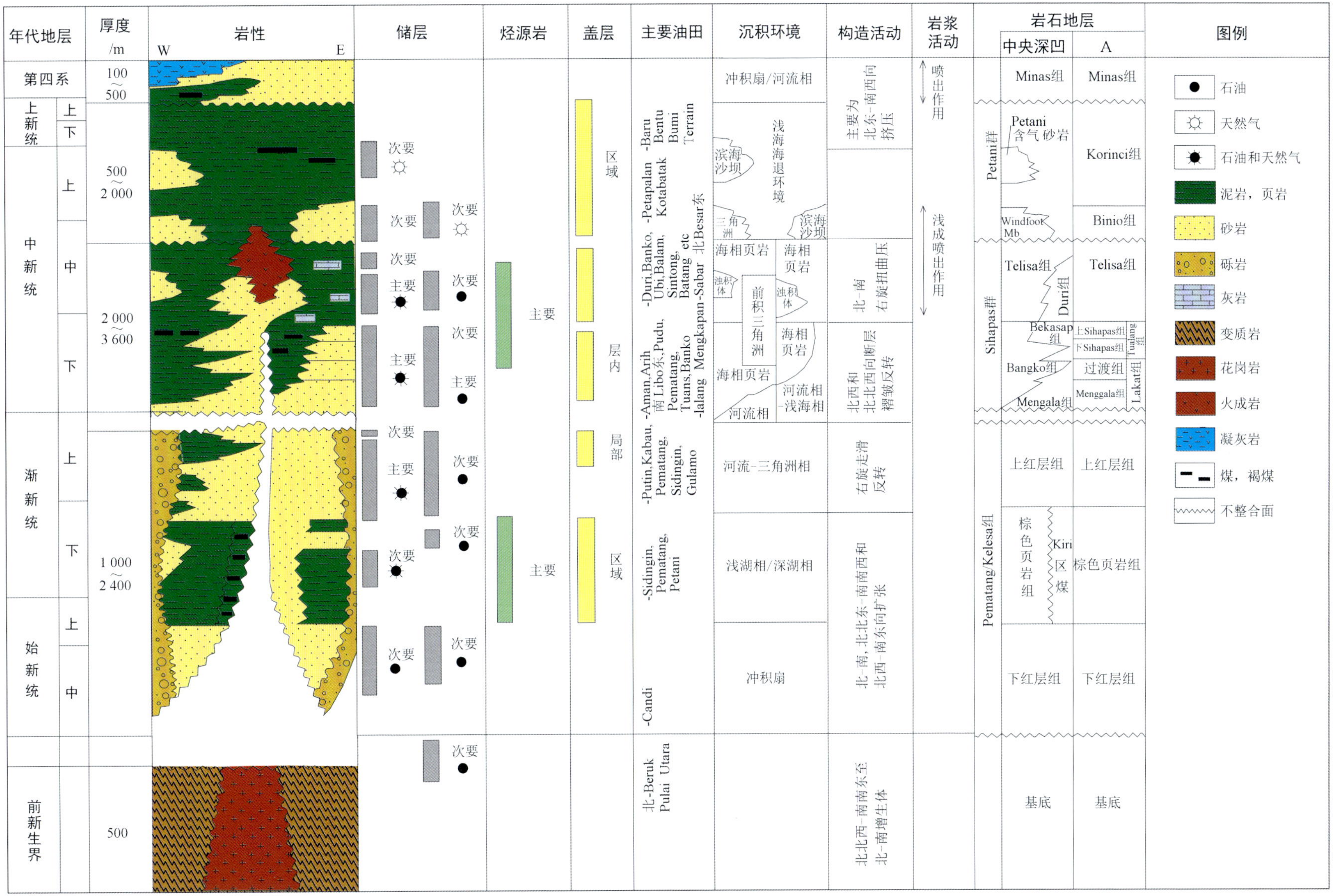

中苏门答腊盆地是发育在古生界—中生界火成岩、变质岩基底之上的一个新生代沉积盆地。其发育3种不同基底：盆地中部是一套上三叠统覆盖在洋壳之上薄层的深海沉积混杂岩。马六甲海峡部分岩层由石炭纪到三叠纪被花岗岩侵入的石英岩和硅质泥岩组成。盆地北部的丹老岩层由石炭纪到二叠纪的杂砂岩、含砾泥岩和石英岩组成（杨涛，2011）。盆地新生界特征如下。

始新统—渐新统佩马丹（Pematang）群：是晚白垩纪至古近纪构造扩张期形成地堑中的沉积物，部分沉积物的分布明显受断层控制，属同生断层沉积。佩马丹群地层由下红层组、棕色页岩组和上红层组组成，地层厚度为1 000 ~2 400 m，是河流相、冲积扇和湖泊相的陆相沉积环境，与上覆地层锡哈佩斯群及下伏前新生界基底不整合接触。

下中新统—中中新统中下部锡哈佩斯（Sihapas）群：代表中苏门答腊盆地一个海侵旋回碎屑岩层序，最大地层厚度为3 600 m，是海陆过渡相（海相三角洲）和海相（浅海）沉积环境，与上覆地层佩塔尼群、比尼奥（Binio）组不整合接触以及下伏地层佩马丹群、上红层组不整合接触。该套地层可划分为5个组：明加拉组（主要沉积河流相砂岩）、邦科（Bangko）组（页岩）、贝卡萨普（Bekasap）组（块状砂岩）、杜里（Duri）组（透镜体砂岩）和特丽莎（Telisa）组（海相页岩）。底部明加拉组是河流相砂岩，顶部特丽莎组是海相页岩。

中中新统上部—上新统下部佩塔尼（Petani）群：为一套海退沉积层序，最小地层厚度500 m，最大地层厚度2 000 m，主要为浅海相沉积环境，与上覆地层米纳斯组以及下伏地层锡哈佩斯群、特丽莎组不整合接触。该套地层为灰绿色的灰质页岩，并夹杂有粉砂岩和砂岩，以及煤、火成侵入岩，沉积在宽广的泥坪上，其物源来自于三角洲体系。

上新统上部—全新统米纳斯组：该套地层包括灰质砂岩、泥岩、砾岩、褐煤，沉积物主要来自于西南部巴里桑山脉被剥蚀的产物，最大地层厚度500 m，为河流相、冲积扇、河口坝的陆相沉积环境，与下伏地层佩塔尼群不整合接触。

2-12-3 中苏门答腊盆地构造格架图

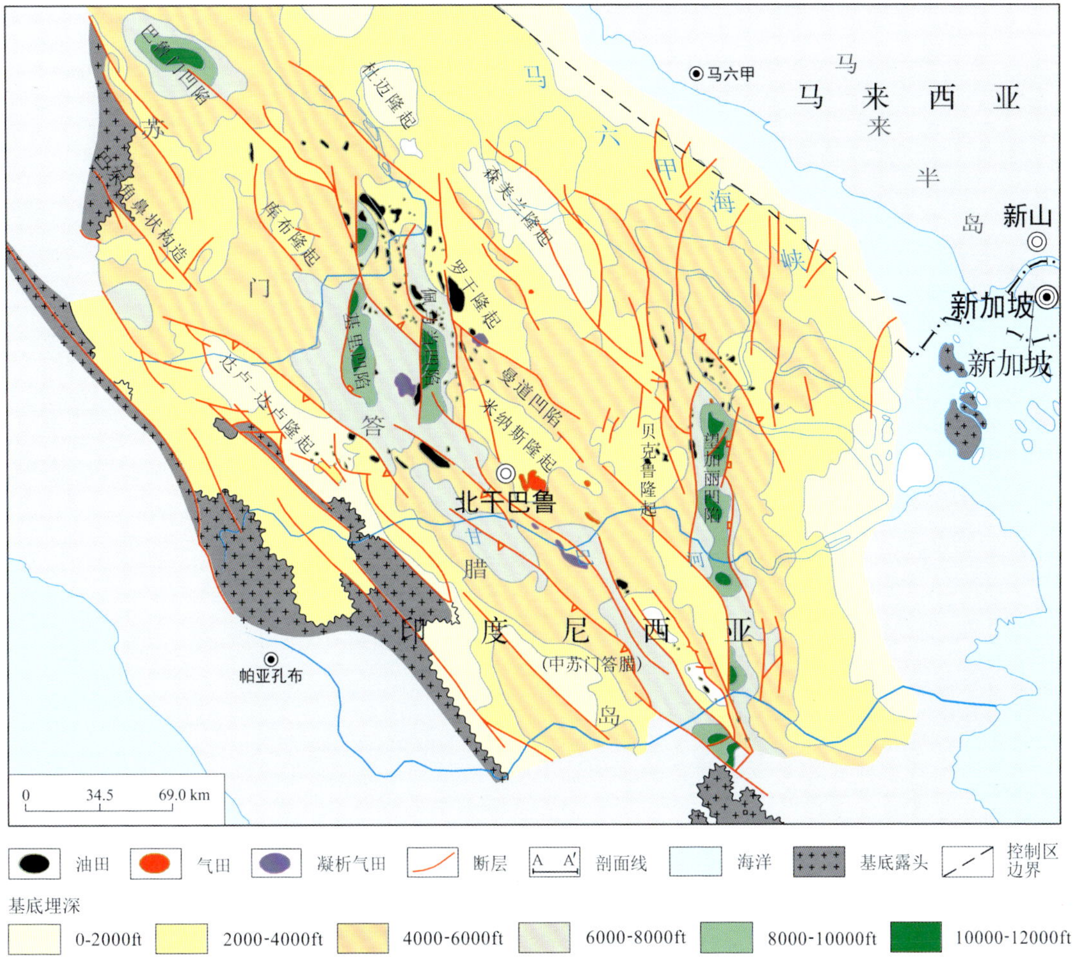

中苏门答腊盆地是苏门答腊弧后盆地中最浅的一个，盆地深度大部分小于1 830 m，其轴向与巴里桑山脉平行，呈NW—SE向，盆地主体部分沉积岩厚度大于2 000 m，由北西巴鲁门凹陷向东南延伸为佩马丹凹陷、基里凹陷和曼道凹陷，这是盆地的主体部分，向东南经过贝鲁克隆起即为南北向的望加丽凹陷。盆地最深部分在佩马丹凹陷及巴鲁门凹陷，地层厚度在3 000 m以上。中苏门答腊盆地具有高的热流值，可能是前新生界基底以下数千米范围内岩浆侵入引起的。

中苏门答腊盆地的构造背景与北苏门答腊盆地类似，主要构造形成于中中新世，受晚白垩世和古近纪的构造活动影响，形成了地堑、地垒等张性构造。盆地断层发育，以NW、近S—N向两组断层为主。裂谷期盆地正断层广泛发育，具有延伸长和断距大等特点，控制主要半地堑和地堑的展布。坳陷期，由于印度洋板块持续俯冲以及澳大利亚板块和欧亚板块的碰撞，盆地内形成大量的走滑断层，并且中部和南部分布NW向为主的雁列式和平行式断裂组合。

中苏门答腊盆地古近纪—新近纪的构造单元大多数处于活动状态，佩马丹群的沉积形成于同沉积时期的拉张性地堑，其走向为S—N和NW—SE向。锡哈佩斯群的沉积主要发生在热沉降时期，并且当时断层和褶皱沿着NW—SE向发生反转，米纳斯组、佩马丹群、贝卡萨普组的主要构造以及其他地层的一些小型构造都在这个时期发生反转。特丽莎组的沉积构造沿着S—N向断层发生扭动，从而形成了许多花状构造，而先前出现的S—N向断层变为右旋扭动断层。5 Ma前，由于大型构造反转以及冲断层的形成，构造挤压不断增加，沿着先前断层发育了许多NNW和NW向的扭动背斜。

2-12-4 中苏门答腊盆地基底构造图

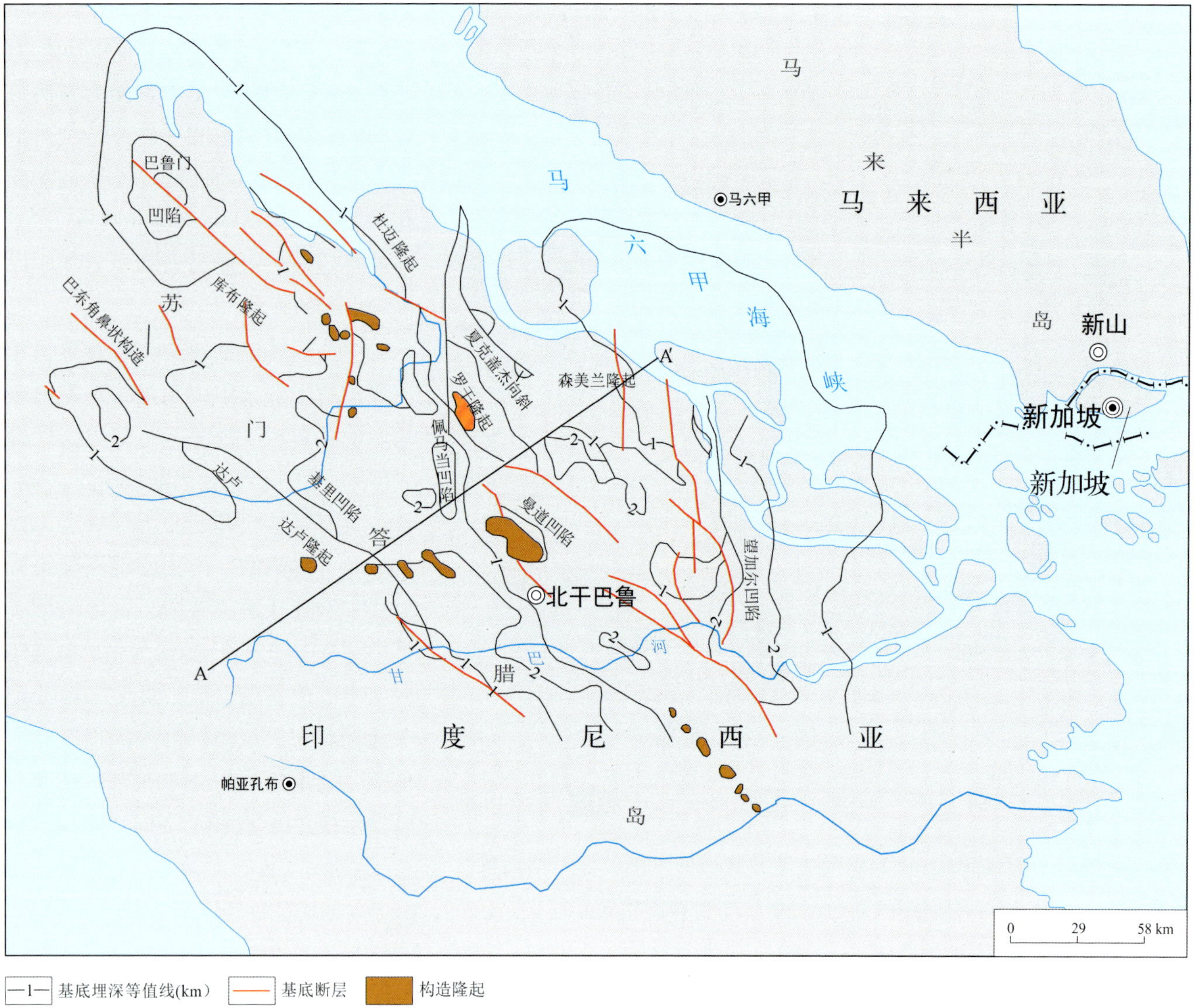

2-12-5 中苏门答腊盆地典型地质剖面图

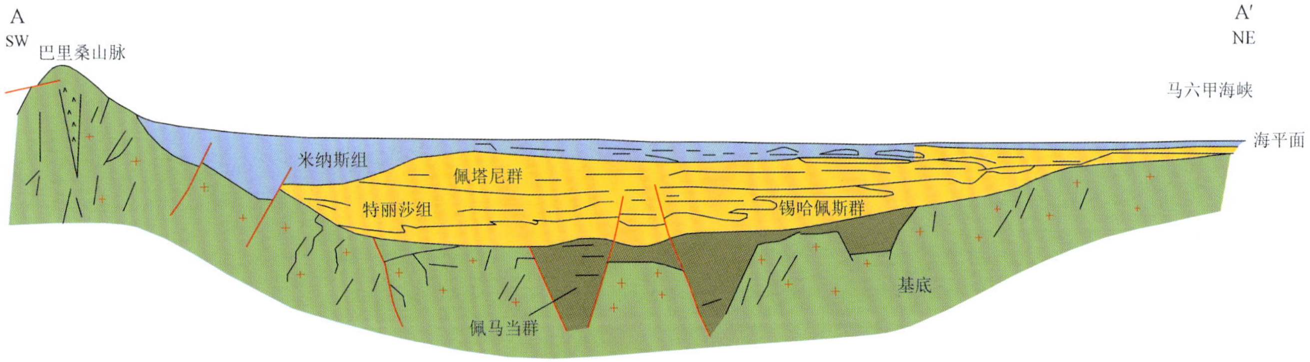

剖面位置见2-12-3

中苏门答腊盆地为新生代早期印度洋板块向东南亚板块俯冲扩张形成的弧后裂谷盆地，经历了中始新世—渐新世同生裂谷早期、早中新世—中中新世同生裂谷后期（坳陷期）、晚中新世—现今挤压反转期3个构造演化阶段。

中始新世—渐新世同生裂谷早期：始新世中期（43 Ma），由于印度洋板块向欧亚板块俯冲碰撞，盆地发生弧后拉张作用，导致该地区构造活动强烈，形成一系列S—N向的深地堑、NW—SE向半地堑，盆地内物源供给充沛，地堑中沉积了巨厚的河流和湖泊相沉积物，沉积了佩马丹群，其中含有富油有机质的深湖相页岩大范围分布在S—N向的深地堑之中，而具有生气或凝析油潜力的陆源煤层烃源岩沉积在较浅的地堑中。渐新世末期，盆地边缘的地堑发生了构造反转和局部剥蚀，标志着佩马丹群群沉积结束，上覆锡哈佩斯群海相碎屑岩开始沉积。

早中新世—中中新世同生裂谷后期（坳陷期）：中新世早期，同生裂谷早期区域性沉降开始趋于平静，盆地的裂谷阶段结束，进入坳陷阶段，同时盆地西南部开始发生海侵。到中中新世海水覆盖了中苏门答腊盆地，此时沉积的锡哈佩斯群主要为大型的三角洲体系的一部分，由砂岩和页岩互层组成。至晚中新世，海侵结束，涌入中苏门答腊盆地的粗粒物质大大减少，沉积环境从一个海侵旋回变为大陆盆地充填旋回，此时沉积了大量的泥岩和页岩。

晚中新世—现今挤压反转期：中中新世开始，随着澳大利亚板块和印度洋板块向北运动，叠加斜向俯冲，形成右旋扭曲的断裂系统，中苏门答腊盆地发生挤压，巴里桑山脉开始隆起，在压扭应力背景下形成了高角度的逆断层和NW—SE东向的褶皱。晚中新世至上新世，盆地发生海退，沉积了佩塔尼群。到上新世—更新世挤压运动达到高潮，盆地沉积物迅速由浅海相变为滨海相及之后的沼泽相沉积。更新世，巴里桑山脉已非常接近现今状态，火山广泛喷发，并出现后期区域性扭动、高角度逆冲断层。

2-12-6 中苏门答腊盆地烃源岩灶分布图

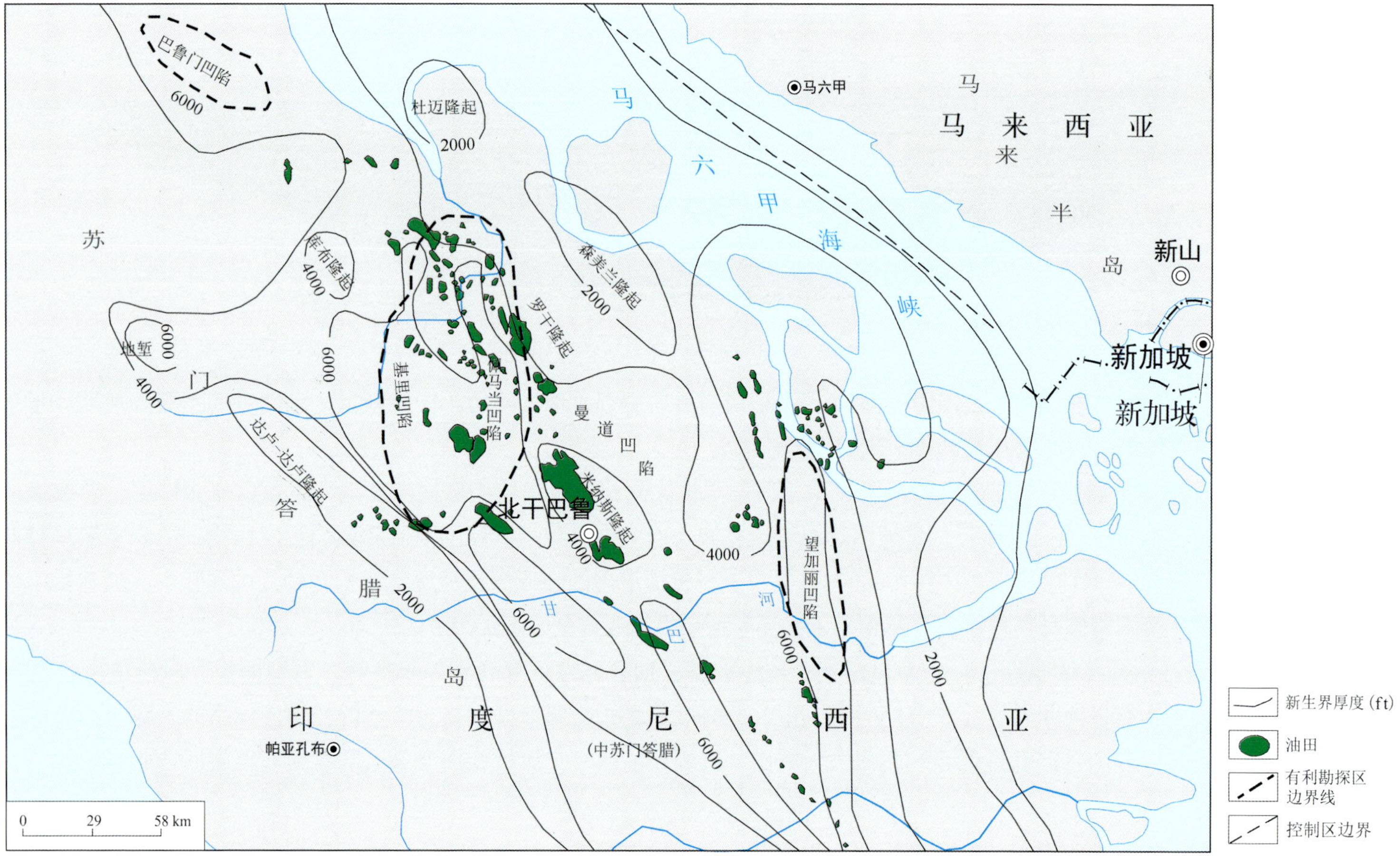

中苏门答腊盆地原油属于中到重质、低硫、高含蜡原油，是典型的非海相烃源岩原油，盆地内也生成少量天然气和凝析油。盆地内所有的油和大部分的天然气都是由佩马丹群湖相烃源岩生成。佩马丹群发育3套烃源岩相：深湖相、浅湖相和含碳沼泽相，湖相易于生油，含碳沼泽相易于生气和凝析油。湖相烃源岩主要分布在较深的S—N走向的地堑和凹陷中，含碳沼泽相主要发育在较浅的NW—SE向的地堑中。佩马丹群湖相烃源岩主要为深灰色、黑色、红棕色页岩或碳质泥岩，不含灰质，富含藻类、浮游生物等有机质，属于Ⅰ–Ⅱ型干酪根，总有机碳含量1% ~12%，平均4.4%，氢指数100~900 mg/g，具有非常大的生油和生气潜力（杨磊等，2011）。

2-12-7 中苏门答腊盆地成藏组合图

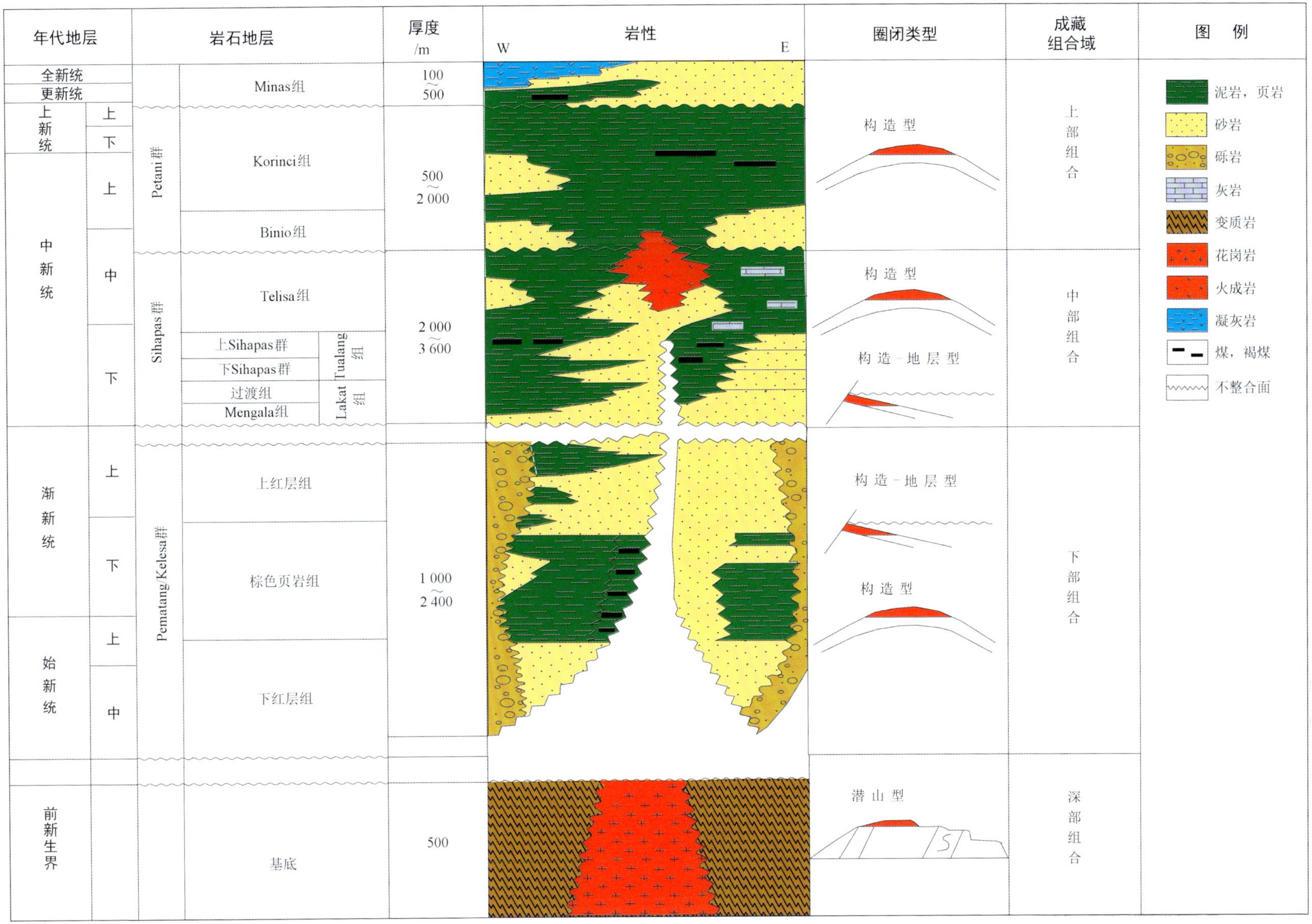

中苏门答腊盆地从下到上主要发育3套储层：基岩储层、佩马丹群冲积扇砂岩储层、锡哈佩斯河流—三角洲砂岩储层。

基岩储层：古生界—中生界基底断裂带上的石英岩和风化的花岗岩孔隙度和渗透率虽然不高，但都可以作为有效的储集。

佩马丹群冲积扇砂岩储层：主要为陆相冲积扇、河流、湖泊相沉积，岩性为砾岩、砂岩和粉砂岩，孔隙度为15%～20%，渗透率为（200～800）$\times 10^{-3}\mu m^2$，储集层物性较好。

锡哈佩斯河流—三角洲砂岩储层：明加拉组不整合覆盖在佩马丹群之上，为河流相砂岩储集层，平均孔隙度22.5%，平均渗透率$980\times 10^{-3}\mu m^2$。贝卡萨普组演化为三角洲沉积，储集层物性变好，平均孔隙度27%，平均渗透率$2\ 000\times 10^{-3}\mu m^2$。特丽莎组受海侵影响演变为滨岸相浊积岩和海底扇沉积，砂岩平均孔隙度26%，平均渗透率$60\times 10^{-3}\mu m^2$。

中苏门答腊盆地盖层发育，特丽莎组和佩塔尼群的页岩可作为区域盖层，对盆地油气聚集起到了很好的保护作用。佩马丹群内部的页岩和煤层可以是很好的层内盖层；锡哈佩斯群的页岩夹层可以作为该群内部的局部盖层。

中苏门答腊盆地圈闭类型有构造圈闭、地层圈闭和复合圈闭。古潜山型圈闭是深部组合的主要圈闭类型，下部组合和中部组合的圈闭类型主要是构造圈闭和构造—地层圈闭，上部组合的圈闭类型主要是构造圈闭。目前发现的油气主要聚集在构造圈闭内，因此构造圈闭仍然是勘探重点。而未来勘探的重点应放在岩性圈闭、沉积尖灭和不整合面遮挡形成的地层圈闭。

根据中苏门答腊盆地构造沉积演化特征和生、储、盖层分布以及圈闭特点，综合研究认为盆地发育有深部成藏组合、下部成藏组合、中部成藏组合和上部成藏组合4个油气成藏组合。

深部成藏组合：主要位于基底隆起部位，基岩作为主要储层，由断层或不整合面与烃源岩沟通形成油气藏，圈闭类型主要为构造圈闭、不整合圈闭，烃源岩主要为佩马丹群棕色页岩组的湖相页岩。储层的储集性能是影响成藏的关键，目前发现的石油储量为2.49×10^6 t，天然气储量为$0.2\times 10^8 m^3$。

下部成藏组合：下红层组和上红层组的河流相砂岩作为储层，佩马丹群棕色页岩组湖相页岩既是烃源岩，又可作为盖层，烃源岩和储层紧密相邻，是自生自储型组合，圈闭以断块、背斜及地层圈闭为主。

中部成藏组合：锡哈佩斯群储层形成的含油气组合。储集岩是锡哈佩斯群河流相砂岩以及特丽莎组的海绿石砂岩，特丽莎组海相页岩作为有效的区域性盖层，属于自生自储型组合，圈闭类型主要为地层圈闭和构造圈闭，米纳斯和杜里油田位于此成藏组合。中部成藏组是中苏门答腊盆地最主要的含油气组合，占整个盆地油气储量95%以上。

上部成藏组合：砂岩储层较薄，厚度小于10 m，褐煤夹层和其他类型的有机质作为烃源岩，并生成生物气，页岩夹层可作为盖层，是一个自生自储型、仅产气的成藏组合，圈闭类型主要是构造圈闭。

研究表明，佩马丹—锡哈佩斯群是中苏门答腊盆地发育唯一的含油气系统，米纳斯油田位于该系统内。佩马丹群褐色页岩受盆地高热流值和高地温梯度影响，早始新世至今，烃源岩持续向锡哈佩斯群河流相以及浅海相砂岩储层供烃，并大规模地聚集在佩马丹地堑内，上覆特丽莎组页岩为有效盖层使得油气保存至今。

2-12-8 中苏门答腊盆地佩马丹地堑构造特征及油气类型分布图

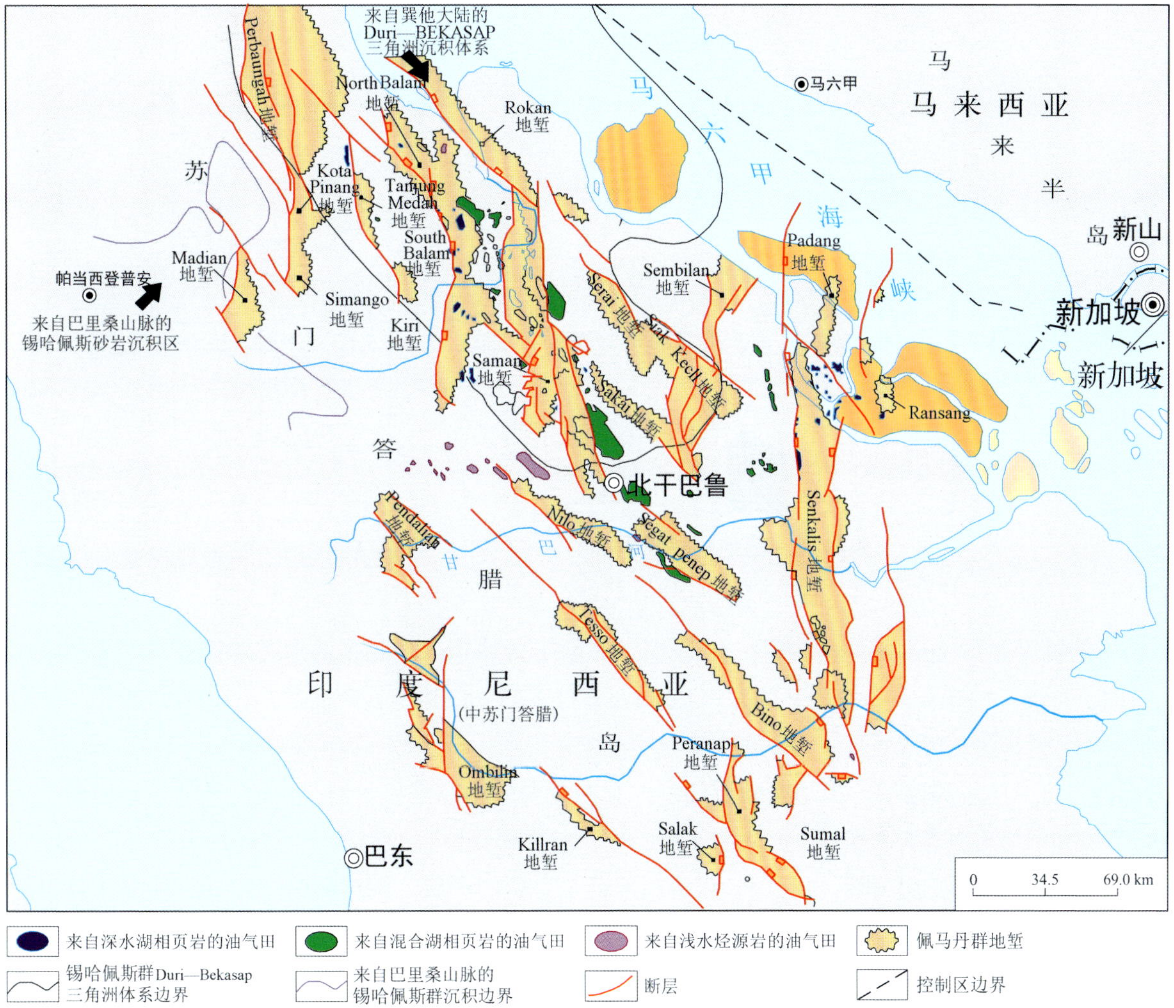

中苏门答腊盆地是印度尼西亚含油气最丰富的盆地，其油气高度富集，主要受到以下几个因素控制：一是盆地具有良好的生储盖组合，下部有佩马丹群的湖相页岩作为烃源岩，中部有锡哈佩斯群的砂岩作为储层，同时锡哈佩斯群的泥岩也是一套重要的烃源岩，上部特丽莎页岩构成区域性盖层，与北苏门答腊盆地相比，中苏门答腊盆地油气田分布与同生裂谷早期的地堑存在密切关系，同生裂谷早期佩马丹群的湖相烃源岩是盆地富含油气很重要的物质基础。二是盆地虽沉积厚度不大，但地温梯度高（约6.1℃/100 m），热流值较大，使烃源岩达到中等成熟度。三是成排的NW—SE向构造（隆起）带，形成的构造圈闭有利于油气聚集。四是早期形成的正断层，后来由于挤压形成逆断层和扭动断层，对油气起到了封闭作用，有利于油气藏的保存。

2-12-9 中苏门答腊盆地典型油气田（藏）特征图

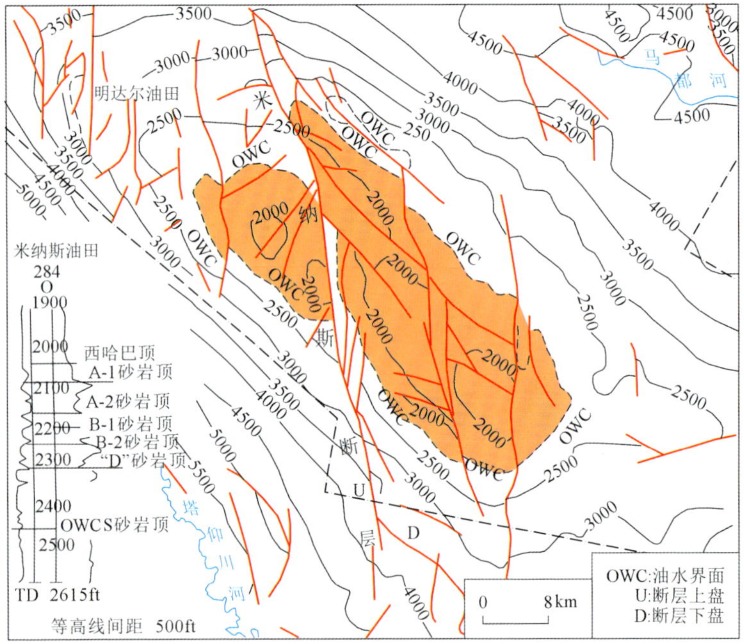

米纳斯油田A-1砂岩顶部构造图

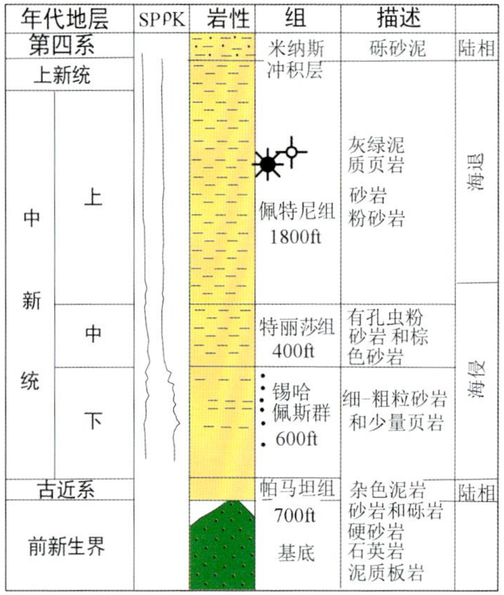

米纳斯油田地层柱状剖面

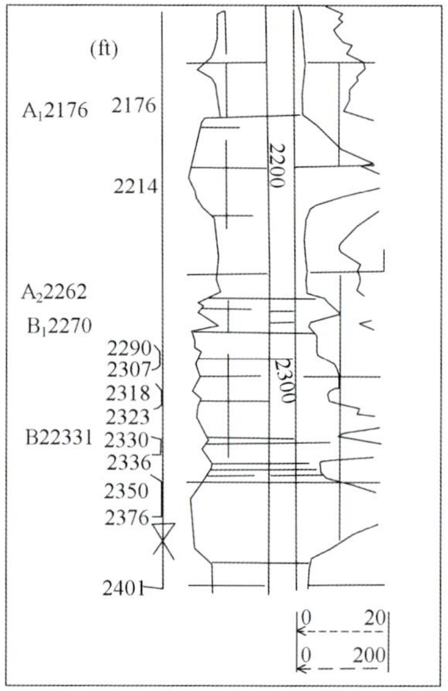

米纳斯油田完井层段标准测井曲线

米纳斯油田是东南亚最大的油田，位于廖内省首府帕干巴鲁以北35 km的丘陵丛林中，其勘探工作始于1938年，1940年的地震勘探证实了大型平缓背斜的存在，1944年日本钻探米纳斯1号井在井深800 m发现了石油。1950年，在发现井的东南1.61 km处打下第二口井，日产油272 t，1952年投产，随后的钻探和地震证实是一个大油田。

米纳斯油田背斜长约45 km，宽24 km，构造的西南部被一个大的平移断层—米纳斯断层切割，其左盘向南相对推移了2～3 km。米纳斯油田的古近纪—新近纪地层由下而上有佩马丹群、锡哈佩斯群、特丽莎组和佩塔尼群，厚853 m。构造顶部地层薄，向翼部变厚。

佩马丹群属于古近系，为陆相沉积，分布在背斜两翼，是一种红色黏土岩和砾岩互层。锡哈佩斯群是主要的产层，深度610～792 m，由早中新世的砂岩（占75%）和页岩（占25%）组成。基底砂岩“S”和最上部的“X”砂岩之间夹有5个比较厚的砂岩层A1，A2，B1，B2和D，单层砂岩厚约30 m，夹在砂岩层中的页岩层大多不足15 m，砂岩呈块状，一般分选差。“S”砂岩最厚，为块状砂岩，在全油田均存在，厚度18.3～65.5 m，主要为水层，仅在油田北部构造高部位的几口井有生产能力。“X”砂岩仅在油田北部地区发育，一般厚度小于3 m，油层平均孔隙度26%～28%，平均渗透率1 500 mD。米纳斯油田的主要烃源岩为佩马丹群的湖相页岩及锡哈佩斯群间夹的页岩，厚约122 m的特丽莎组页岩沉积在盆地西部，也具有一定的生油能力，生成的油气横向运移，并聚集在锡哈佩斯群砂岩中。

2-13 南苏门答腊盆地

2-13-1 南苏门答腊盆地地层与石油地质综合柱状图

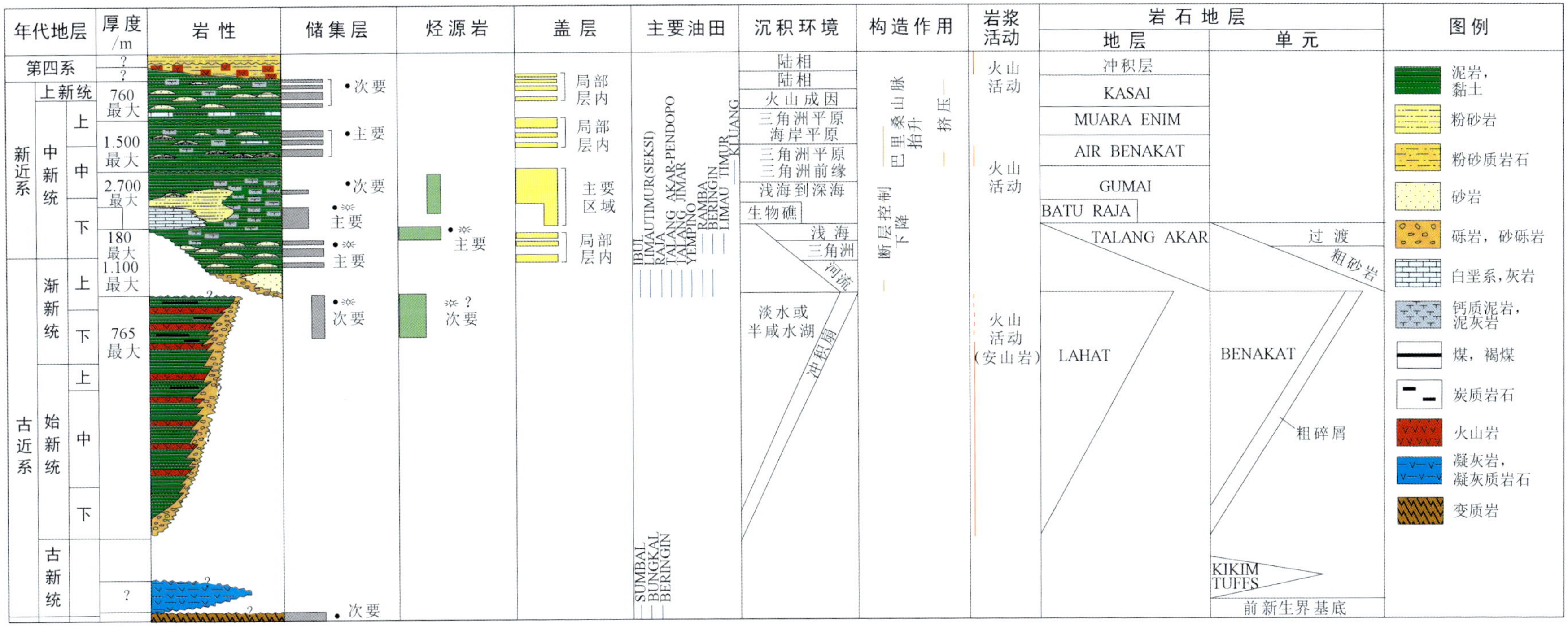

南苏门答腊盆地（South Sumatra Basin）位于印度尼西亚苏门答腊岛东南端，是中苏门答腊盆地向东南部的延伸，西北以帝加普鲁（Tiga Puluh）隆起与中苏门答腊盆地分开，东以Lampung台地与西爪哇盆地相隔，东北为巽他大陆架。盆地面积达12.57×10^4 km^2，其中陆上面积为11.11×10^4 km^2，海上面积为1.46×10^4 km^2。

南苏门答腊盆地是印度尼西亚第五大产油区，其油气勘探历史悠久，1896年最早发现石油，于1922年发现最大的油田Talang-Akar—Pendopo，石油储量5 070$\times 10^4$ t，1971年发现最大的气田Lbul，天然气储量142$\times 10^8$ m^3。盆地陆上部分勘探程度较高，海上部分勘探程度较低，油气发现主要与构造圈闭有关的油气藏，成群分布在中巴邻旁、南巴邻旁及占碑次盆内的复背斜带上（周增园等，2024）。目前，盆地共发现油气田约287个，已发现油气可采储量约10.2$\times 10^8$ t油当量（IHS，2008）。总体上，盆地油气田数量多，规模小。

南苏门答腊盆地的地层是在前新生界基底之上发育始新统至更新统（张琴等，2013；谯汉生等，2004；Boyd et al.，1986），陆上古近纪和新近纪地层最厚3 500 m。始新统—下渐新统拉哈特（Lahat）组最大地层厚度达2 500 m，发育冲积扇和辫状河沉积的碎屑岩。上渐新统塔朗阿卡尔（Talang Akar）组，最大地层厚度达1 100 m，底部为冲积扇和辫状河沉积，向上变为三角洲沉积。下中新统巴都拉惹（Batu Raja）组和古迈（Gumai）组主要为海相碎屑岩和碳酸盐岩沉积，巴都拉惹组地层厚度45 m~180 m，古迈组最大地层厚度2 700 m。中中新统—上中新统贝纳卡特（Air Benakat）组最大地层厚度1 500 m，以三角洲—海湾碎屑岩沉积为主。上中新统—上新统麻拉（Muara Enim）组最大地层厚度是760 m，以海陆过渡相碎屑岩沉积为主；上新统开赛（Kasai）组及第四系Alluvium组则主要以粉砂岩夹杂火山岩沉积为主。

2-13-2 南苏门答腊盆地始新世—上新世沉积相分布图

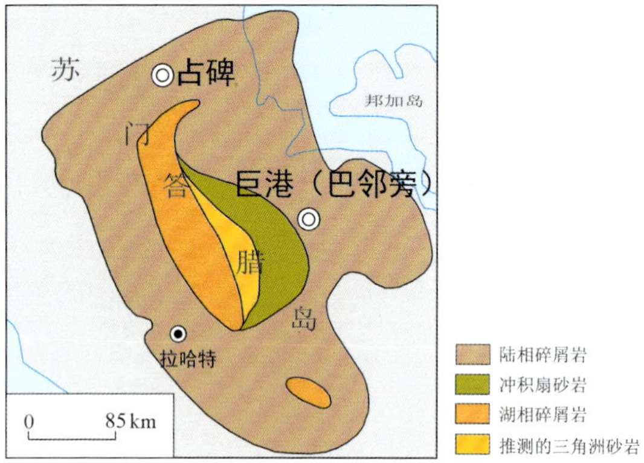

南苏门答腊盆地晚始新世—早渐新世沉积相

（张琴等，2013）

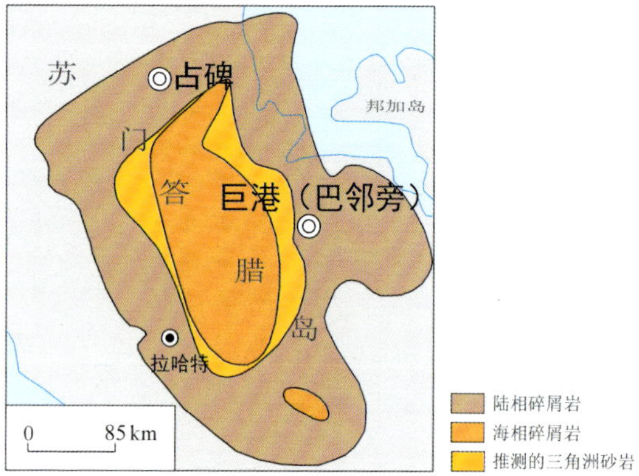

苏门答腊盆地晚渐新世沉积相

（张琴等，2013）

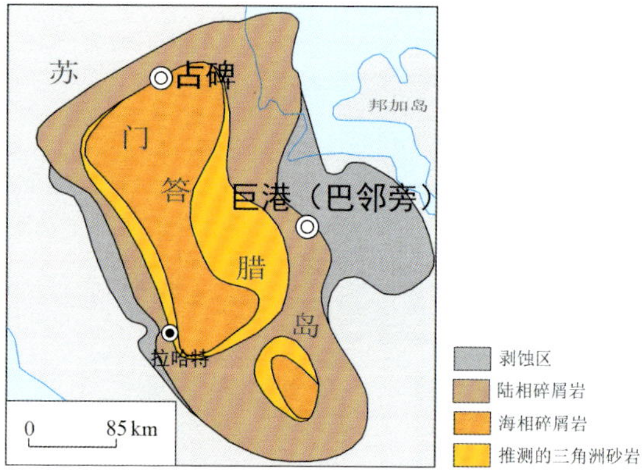

苏门答腊盆地中新世—上新世沉积相

（张琴等，2013）

南苏门答腊盆地经历了一次海侵—海退的海平面变化旋回过程，发育冲积扇、河流、三角洲和浅海等沉积相，层序的形成与发育主要受构造运动和海平面升降的控制。南苏门答腊盆地在性质上与中苏门答腊盆地类似，不同之处在于早中新世发育巴都拉惹灰岩，成为盆地重要的产油层。南苏门答腊盆地是在印度洋板块向欧亚板块俯冲的直接影响下形成的一个弧后盆地，以后又在裂谷盆地之上演化成坳陷盆地，并充填了始新世到上新世一个完整的海进—海退旋回沉积。

始新世，盆地地层分布相对局限，构造活动强烈，受构造抬升及地层剥蚀，形成了一系列局部不整合面，构成南苏门答腊盆地古近系和新近系沉积的充填主体。同裂谷期的沉积物如凝灰质砂岩、砾岩、角砾岩和泥岩通过冲积、河流、湖泊沉积作用充填于裂谷深凹处和地形低洼处，形成了拉哈特组。

始新世晚期，部分地区开始发生海侵。渐新世晚期—早中新世海侵范围不断扩大，盆地发生构造沉降，之后三角洲大面积推进以及南部海侵作用，地层由河流相渐变为海相，沉积了三角洲平原砂、粉砂和黏土，基底之上有碎屑岩超覆沉积，并发育台地碳酸盐岩。在此期间沉积的塔朗阿卡尔组地层，可分为上、下两部分。

中新世早期开始大范围海侵，水体加深，盆地沉积范围不断扩大，地层以大面积的浅海碳酸盐岩沉积为典型特征，在局部构造高地发育生物礁，即巴都拉惹灰岩，是盆地重要的储集层。中新世中期海平面达到最大，沉积了区域性深海灰岩、泥灰岩、泥岩及海相三角洲前缘席状砂，形成了一套区域性的盖层，即古迈组。晚中新世，由于俯冲作用重新活跃，处于挤压应力状态，造成巴里桑山脉的隆起，同时发生大规模海退。海相的古迈组页岩之上不整合沉积了浅海至内浅海和三角洲相贝纳卡特组地层。海水逐渐变浅，沉积一直继续到上新世。

上新世继续发生海退，沉积了陆相的麻拉组碎屑岩。在晚上新世和第四纪，沿巴里桑山脉形成许多火山，提供充足的物源，在麻拉组地层之后形成陆相的开塞组地层。第四系一般为冲积层和火山岩地层。

2-13-3 南苏门答腊盆地构造格架图

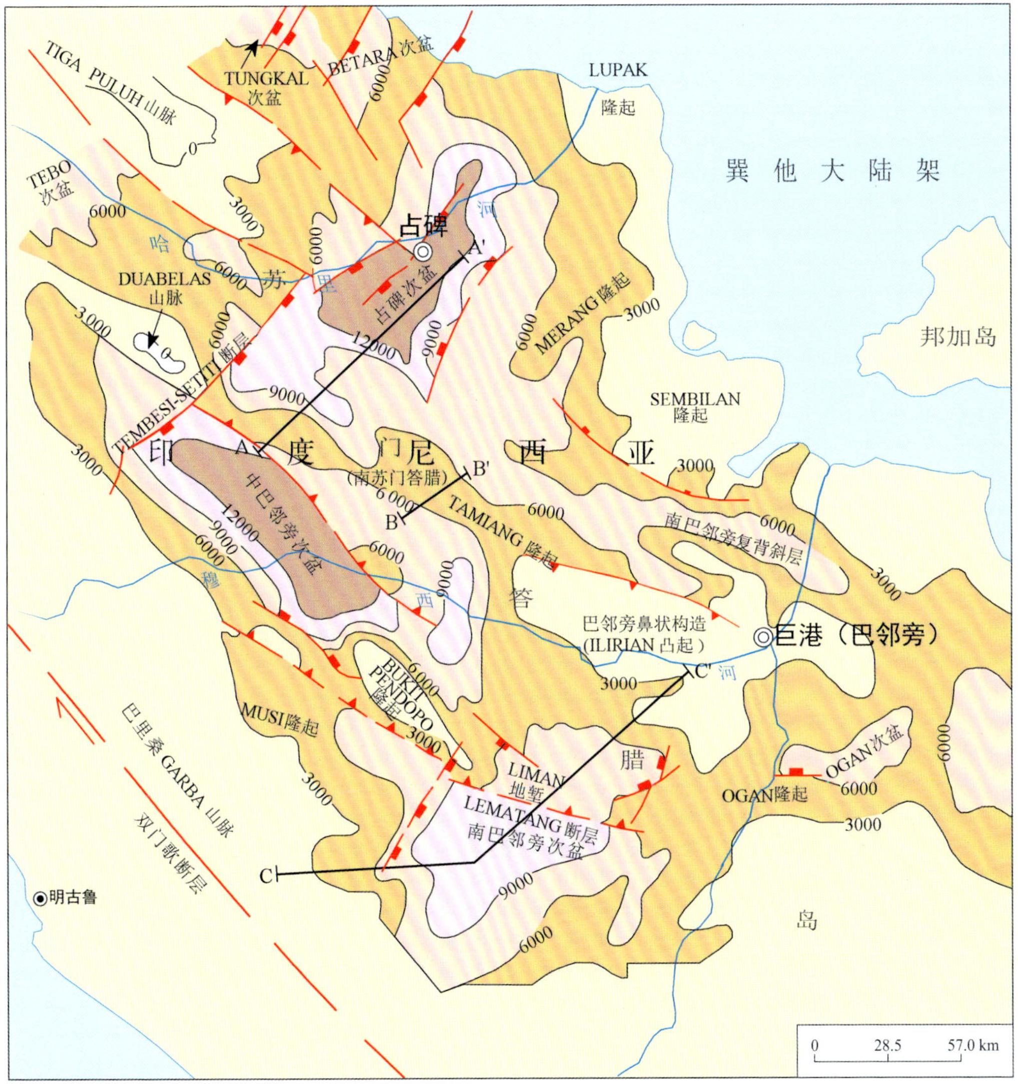

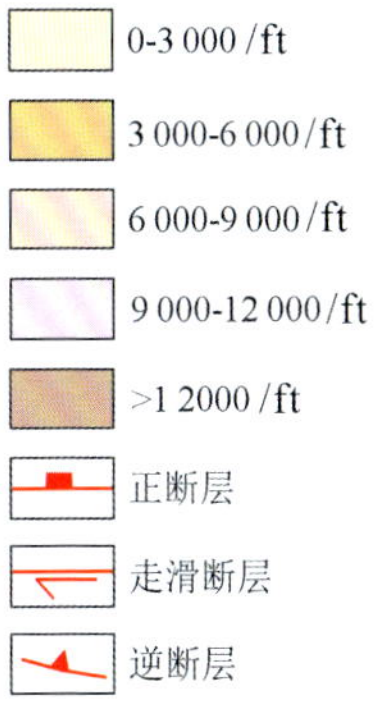

南苏门答腊盆地构造单元图

南苏门答腊盆地又名巴邻旁盆地，主要包括占碑、中巴邻旁和南巴邻旁3个次盆，这些次盆是早期弧后拉张作用形成的地堑。盆地经历多期构造活动，发育大量背斜和断裂构造。早始新世—中中新世，南苏门答腊盆地裂谷早期形成众多S—N向延伸的地堑构造，之后被一系列NW—SE向的地堑、半地堑和NW—SE向的断层。断层主要分布在盆地中西部，断层延伸短、数量多、断距小。晚中新世—现今，盆地发生构造反转，形成基底卷入型挤压背斜，断层走向大致为NE—SW向，两期构造线叠置的结果，形成了盆地的棋盘格式构造格局。南苏门答腊盆地早期形成地堑的正断层在中中新世—更新世挤压和盆地反转时大多数活化，有些正断层反转为逆断层。

2-13-4 南苏门答腊盆地典型地质剖面图

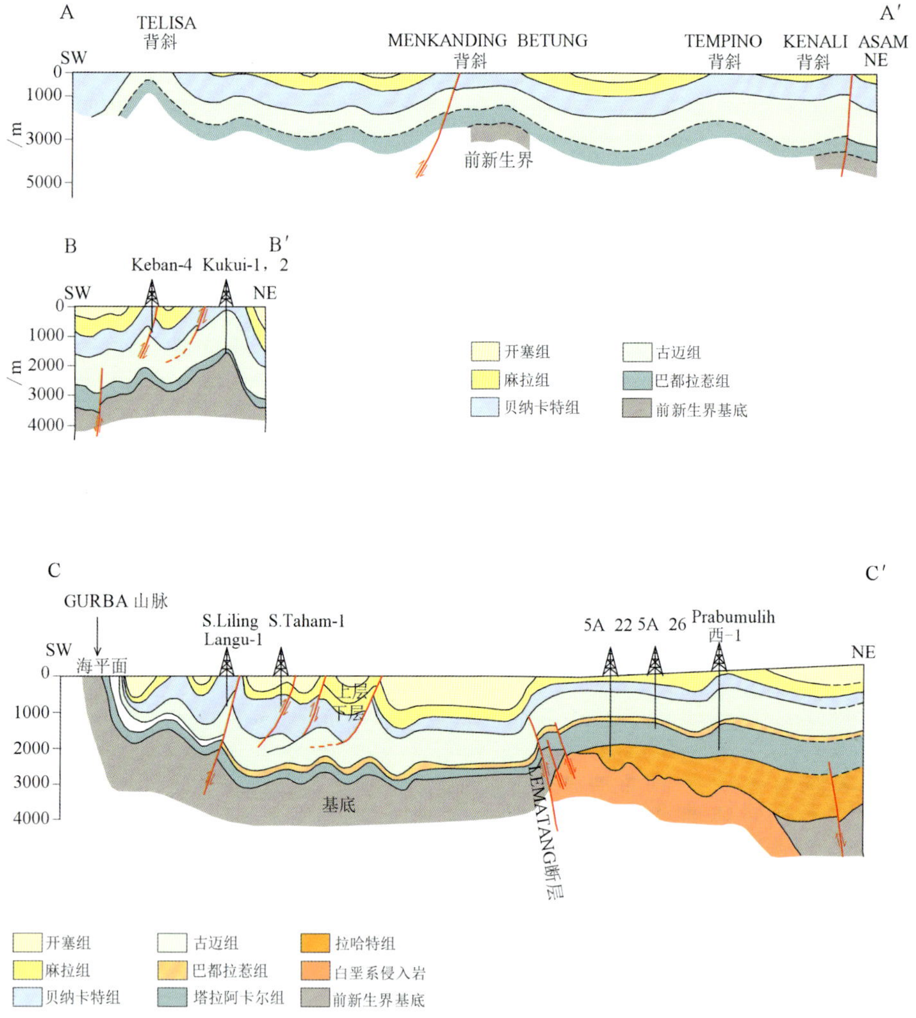

位置剖面见2-13-3

2-13-5 南苏门答腊盆地上新统—更新统褶皱构造分布图

苏门答腊盆地是右旋张扭构造作用的产物，主要经历了早始新世—早渐新世同生裂谷早期、晚渐新世—中中新世同生裂谷晚期（坳陷期）、晚中新世—现今挤压反转3个构造演化阶段。

早始新世—早渐新世同生裂谷早期：始新世早期，由于印度板块与欧亚板块的俯冲碰撞，印度板块沿巽他岛弧系的汇聚速度减小，导致南苏门答腊弧后地区的张裂，W—NW—E—SE向和S—N向基底断层被激活，形成了大量一系列的地堑、半地堑及断层。地垒、地堑和半地堑，与基岩形成明显的不整合接触。早渐新世，主要的正断层活动减弱，使得盆地沉降中心发育少量的湖相碎屑沉积，在盆地边缘以冲积扇和辫状河粗碎屑沉积为主。早渐新世晚期，南苏门答腊地区发生了抬升，致使陆相沉积面积扩大，局部遭受剥蚀形成了剥蚀区。

晚渐新世—中中新世同生裂谷晚期（坳陷期）：晚渐新世，由于全球范围内的海平面下降，中苏门答腊盆地开始遭受剥蚀，从而形成一个区域不整合面。晚渐新世晚期—早中新世早期，地壳又开始拉张，导致盆地发生断陷，此时发生了来自西南方向的海侵，在垂向上和横向上盆地沉积环境由陆相

2-13-6 南苏门答腊盆地构造演化模式图

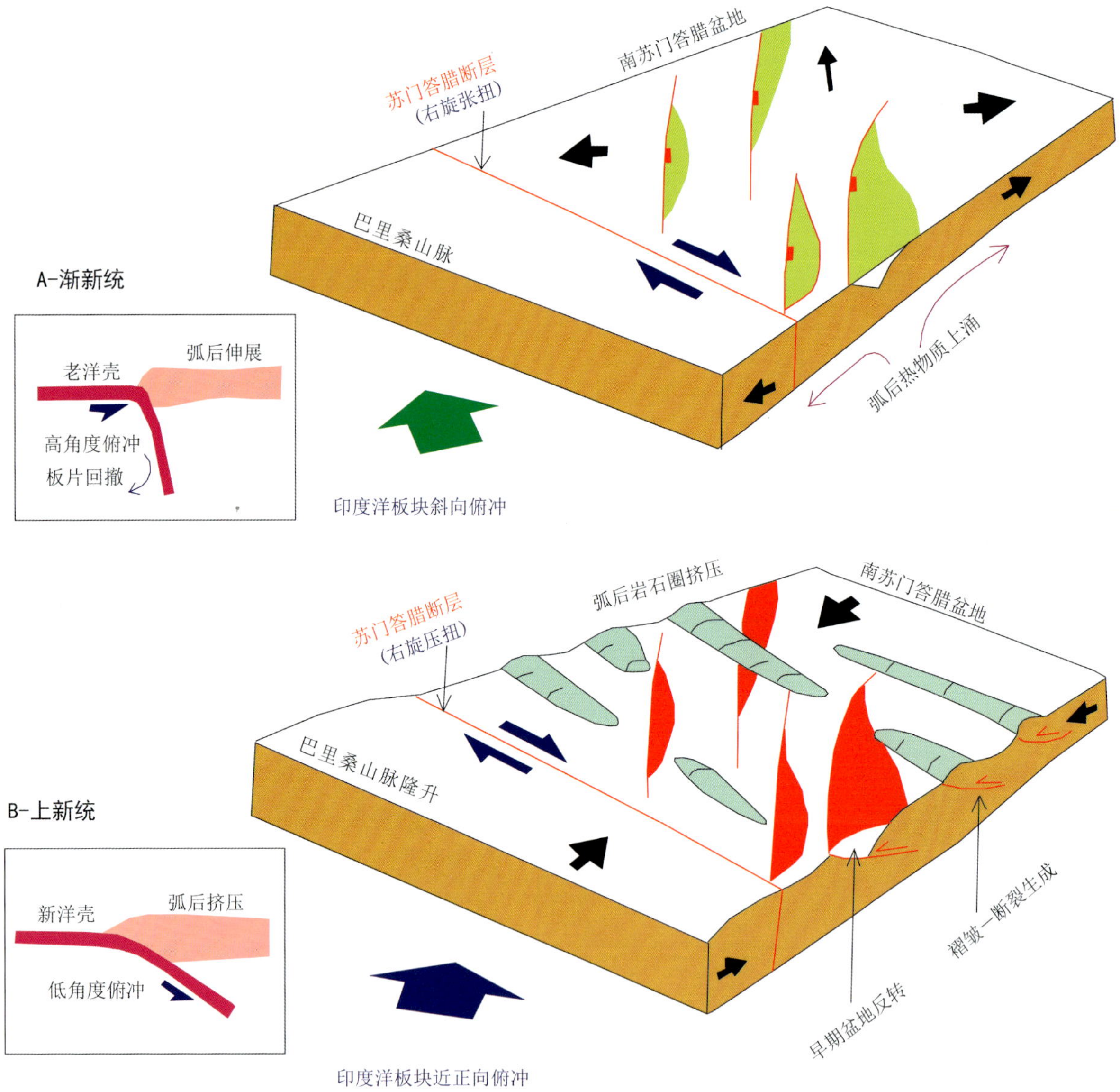

变为近岸环境，在一些凹陷的底部发育冲积扇和辫状河沉积，向上及沿盆地边缘变为近源三角洲沉积。该时期构造活动明显影响沉积体系的分布，而且裂谷期的断层样式也控制了盆地的沉降。中新世，构造活动减弱，早期的裂谷开始大范围沉降，海侵范围进一步扩大，开始形成局部的碳酸盐岩。在盆地的中部和南部，较高的地台、隆起及局部的基底凸起之上发育了碳酸盐岩和生物礁建造，在海侵范围最大时，盆地内大部分地区沉积了泥灰岩，而在早期的局部碳酸盐岩建造之上沉积了厚层的海相页岩。这一海侵使南苏门答腊盆地、中苏门答腊盆地和巽他盆地连接起来。

晚中新世—现今挤压反转期：晚中新世，南苏门答腊盆地遭受挤压，随着巴里桑山脉隆升、岩浆弧的火山活动，盆地开始发生海退，并在巴里桑山脉附近发生剥蚀。这一抬升使区域性的斜坡变为北东向的倾斜带，使得火山碎屑物质向巽他盆地搬运，盆地逐渐由海相沉积转为陆相和海陆过渡相沉积，麻拉组沉积了沼泽相的厚煤层，而在盆地中部的凹陷处仍发育海相碎屑岩沉积。第四纪，岩浆活动强烈，沿巴里桑山脉分布大量火山岩体。

2-13-7 南苏门答腊盆地成藏组合图

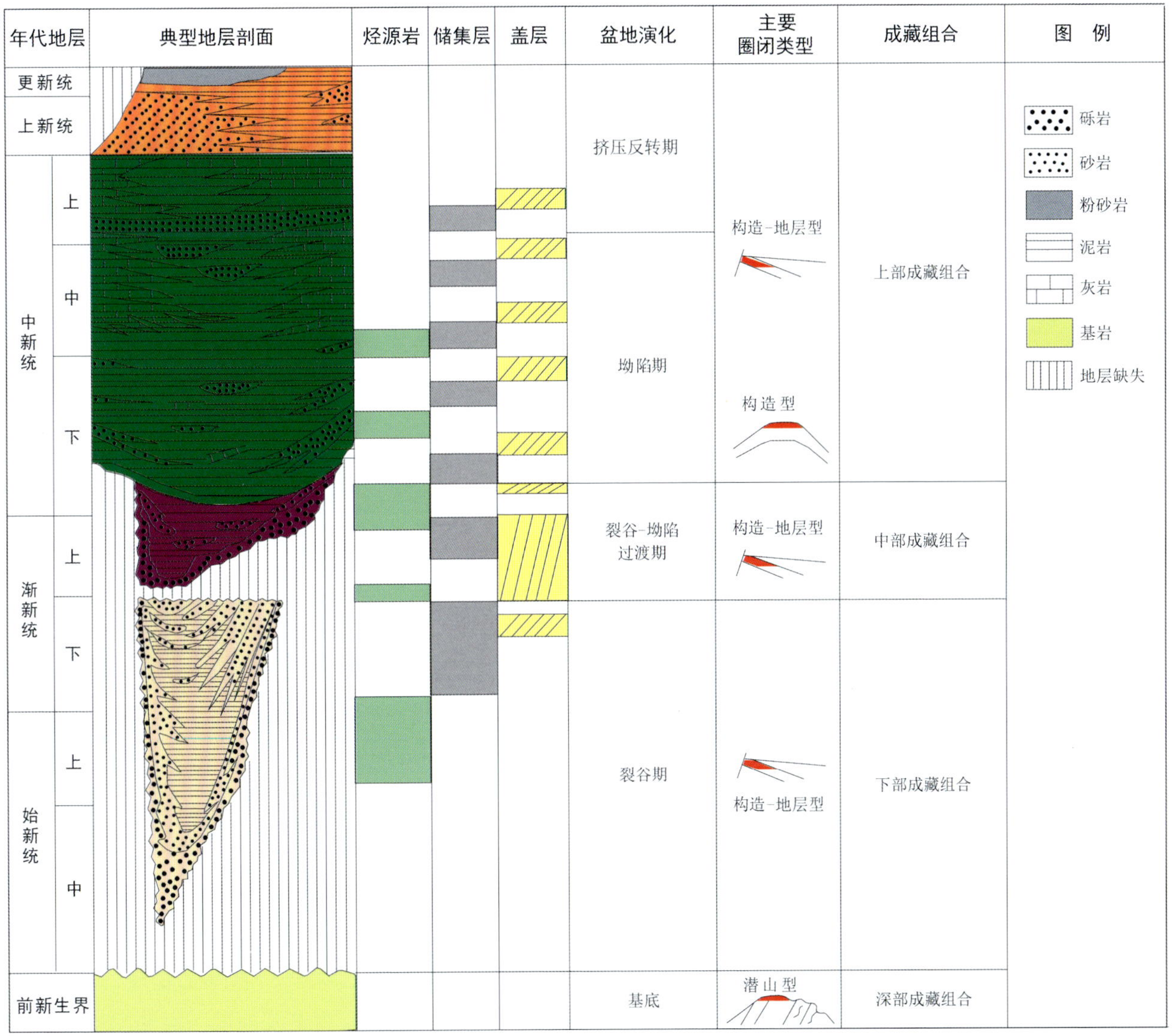

南苏门答腊盆地主要发育5套有效烃源岩，由下往上分别为拉哈特组、下塔朗阿卡尔组、上塔朗阿卡尔组、巴都拉惹组和古迈组下部。其中，拉哈特组湖相页岩、上塔朗阿卡尔组和巴都拉惹组三角洲相的煤系泥岩、古买组深海—半深海相泥页岩为盆地重要的烃源岩。盆地主要发育前新生界基底、拉哈特组、塔朗阿卡尔组砂岩、巴都拉惹组灰岩、麻拉组和贝纳卡特组6套良好的储层，岩性为河流相、三角洲相和滨浅海相的碎屑砂岩及海相碳酸盐。盆地盖层较发育，最大海侵期沉积的古迈组海相页岩是最重要的区域性盖层，控制着盆地油气分布的重要因素之一，古近系—新近系其他地层内发育的河漫滩、湖相与浅海相泥岩是重要的局部盖层。圈闭类型主要有构造圈闭、地层圈闭和复合圈闭，背斜圈闭是盆地最重要的圈闭类型。

南苏门答腊盆地含油气系统具有以下特征：一是由于烃源岩坳陷的叠合发育，导致生烃凹陷控制油气藏的分布特征明显，油气主要是短距离侧向运移和沿断裂向上运移，油气藏主要分布于生烃凹陷上部的反转背斜和凹陷周围的隆起部位。二是油气主要集中分布在塔朗阿卡尔组，其次为基岩和巴都拉

2-13-8 南苏门答腊盆地含油气系统分布图

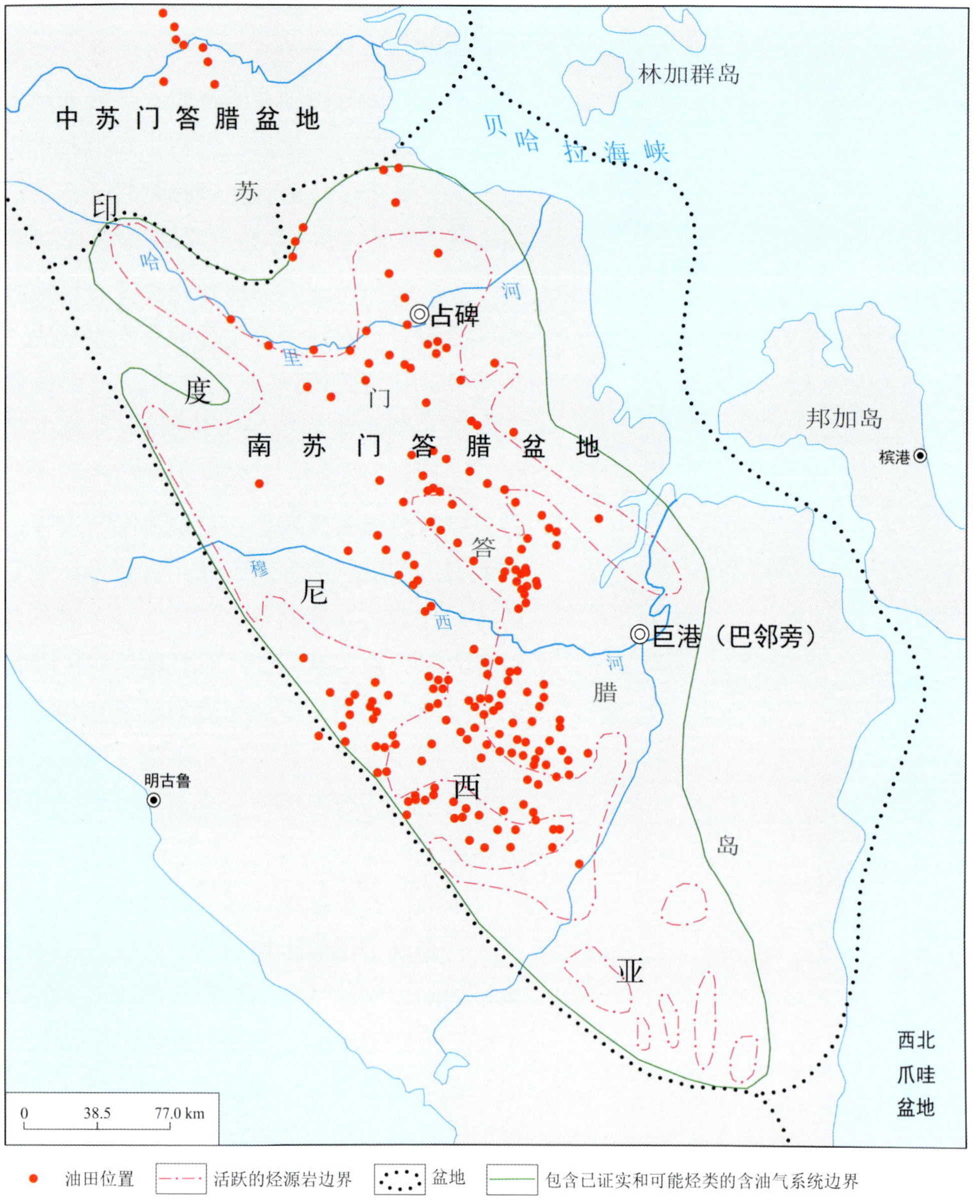

惹组，上部层系（古迈组和贝纳内特组）发现储量较少，其油气主要是沿断裂向上运移而成。三是基岩普遍发育碳酸盐岩地层，在高温作用下裂解可释放出CO_2，因此天然气中含CO_2较高。四是背斜、断背斜为最有利的含油气圈闭，其次断块、断鼻，潜山和地层、岩性圈闭类型也有油气发现。

根据构造演化特征和生储盖地质条件、圈闭构造与油气富集特点，可将南苏门答腊盆地的油气成藏组合划分为深部成藏组合、下部成藏组合、中部成藏组合和上部成藏组合。

深部成藏组合：主要指基岩储集层形成的含油气组合，主要位于基底隆起部位，由断层或不整合面与油源沟通形成油气藏，目前共发现23个油气田，储量为1.44×10^8 t油当量。

下部成藏组合：主要指裂谷发育期拉哈特组碎屑岩储集层形成的含油气组合，拉哈特组既是主要烃源岩，又是自生自储型组合，属于裂谷期沉积，仅局限在凹陷深部，埋深大，是目前发现油气最少的组合，共发现9个油气田，储量835×10^4 t油当量。

中部成藏组合：主要指裂谷向坳陷过渡期发育的塔朗阿卡尔组储集层形成的含油气组合，是南苏门达腊盆地最重要的含油气组合。塔朗阿卡尔组是裂谷后期及坳陷初期发育的沉积，下塔朗阿卡尔组为砂砾岩发育段，以河流—三角洲相砂岩储集层为主，经历了河湖相到海进初期的过程，形成重要的储集层，已发现油气田137个，储量4.3×10^8 t油当量，占盆地总量40%以上。

上部成藏组合：以坳陷期发育的巴都拉惹组、古迈组和Air Benakat组储集层为主，储集层类型为碳酸盐岩和砂岩，物性好，是目前盆地中居第二位的油气成藏组合，累计已发现176个油气田，储量3.29×10^8 t油当量。油源来自下部地层，靠断裂沟通，圈闭以构造反转型背斜、断背斜为主。

2-13-9 南苏门答腊盆地典型油气田分布图

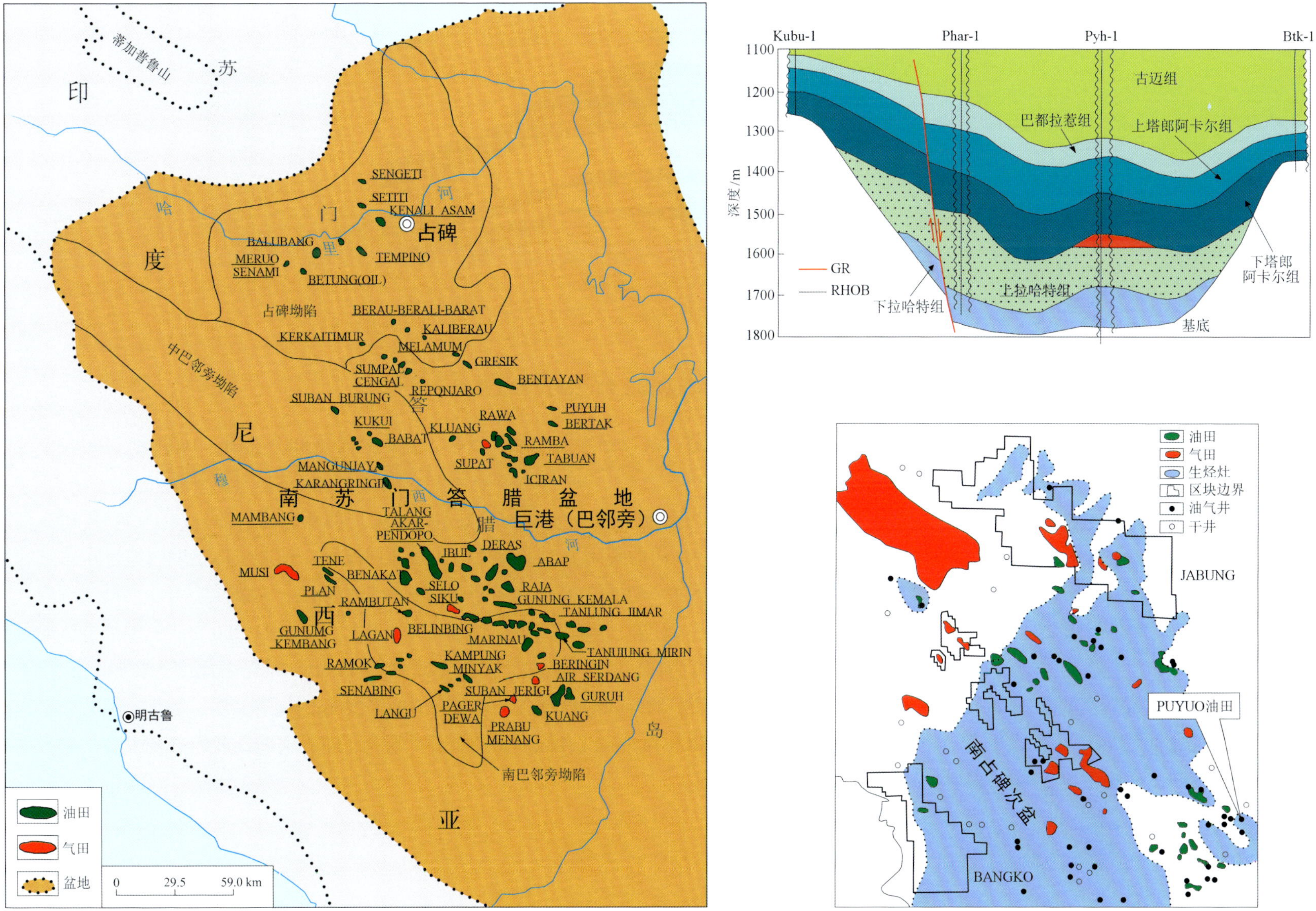

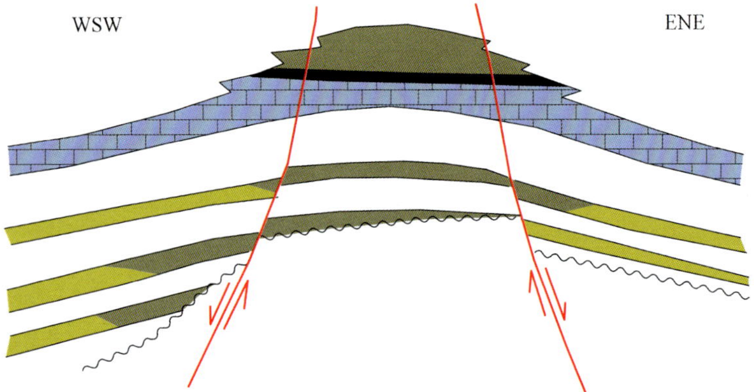

Ramba油田和Tanjung Laban油田上部巴都拉惹成藏组合图

南苏门答腊盆地的油田大部分位于盆地中、南部，主要为背斜油气藏。自1886年发现油气以来，盆地共发现80个油田，10个油气田及7个气田，目前已经证实的油气藏主要与构造圈闭有关的油气藏。

东贝纳卡特油田位于南苏门答腊盆地中部，1930年钻探EB–1井，在塔朗阿卡尔组发现油气显示，印度尼西亚国家石油公司于1973年初在东区钻探EB–3井，井深1 435 m，该井成为东贝纳卡特油田的发现井。东贝纳卡特油田的圈闭类型主要为构造—地层圈闭，构造主体是晚白垩世至古近纪形成的NW—SE向背斜，长12 km，宽1.5 km，最大闭合高度160 m。背斜被一条NW—SE向的高角度逆断层切割为两个断块，东断块上升，西断块下降，垂向最大落差约150 m，油气聚集在上升盘的一个由逆断层形成的不对称背斜中，主要产层为塔朗阿卡尔组的砂岩层，产层深1 200 m。巴都拉惹组的礁灰岩也是该油田另一个重要的产层。塔朗阿卡尔油层顶部深度为1 160 m，总厚度为151 m，巴都拉惹油层顶部深度1 115 m，油层总厚度为45 m。

南苏门答腊盆地东南部发现的Puyuh油田属于下部成藏组合，Puyuh油田的Puyuh21井在拉哈特组钻遇约120 m的优质储层，为细—粗粒砂岩和砾岩，1 581~1 586.7 m深度试油获得日产油1 400 bbl（桶）。已发现的Ramba油田和Tanjung Laban油田的主要产层是巴都拉惹组为次生孔隙发育的礁灰岩和富含有孔虫的泥粒灰岩，圈闭类型主要为礁体和碳酸盐岩建隆形成的岩性圈闭。

2-13-10 南苏门答腊盆地北部油气藏类型图

岩性-地层油气藏类型		疏导体系	储集体系	运聚-成藏模式	典型实例
岩性油气藏	岩性上倾尖灭油气藏	沿上倾方向的渗透性砂岩	水进体系域或高位域三角洲砂体	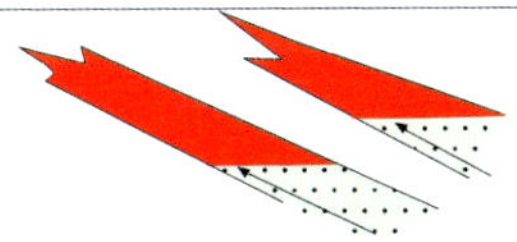	Geragai凹陷Geragai组气藏
岩性油气藏	岩性透镜体油气藏	渗透性砂岩	低位域或湖泛面附近浊积砂体	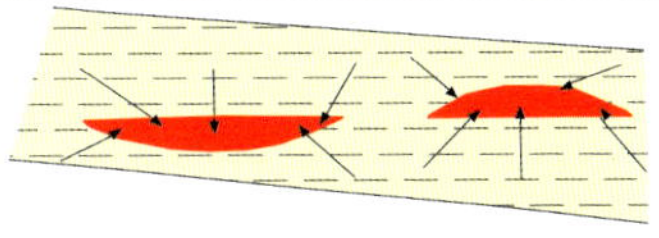	西部隆起低位浊积砂体（推测）
岩性油气藏	古河道砂岩油气藏	不整合面	下切河道砂体	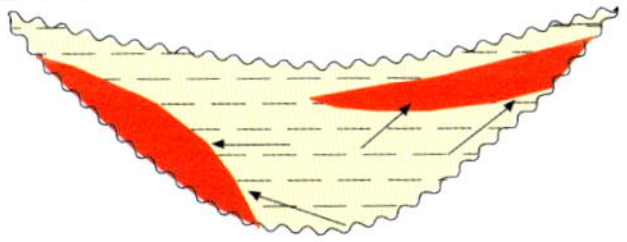	东部斜坡边缘（推测）
岩性油气藏	生物礁油气藏	富含滩礁的碳酸盐岩	灰岩礁体或礁相碳酸盐岩	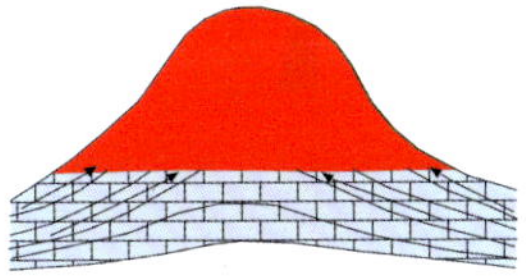	东部斜坡孤立台地灰岩
不整合油气藏	地层超覆油气藏	渗透性砂岩或不整合面	水进体系域或退积三角洲砂体	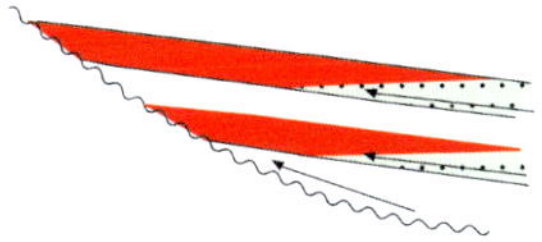	西部隆起塔郎阿卡尔组油藏
不整合油气藏	不整合遮挡油气藏	渗透性砂岩	斜坡边缘或古隆起带碎屑岩	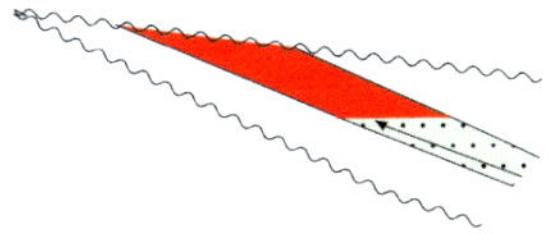	西部隆起基底油藏
复合型油气藏	断层-岩性油气藏	渗透性砂岩	水进体系域或高位域三角洲砂体	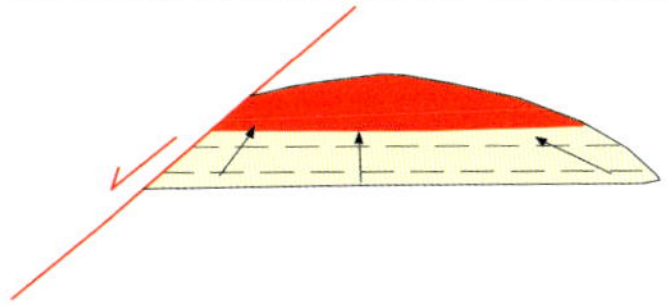	西部隆起古迈组油藏
复合型油气藏	构造-岩性油气藏	渗透性砂岩	水进体系域或高位域三角洲砂体	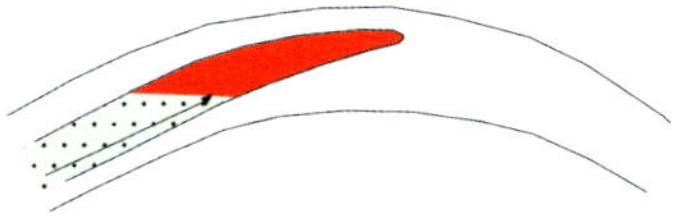	西部隆起古迈组油藏

油气藏　渗透性砂岩　碳酸盐岩　烃源岩　不整合面　断层　油气运聚方向

南苏门答腊盆地新生代发育冲积扇、河流、三角洲、浅海碳酸盐岩等多种沉积体系。烃源岩、储层、盖层和疏导体系在时空上相互组合配置，发育裂谷期、坳陷早期和坳陷晚期3套大的储盖组合，形成了3大类8亚类的岩性—地层油气藏，即岩性油气藏、不整合油气藏和复合型油气藏3大类，主要分布在盆地西部隆起和东部斜坡边缘。

2-14 西爪哇盆地

2-14-1 西爪哇盆地地层与石油地质综合柱状图

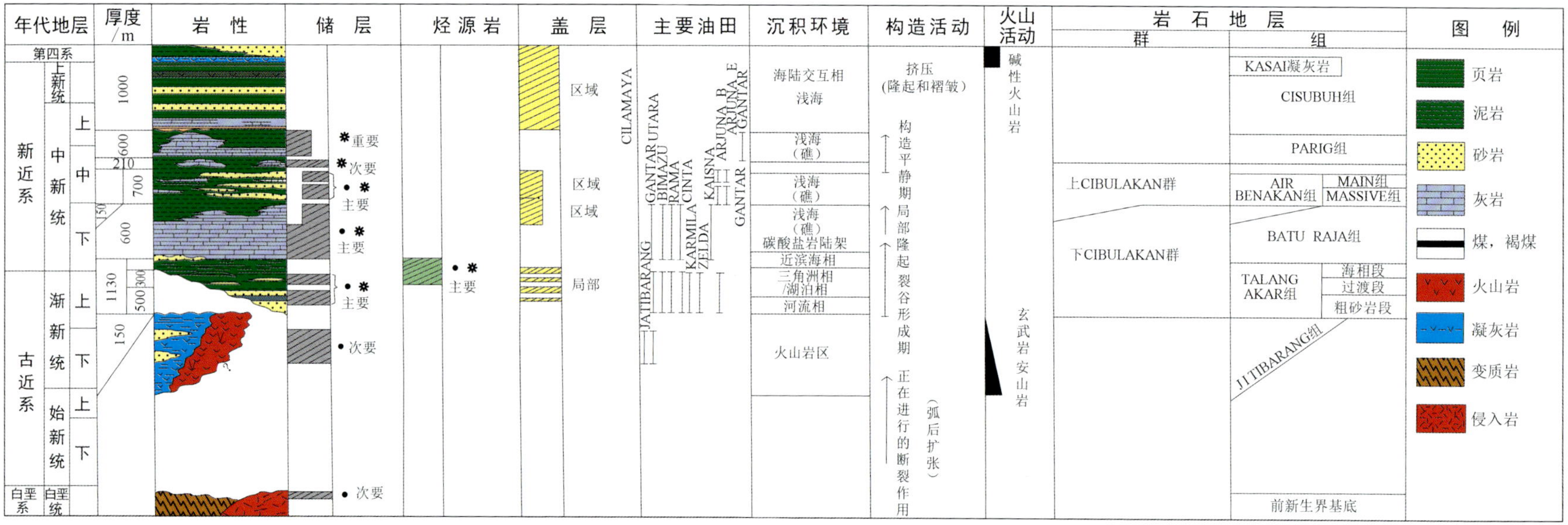

西爪哇盆地（West Java Basin）位于爪哇海西部，介于爪哇岛、加里曼丹岛和苏门答腊之间，盆地面积14.45 × 10⁴ km²，其中海上面积12.02 × 10⁴ km²，陆上面积2.43 × 10⁴ km²，盆地3/4的面积在海上，陆上部分在爪哇岛的西北部。西爪哇盆地陆架部分古近系和新近系的沉积厚度超过1 000 m，而盆地深处陆上部分和海上部分的沉积厚度超过3 000 m。

西爪哇盆地从60年代开始油气勘探，在整个70~80年代油气勘探工作十分活跃。1969年第一次发现石油，即加蒂巴郎（石油可采储量1 780 × 10⁴ t）大油田，接着当年又发现阿朱纳B和阿朱纳E油田（阿朱纳B石油可采储量9 000 × 10⁴ t）。盆地内已发现167个油气田，但目前盆地的油气发现较少。

西爪哇盆地是在前新生界变质岩、火成岩和沉积岩基底之上形成的弧后盆地，主要发育渐新统—第四系。渐新统加蒂巴郎（Jiatibarang）组最大地层厚度是1 300 m，为海陆交互相沉积环境，与上覆地层塔朗阿卡尔组呈假整合接触，发育凝灰岩、安山岩和玄武岩。

上渐新统—下中新统下西布拉坎（Cibulakan）群：包括塔朗阿卡尔组、巴都拉惹组和古迈组，最大地层厚度1 800 m，主要包括河流和三角洲等陆相和海陆过渡相以及近滨和礁海相沉积环境。塔朗阿卡尔组最大地层厚度1 130 m，主要为湖相沉积环境，包括粗砂岩段、海陆过渡段和海相段。巴都拉惹组地层厚度150~300 m，为浅海陆架沉积环境，发育浅滩礁和岸礁。古迈组是开阔海沉积环境，主要发育页岩。中中新统上西布拉坎（Cibulakan）群：包括贝纳内特（Benakan）组和前帕里吉（Parigi）组的浅海相沉积环境，主要发育岩性为砂岩和灰岩，夹页岩。贝纳内特组深海相沉积环境，主要岩性为砂岩，并夹杂有泥岩。前帕里吉组最大地层厚度210 m，为浅海相沉积环境，主要发育灰岩，夹少量页岩。中中新统上部—上中新统下部帕里吉（Parigi）组：为浅海相沉积环境，主要发育灰岩。上新统中上部—第四系西苏浦（Cisubuh）组：地层厚度120~1 000 m，为近海沉积环境，发育灰质泥岩、砂岩、褐煤和碳酸盐岩。

2-14-2 西爪哇盆地构造格架图

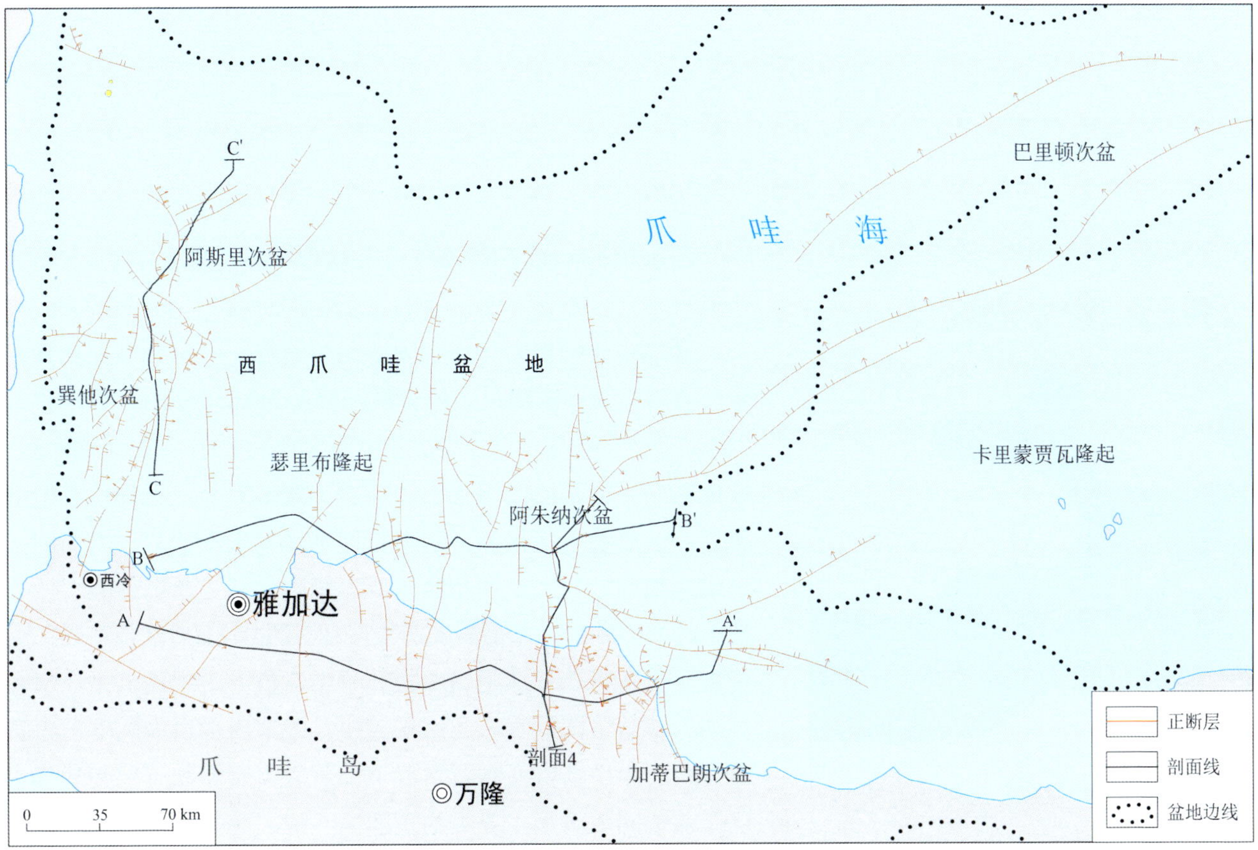

西爪哇盆地现今构造主要表现为近S—N向的正断层，与深部埋藏的次盆长轴方向一致，这些次盆实际上是始新世—渐新世弧后张裂形成的地堑。根据地质构造特征，西爪哇盆地可划分为8个次级构造单元，分别为巽他（Sunda）次盆、阿里斯（Asri）次盆、阿朱纳（Arjuna）次盆、加蒂巴郎（Jatibarang）次盆、巴里顿（Baliton）次盆、瑟里布（Seribu）隆起和卡里蒙加瓦（Karimunjawa）隆起。

在前裂谷基底上，西爪哇盆地主要经历了同生裂谷早期（38.6～29.3 Ma）、同生裂谷晚期（坳陷期，29.3～6.7 Ma）和挤压反转期（6.7～0 Ma）3个构造演化阶段。盆地在裂谷阶段发育地垒、地堑/半地堑构造以及大量正断层，上新世—更新世的挤压运动形成背斜、断背斜和逆断层。

在白垩纪至早始新世，印度洋—澳大利亚板块向欧亚板块俯冲汇聚和张性剪切作用下，导致西爪哇盆地地垒和地堑构造的形成。最初的裂谷期具岛弧火山作用，在阿朱纳（Ajurna）次盆和加蒂巴郎次盆中，从始新世至早渐新世充填了加蒂巴郎组的玄武岩、安山岩、凝灰岩和红色泥岩，在巽他次盆和基底浅埋区，不存在该套地层。

晚渐新世—早中新世，在盆地地堑和洼地内沉积了湖相和三角洲相沉积（相当于下西布拉坎群塔朗阿卡尔组）。早—中中新世，碳酸盐台地相（相当于下西布拉坎群巴都拉惹组）超覆在缓慢沉降的盆地层序上。

中中新世，上西布拉坎群的海退碎屑层序结束了盆地的碳酸盐岩沉积。一个相对稳定的构造阶段促使局部地区发育了生物礁（前帕里吉组和帕里吉组）。

上新世—更新世的挤压造成抬升和背斜褶皱构造。这个时期以盆地最后一次海退碎屑层序为标志。西苏浦组沉积岩属海相至内浅海相环境，并有同期的若干挤压事件发生。

2-14-3 西爪哇盆地油气田分布图

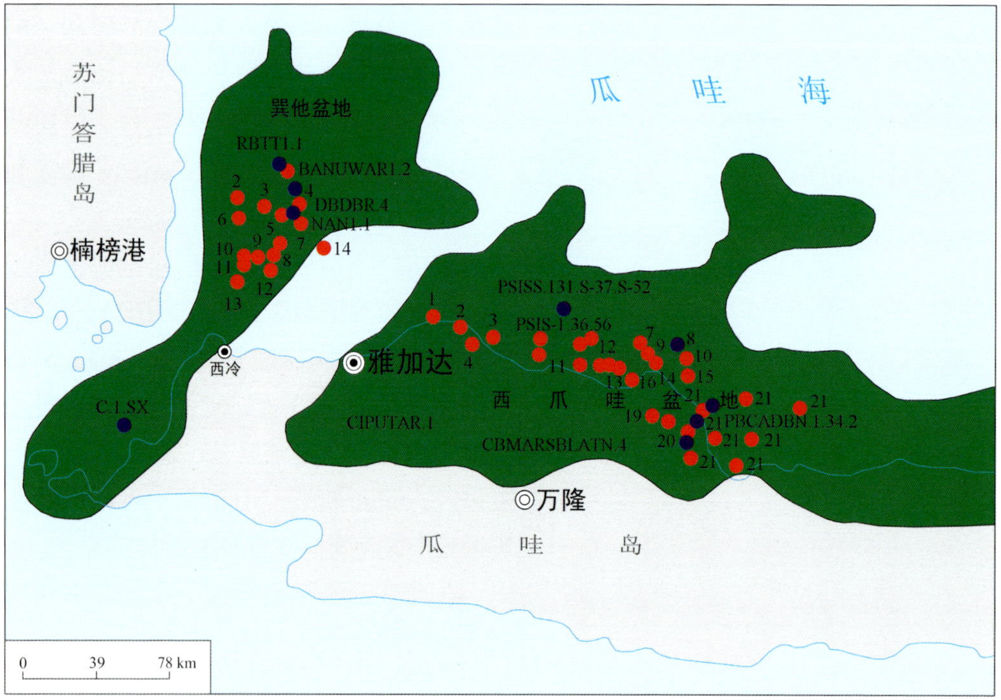

1. 简蒂 2. 伊沃纳 3. 福里达 4. 蒂蒂 5. 泽尔达 6. 克里斯纳 7. 吉他 8. 拉玛 9. 森塔 10. 利它 11. 基蒂 12. 诺拉 13. 瑟拉丹 14. 贝玛

西爪哇盆地油气田主要分布在盆地中部，原油的特点是低硫（<0.4%）、含蜡（10%~20%），地温梯度27.7~36.9 ℃ / km。

盆地主要烃源岩是塔朗阿卡尔组河流—三角洲相煤和湖相碳质页岩，其中碳质页岩的有机碳含量为0.5%~20%，在中中新世末达到生烃门限，阿朱纳次盆生油窗的深度为1 200 ~1 800 m。盆地储层有加蒂巴朗组火山碎屑岩（凝灰岩）、巴都拉惹组礁灰岩、前贝纳卡特组和贝纳卡特组礁体和碳酸盐岩、塔朗阿卡尔组三角洲砂岩、上西布拉坎群海相陆架和三角洲砂岩、西苏浦组的海相砂岩，基底石英岩及变质岩在B1ma地区也产油。上新世—更新世西苏浦组黏土岩和早中新世—中中新世古迈组和贝纳内特组下部的页岩为区域盖层。晚渐新世塔朗阿卡尔组页岩夹层、中中新世西布拉坎群上部页岩夹层和黏土层为局部盖层。盆地圈闭类型主要为构造圈闭、地层圈闭和复合圈闭。西爪哇盆地主要包括22个成藏组合。

2-14-4 西爪哇盆地各成藏组合评价表

成藏组合域名称	成藏组合类型	石油储量（10^6t）及占比	天然气储量（10^8m^3）及占比	凝析油储量（10^6t）及占比	储层	盖层	发现油气藏数量 / 个	成藏组合级别
下中新统 帕里吉成藏组合 （已证实具备优越成藏条件）	帕里吉地层成藏组合	0	33.49（1.17%）	0.08（1.8%）	前贝纳卡特组、贝纳卡特组	前贝纳卡特组、贝纳卡特组、西苏浦组	4	次要
	帕里吉地层－构造成藏组合	1.53（0.39%）	745.21（26.1%）	0.68（6.1%）	贝纳卡特组	西苏浦组	12	主要
	帕里吉地层－不整合成藏组合	0	144.70（5.06%）	0.64（5.7%）	贝纳卡特组	西苏浦组	2	次要
	帕里吉地层－构造－不整合成藏组合	0	124.82（4.37%）	0	贝纳卡特组	西苏浦组	8	次要
	帕里吉构造成藏组合	1.0（0.25%）	8.62（0.3%）	0	贝纳卡特组	西苏浦组	1	次要
	小计	2.52（0.64%）	1,056.84（37%）	1.41（13.6%）				
下中新统 上西布拉坎成藏组合 （已证实具备优越成藏条件）	上西布拉坎地层成藏组合	3.38（0.85%）	4.42（0.15%）	0	Main 组、前贝纳卡特组、上西布拉坎群	上西布拉坎群	6	次要
	上西布拉坎地层－构造成藏组合	49.28（12.5%）	376.11（13.1%）	1.51（13.5%）	Main 组、前贝纳卡特组、上西布拉坎群	Main 组、前贝纳卡特组、上西布拉坎群	34	主要
	上西布拉坎地层－构造－不整合成藏组合	2.08（0.5%）	6.02（0.2%）	0.02（0.16%）	Main 组、前贝纳卡特组、上西布拉坎群	Main 组、前贝纳卡特组、上西布拉坎群	2	次要
	上西布拉坎地层不整合成藏组合	10.76（0.03%）	18.59（0.65%）	3.40（30.6%）	Main 组、前贝纳卡特组、上西布拉坎群	Main 组、前帕里吉组、上西布拉坎群	8	主要
	上西布拉坎构造成藏组合	49.46（0.73%）	341.91（11.95%）	1.13（10.2%）	Main 组、前贝纳卡特组、上西布拉坎群	上西布拉坎群	71	主要
	小计	114.97（14.1%）	747.06（26%）	6.06（55%）				
下中新统 巴都拉惹成藏组合 （未证实成藏条件是否优越）	巴都拉惹地层－不整合成藏组合	0	39.48（0.01%）	0	巴都拉惹组	巴都拉惹组、古迈组	1	次要
	小计	0	39.48（1.4%）	0				
上渐新统—下中新统 下西布拉坎成藏组合 （已证实具备优越成藏条件）	下西布拉坎地层成藏组合	2.51（0.64%）	6.16（0.2%）	0	巴都拉惹组	西布拉坎群	5	有利
	下西布拉坎地层－构造成藏组合	147.12（37.39%）	512.82（17.9%）	2.35（21.2%）	塔朗阿卡尔组、巴都拉惹组	西布拉坎群	90	主要
	下西布拉坎地层－构造－不整合	59.09（15%）	114.43（4%）	0	塔朗阿卡尔组	塔朗阿卡尔组	24	主要
	下西布拉坎地层－不整合成藏组合	1.16（0.29%）	0	0	巴都拉惹组	西布拉坎群	1	有利
	下西布拉坎构造成藏组合	14.16（3.6%）	99.45（3.4%）	0.65（5.81%）	塔朗阿卡尔组、巴都拉惹组	西布拉坎群	29	有利
	下西布拉坎构造－不整合成藏组合	24.28（6.16%）	10.33（1.36%）	0	巴都拉惹组	西布拉坎群	4	有利
	小计	248.37（63.08%）	743.19（26%）	3.00（27%）				
下渐新统 Jatibarang 成藏组合 （未证实成藏条件是否优越）	加蒂巴朗地层－构造成藏组合	0.92（0.23%）	18.63（0.65%）	0	加蒂巴朗组	下西布拉坎群	2	次要
	加蒂巴朗构造成藏组合	26.44（6.72%）	248.64（8.7%）	0.66（5.9%）	加蒂巴朗组	下西布拉坎群	2	次要
	加蒂巴朗构造－不整合成藏组合	0.34（＜1%）	5.15（0.18%）	0	加蒂巴朗组	下西布拉坎群	3	次要
	小计	27.70（6.95%）	272.42（9.53%）	0.66（5.9%）				

2-14-5 西爪哇盆地典型油气田（藏）特征图

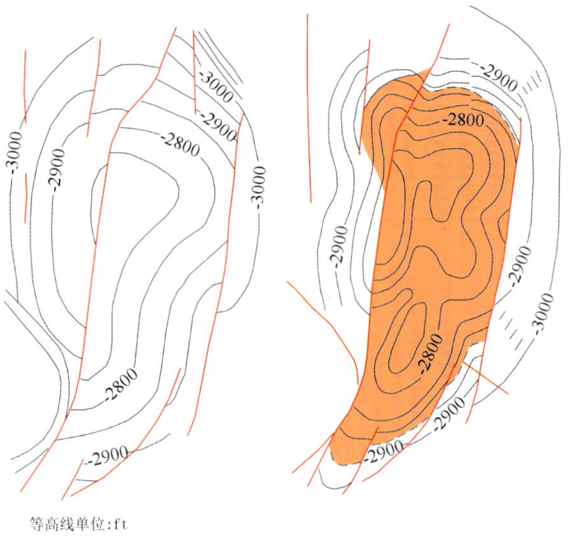

B-28层构造等高线图(1972)　B-28层构造等高线图(1973)

阿朱那B油田构造等高线图

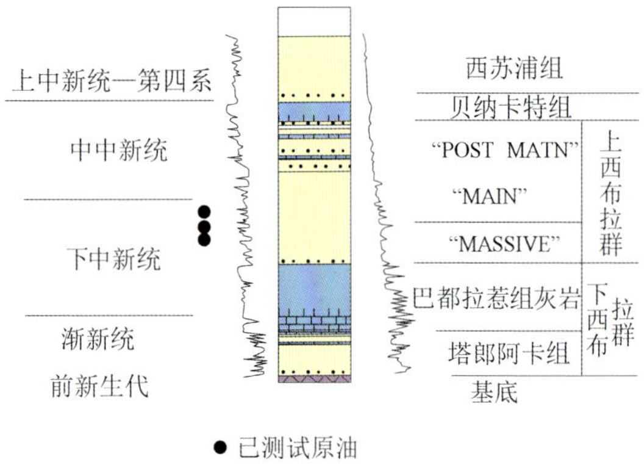

B油田综合地层剖面图

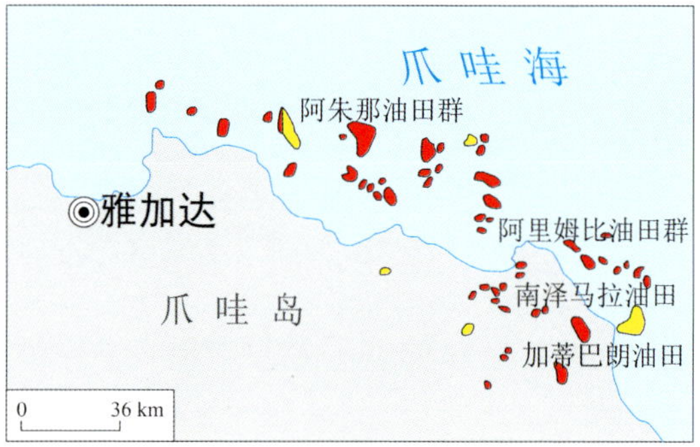

位置图

阿朱纳B油田是阿朱纳油田群中一个在构造和储集类型上都具有代表性的油田。该油田位于基底隆起之上受大断层控制的断背斜构造，油气聚集在S—N走向断层的上升盘，于1969年10月20日发现，井深1 999 m。B油田是该区海上发现的第二个油田，由于地质情况复杂，其勘探历程比较曲折。

阿朱纳B油田的产油层是中中新统上西布拉坎段海退砂岩层，这些砂岩是在陆架浅水区、低能量和开阔海条件沉积，主要储量分布在B–3段块上升盘，大部分油产自砂岩段和块状砂岩段，储层细分为7个砂岩透镜体，单层厚度小于6 m。88%的产量来自高217 ft（66 m）B–28、B–29油气柱，产层深884~1 158 m，最大采油面积50.59 km^2。油层段顶部埋深2 750 ft（840 m），平均孔隙度26%，渗透率300 mD，含水饱和度40%。1980年产量达到高峰，日产油18 393.2 t，年产油6.71 × 10^6 t，产气16.46 × 10^8 m^3。此后，产量稍有减少，1983年日均产油仅13 894 t。该油田可采储量81.6 × 10^6 t油当量。

E油田是一个复杂的地垒式构造，产层是中中新统上西布拉坎砂岩，深701~975 m。到1971年8月，E油田有12口双筒井产油，1972年日产油量3 622 t。

2-15 东爪哇盆地

2-15-1 东爪哇盆地地层与石油地质综合柱状图

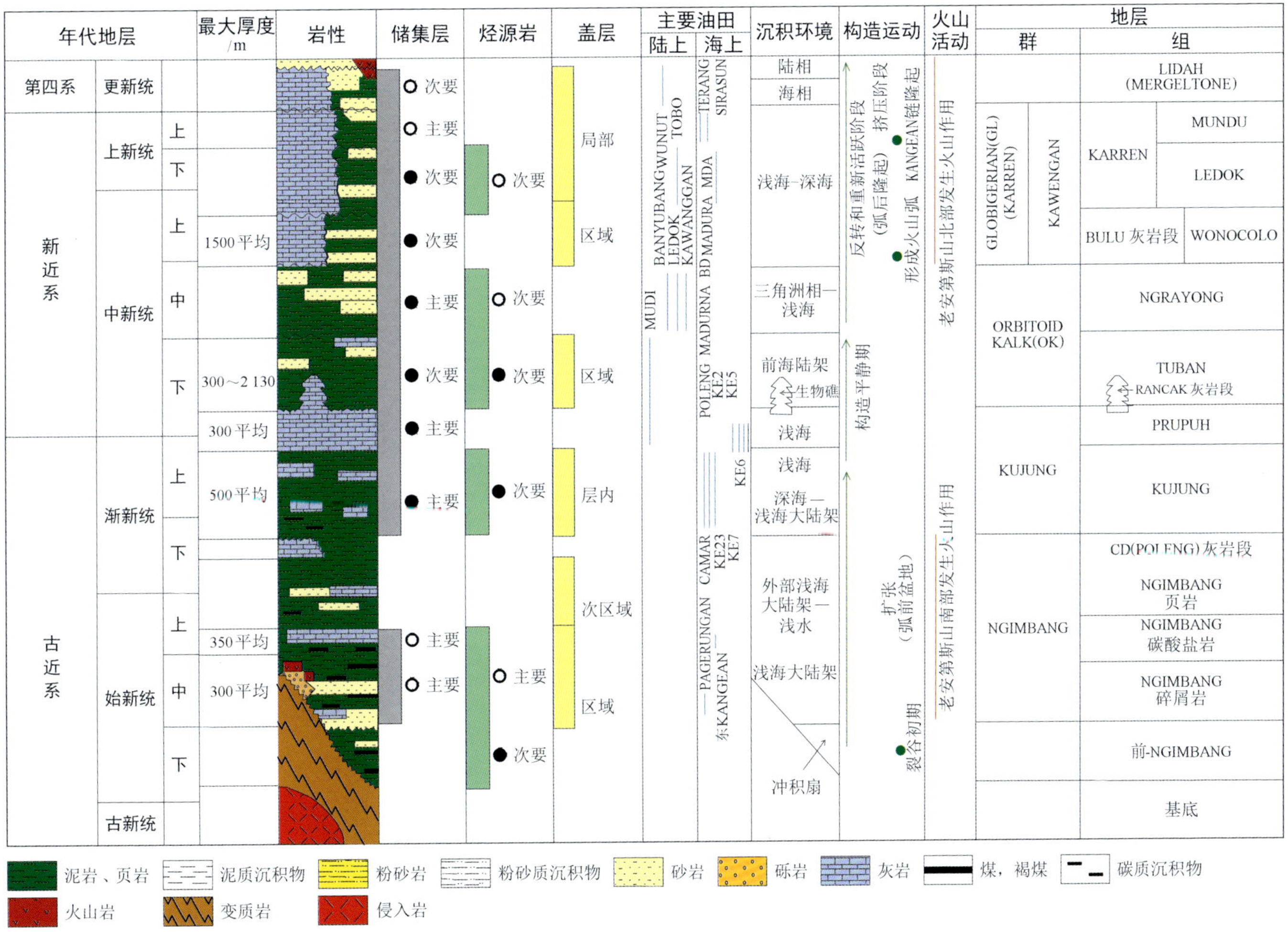

东爪哇盆地（East Java Basin)位于加里曼丹岛东南和爪哇岛之间的东爪哇海，向陆上延伸至爪哇与马都拉（Madura）岛的东北部，为弧后盆地。盆地面积约17.14 × 10⁴ km²，绝大部分（87%）位于浅海，陆上部分主要是爪哇岛东北部和马都拉（Madura）岛。东爪哇盆地含有丰富的油气资源，并具有较长的勘探开发历史，于1888年首次获得油气发现。此后，陆上不断有小型的油气发现，海上也发现多处大的天然气、凝析油和石油。总之，东爪哇盆地陆上与海上的勘探程度均较高。

东爪哇盆地是在古新统强烈变质的沉积岩和岩浆岩基底之上，发育始新统—第四系。古近纪—新近纪地层在陆架区域相对较薄（<2 000 m），但在坳陷部分厚5 000 m。在马都拉岛上发育厚7 000 m左右的中新统和渐新统。古近系与前新生界呈区域不整合，古近系部分覆盖于盆地基底或覆盖在基底高之上。

2-15-2 东爪哇盆地地层对比图

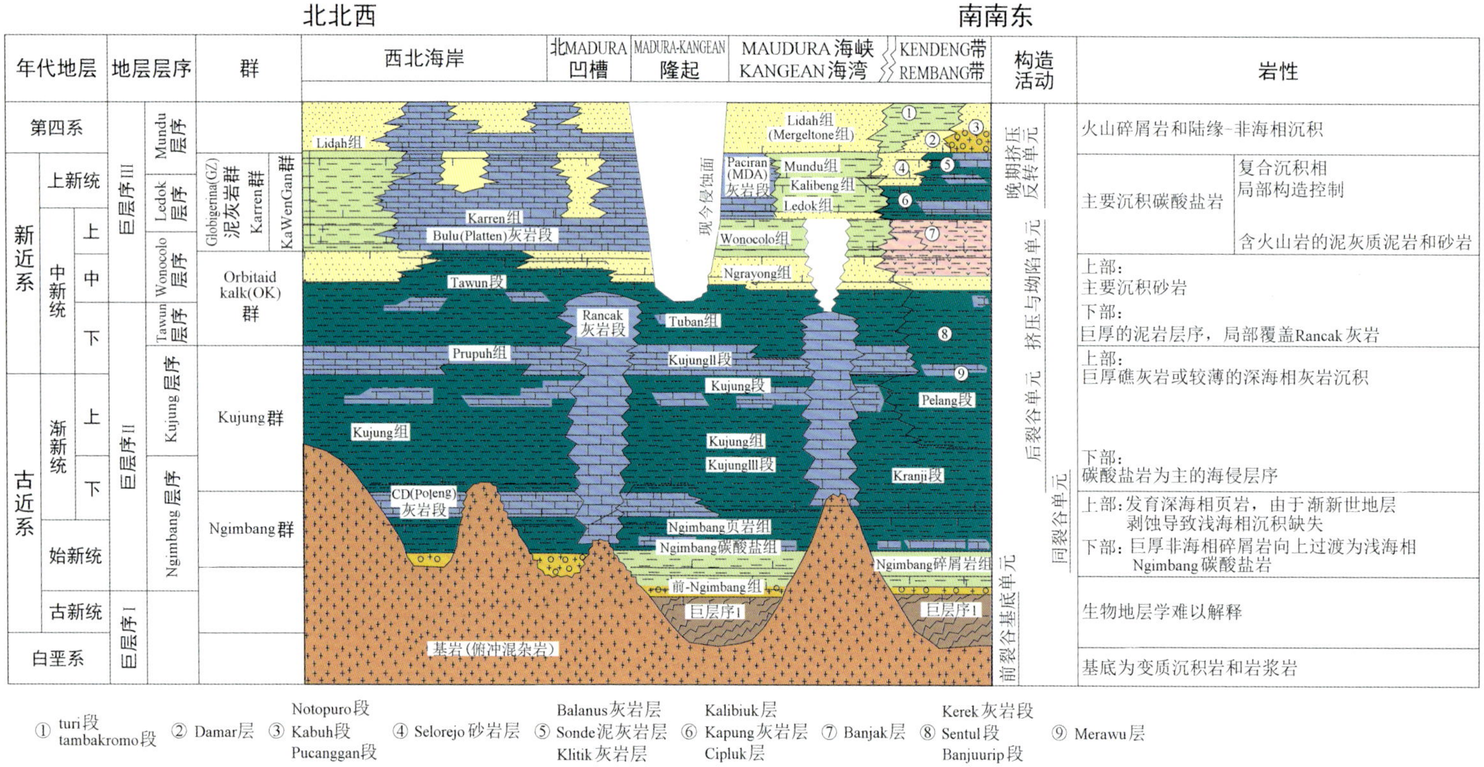

始新统：前Ngimbang组由页岩、砂质泥岩、砂岩和煤组成，为冲积—泛滥平原相沉积环境。地层最小厚度为59.44 m，由砂岩、页岩和煤组成，底部为河流三角洲沉积，向上逐渐过渡到浅海相沉积。Ngimbang组是东爪哇盆地最重要的烃源岩，平均厚度约700 m。碳酸盐岩组地层最大厚度350 m，由碳质页岩、灰岩和泥灰岩组成，为浅海大陆架沉积环境。Ngimbang 页岩组地层最大厚度240 m，由页岩、灰岩和煤组成，为开阔海沉积环境。

渐新统：CD灰岩段（Poleng组）属于Ngimbang页岩组，地层最大厚度100 m，为浅海大陆架沉积环境。Kujung群地层平均厚度800 m，包括Kujung组、KujungⅢ段和KujungⅡ段地层，主要由泥岩和灰岩组成，为大陆架沉积环境，其中Kujung组是盆地主要的储层。

中新统：Tuban组相当于Kerek组地层，厚度300~2 130 m，主要由砂岩、页岩和碳酸盐岩组成，为大陆坡沉积环境。Ngrayong 组相当于Kerek 组的地层，平均厚度230 m，由石英砂岩、泥岩、灰岩和煤组成，为过渡相和大陆架沉积环境。Wonocolo 组相当于Bulu灰岩段和Banjak段的地层，主要岩性由泥灰岩、页岩、灰屑岩和石英砂岩组成，为浅海沉积环境。

上新统：Ledok段相当于Paciran 灰岩段、Kalibeng组、Karren组的地层，厚度250 m，为大陆架沉积环境。Mundu段包括Balanus灰岩层、Klitik灰岩层、Selorejo砂岩段和Sonde泥灰岩层，与Paciran灰岩段、Kalibeng组和Karren组相当，地层最大厚度255 m，岩性为页岩、砂岩、泥灰岩和火山碎屑岩，属于大陆斜坡沉积环境。

更新统Lidah 组：地层最大厚度300 m，由海相页岩、灰泥岩、火山碎屑岩和砂岩组成，为大陆架沉积环境。

2-15-3 东爪哇盆地南部始新世—上新世沉积相分布图

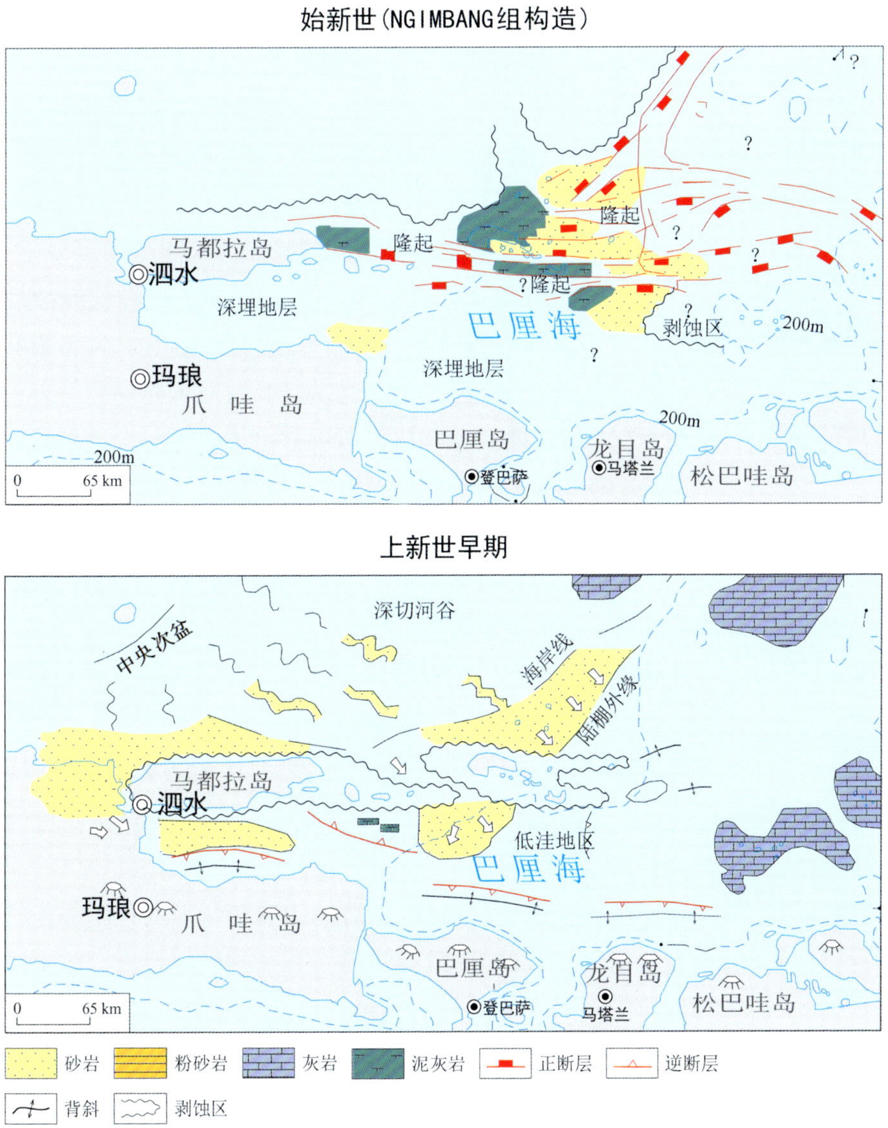

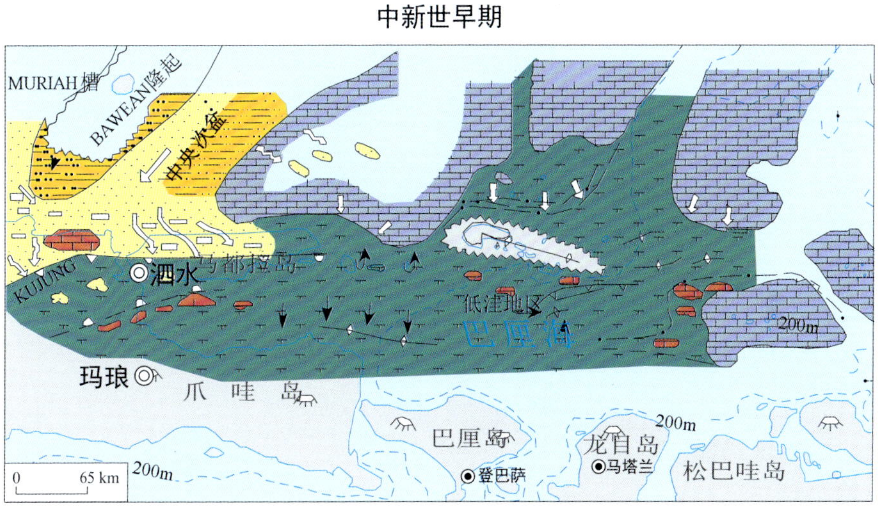

东爪哇盆地发育4个主要构造沉积单元：前裂谷基底单元、同裂谷期单元、挤压与坳陷单元和晚期挤压反转单元（杨忠福等，2011）。

裂谷前基底单元：在白垩纪的末期，印度—澳大利亚板块和太平洋板块分别向北和西漂移，两者均俯冲至欧亚大陆板块下面，基底的岩石属于加积堆积在欧亚板块之上混杂岩，由变质泥岩、火成碎屑岩、辉长岩、花岗岩、闪长岩、英安岩、安山岩和角闪岩组成。

同裂谷期单元：始新世至中新世早期，东爪哇盆地处于弧后拉张环境，广泛发育了地垒、半地堑及正断层，并接受了局部的沉降和沉积。该单元的沉积作用受强烈的构造控制。

挤压与坳陷单元和晚期挤压反转单元：中新世中期至今，盆地主体处于挤压环境，导致早期的正断层重新活动，形成正反转和逆冲构造。整体上，东爪哇盆地的构造表现为上下分层的样式，分界面位于Tuban组泥岩内。深层构造为早期形成的裂谷和后期遭受挤压形成的正反转背斜，而浅层表现为逆冲褶皱构造，在局部发育角度不整合。

2-15-4 东爪哇盆地构造格架图

东爪哇盆地的构造是前新生代基底地形的继承性构造，海上部分由一系列NE—SW走向隆起（背斜）和次盆（地堑）相间组成，其中隆起断块的一侧以张性正断层为界，而陆上部分构造主体为E—W走向。

东爪哇盆地新生代的构造演化可分为4个阶段：始新世、渐新世两期裂谷和中新世、上新世—更新世两期挤压。

始新世裂谷期：在古近纪早期，印度板块和欧亚板块发生碰撞。从始新世开始，印度—澳大利亚板块向北俯冲于印度尼西亚之下东爪哇地区形成了NE—SW向的弧后裂谷盆地。东爪哇盆地是这些弧后裂谷性盆地中的一个，在其内部发育NE—SW走向的大型正断层，控制了盆地早期的沉积作用，主要充填河流、湖泊相的泥岩和页岩，大致对应于Ngimbang组。裂谷沉积之后伴随着短暂的热沉降阶段，对应Kujung组底部的碳酸盐岩沉积期。

渐新世裂谷期：始新世晚期开始，印度—澳大利亚板块俯冲方向由近S—N向转变为NE—SW向，导致东爪哇盆地在渐新世时期发育了第二期裂谷。东爪哇盆地发育的裂谷走向转变成近N—W向，叠加在早期的NE—SW向裂谷之上。Kujung组上部的碳酸盐岩沉积期可能对应了这期裂谷沉积之后短暂的热沉降阶段。渐新世中期，除卡里汶爪哇（Krimunjawa）岛弧和劳特（Laut）隆起外，海水覆盖了绝大部分地区。

中新世挤压期：约15 Ma开始，东爪哇南侧的Roo隆升洋底高原与欧亚板块发生碰撞，东爪哇地区遭受强烈的挤压，东爪哇盆地内早期的正断层方向发生反转，形成正反转构造。这期挤压导致Kujung组上部地层形成平缓的背斜。大多数反转构造是由于边界正断层的活动性质发生逆转而形成，地层抬升是受古近纪断层几何形态所控制。

上新世—更新世挤压期：3.5~2 Ma以来，东爪哇东侧，澳大利亚板块与其北面的岛弧发生碰撞，这期变形远程影响到东爪哇地区，形成了一系列E—W走向的紧闭褶皱和逆断层，并明显识别出上新世的角度不整合，从西到东，变形强度逐渐降低。在这个时期，火山活动也表现得更加活跃。

2-15-5 东爪哇盆地典型地质剖面图

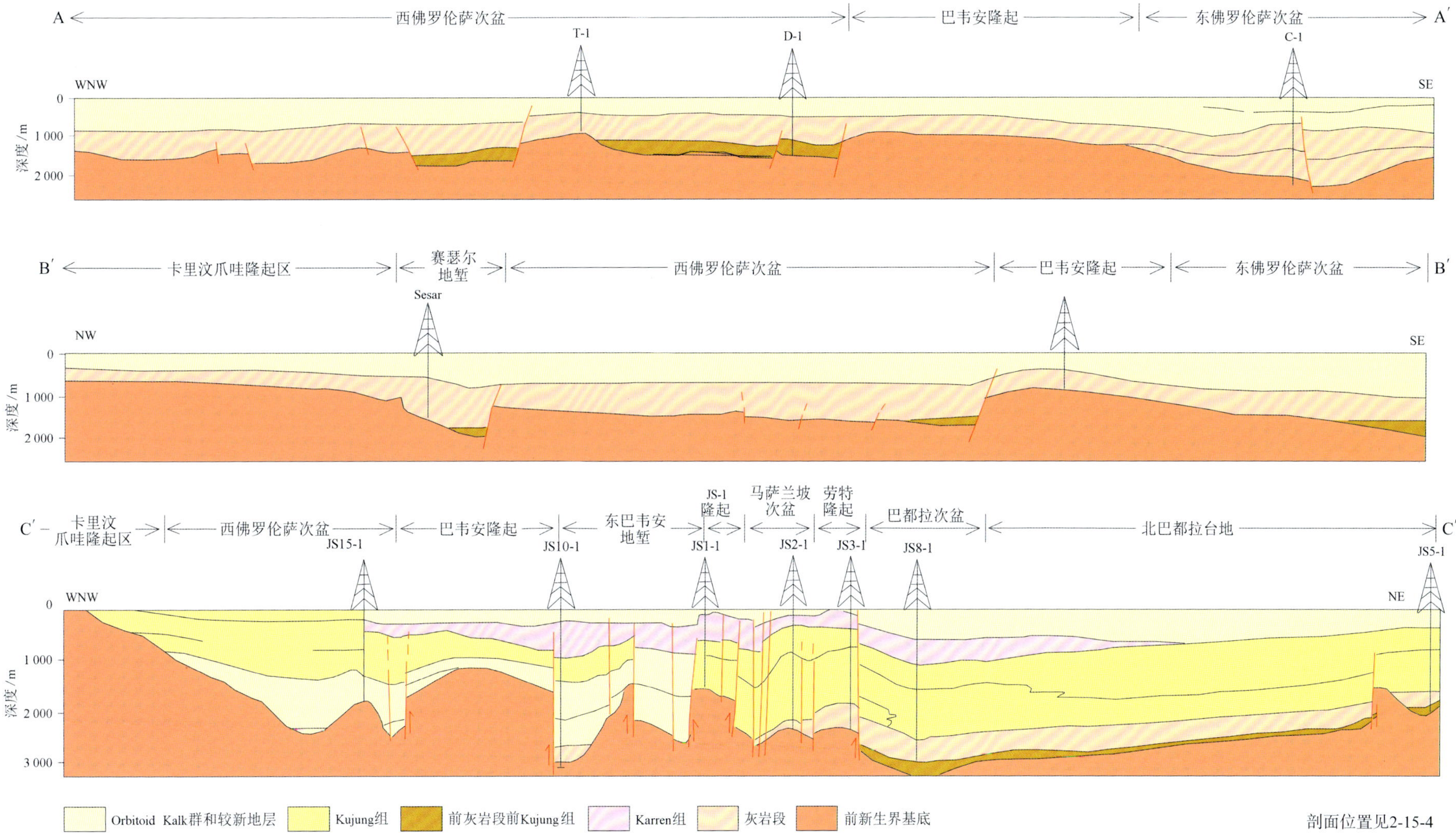

剖面位置见2-15-4

2-15-6 东爪哇盆地基底埋深构造图

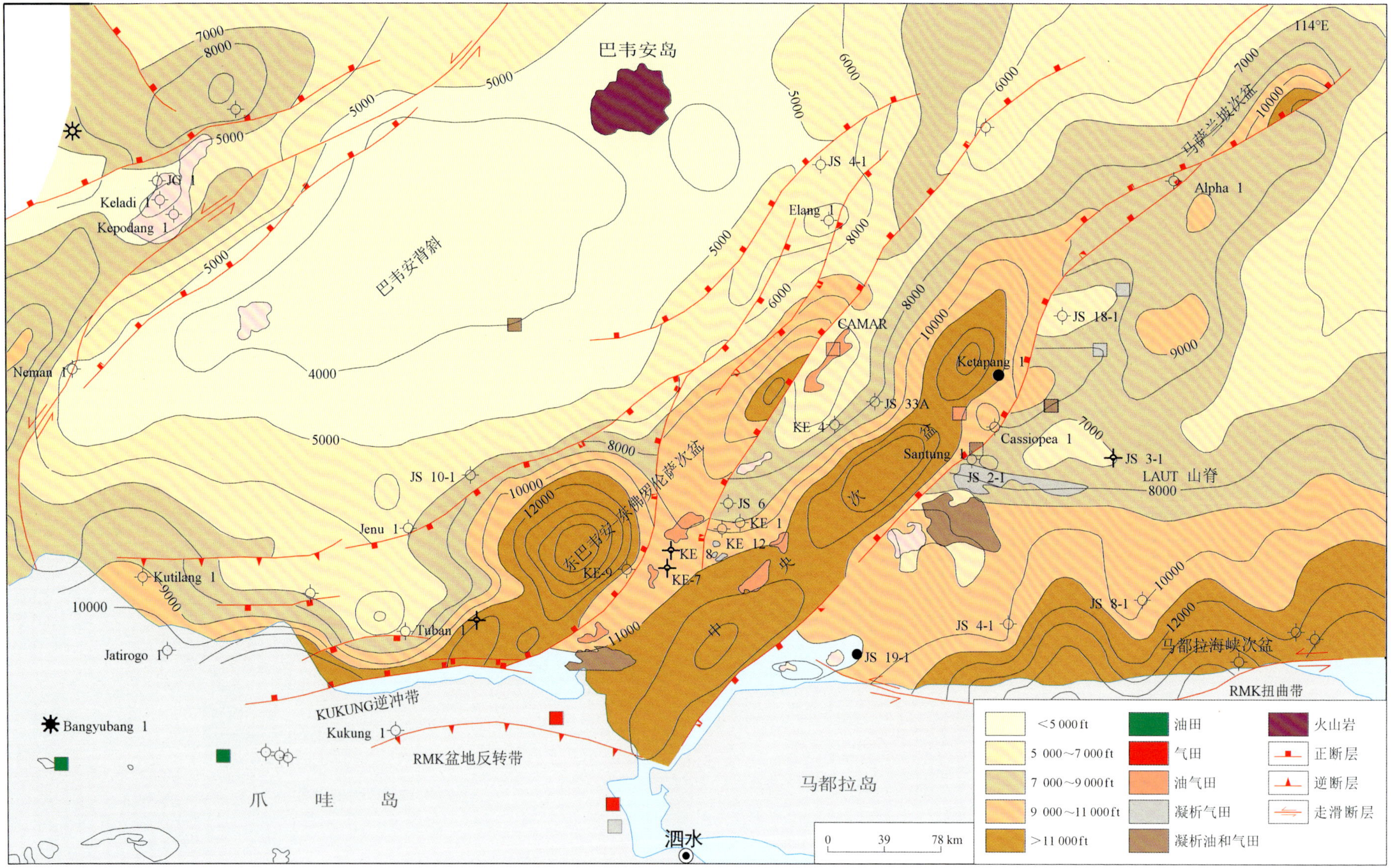

据杨福忠等，2011，修改

2-15-7 东爪哇盆地烃源岩灶和油气田分布图

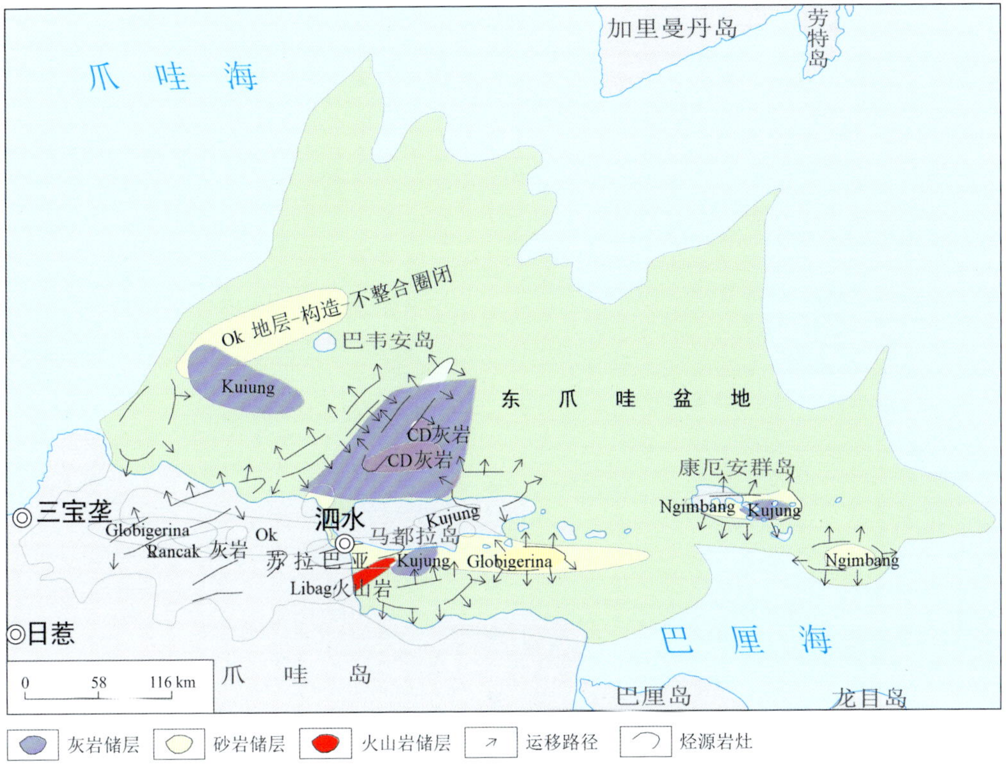

东爪哇盆地主要发育7套烃源岩，分别为下—中始新统前Ngimbang组页岩和煤、中—上始新统Ngimbang碎屑岩组页岩和煤、上始新统Ngimbang碳酸盐岩组页岩、上渐新统—下中新统Kujung 组泥灰岩、下—中中新统Tuban组页岩、中中新统Ngrayong组煤层和上中新统—下上新统Ledok组页岩。其中，下—中始新统前Ngimbang 组的煤生烃潜力巨大，上渐新统—下中新统Kujung 组页岩和中—上始新统Ngimbang碎屑岩组页岩可作为主要的烃源岩，上中新统—下上新统Ledok 组页岩和中中新统Ngrayong组煤层具有生成生物气的潜力。

东爪哇盆地的储层存在于古近系—新近系层序中，包括前Kujung、Kujung、Orbitoid Kalk、Gloigerina和Mergeitone地层的碎屑岩和碳酸盐岩。最重要的储层是前Kujung、Kujung、Orbitoid Kalk和Gloigerina组。在海上部分，Kujung地层Ⅰ单元的中新世碳酸盐岩礁体和浅滩具有商业性油气聚集的储层，但其孔隙度变化范围大，平均值约18%。在陆上，主要储层为Orbitoid Kaik和Globigerina组。在这些储层中，Ledok和Ngrayong砂岩是主要储层。前Kujung组的砂岩分布于陆架区域。在Kangean海湾，Ngimbang碎屑岩的砂岩是最有潜力的储层。

东爪哇盆地盖层为泥岩及低渗透率的碳酸盐岩。主要盖层有始新世（Ngimbang地层）的泥岩夹层、晚渐新世—早中新世（Kujung单元Ⅱ和Ⅲ）的泥岩互层，都是相应碎屑岩和碳酸盐岩储层的局部盖层。中中新世（下Orbitoid Kalk群）的钙质泥岩和页岩，是Kujung单元碳酸盐岩Ⅰ（早—中中新世）储层的局部盖层和区域盖层。晚中新世—早上新世（Globigering群）的泥灰岩和页岩夹层，是Ngrayong Member砂岩储层（中中新世）、Wonocolo以及Ledok和Mundu储层（晚中新世—早上新世）的局部盖层和区域盖层。早更新世（Mergeltone地层）的泥岩，是Selorejo砂岩储层的层内盖层。

东爪哇盆地主要发育构造圈闭、地层圈闭以及复合圈闭。构造圈闭包括背斜、正断层、逆断层、冲断层、倾伏褶皱等形成的构造圈闭。目前发现的大型油田，如BALUN-TOBO油田、BATUR油田、BUKIT TUA油田、CENDANA油田都是以构造圈闭为主。其次为岩性圈闭以及沉积尖灭、地层上超、生物礁、不整合面遮挡形成的圈闭，地层圈闭主要是由晚渐新世—早中新世海侵过程中的生物礁形成。虽然在Bawean地区主要是一些斑礁和尖礁，但这些生物礁广泛发育裂缝，也是良好储集层。复合圈闭主要包括地层–构造圈闭、构造–不整合圈闭、地层–构造–不整合圈闭、地层–不整合圈闭和构造–不整合圈闭。

2-15-8 东爪哇盆地成藏组合类型示意图

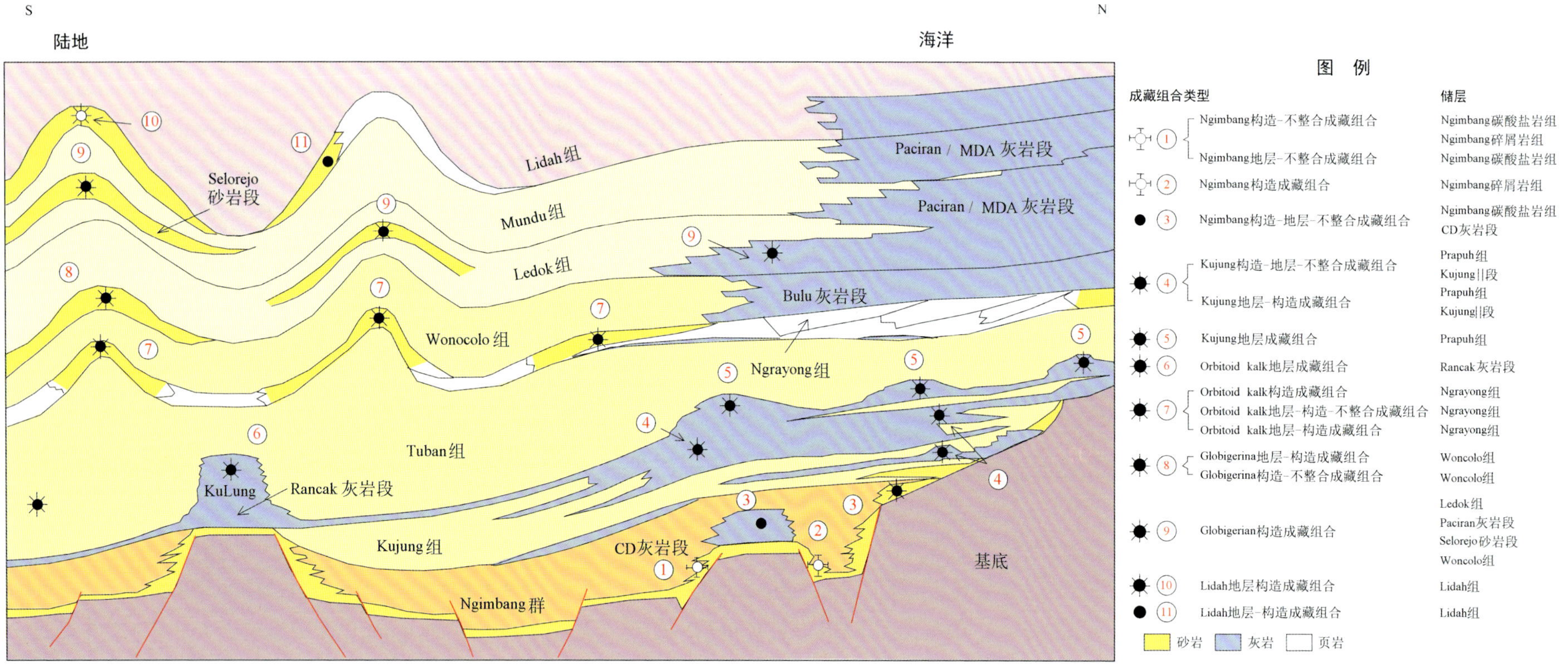

东爪哇盆地始新统—更新统发育Globigerina成藏组合、Kujung成藏组合、Lidah成藏组合、Ngimbang成藏组合和Orbitoid Kalk成藏组合，共包括16个成藏组合和许多成藏组合类型。其中，Globigerina构造成藏组合、Kujung 地层成藏组合、Kujung 地层–构造成藏组合、Kujung 地层–构造–不整合成藏组合、Ngimbang地层–构造–不整合成藏组合、Ngimbang构造成藏组合、Orbitoid Kalk地层成藏组合、Orbitoid Kalk地层–构造成藏组合和Orbitoid Kalk构造成藏组合是主要成藏组合类型。

Globigerina构造成藏组合：储层为Wonocolo组石英砂岩、Mundu组火山碎屑岩，Mundu组、Ledok组和Lidah组的页岩夹层作为局部盖层。圈闭类型主要为构造圈闭，包括倾伏褶皱、背斜、正断层、逆断层等形成的圈闭。据统计，该成藏组合石油储量16×10^6t，占盆地总储量9%；凝析油储量1.4×10^6t，占盆地总储量9%；天然气储量$59.01\times10^9m^3$，占盆地总储量17%。

Kujung 地层成藏组合：位于Bawean背斜、Cepu次盆、中央凹陷、北部的马都拉台地和南马都拉次盆。储层为KujungⅠ段灰岩组，盖层为Tuban 组泥岩。圈闭类型主要为地层圈闭，包括有机质建造和生物礁。据统计，该成藏组合石油储量31×10^6t，占盆地总储量17%；凝析油储量6×10^6t，占盆地总储量34%；天然气储量$56.66\times10^9m^3$，占盆地总储量16%。

Kujung 地层–构造成藏组合：位于Cepu次盆和海上的马都拉地区，Cepu次盆和Kangean隆起发现大量的天然气。储层为Kujung组灰岩，上覆中中新统Tuban地层中的页岩可作为KujungⅠ储层的盖层，KujungⅡ和Ⅲ段内的页岩可作为局部盖层。圈闭类型主要为地层–构造圈闭，包括有机质建造形成的地层圈闭，以及断层和背斜圈闭。据统计，该成藏组合带石油储量12×10^6t，占盆地总储量6%；凝析油储量13×10^6t，占盆地总储量8%；天然气储量$58.72\times10^9m^3$，占盆地总储量17%。

Kujung 地层–构造–不整合成藏组合：位于Cepu次盆和海上的马都拉地区。主要储层为Kujung组灰岩，上覆中中新统Tuban地层中页岩可作为KujungⅠ储层的盖层，KujungⅡ和Ⅲ段内的页岩可作为局部盖层。圈闭类型主要为地层–构造–不整合圈闭，包括有机质建造以及断层、背斜圈闭。据统计，该成藏组合带石油储量68×10^6t，占盆地总储量37%；天然气储量$65.47\times10^9m^3$，占盆地总储量19%。

Ngimbang地层–构造–不整合成藏组合：位于海上的马都拉地区和Kangean隆起区。储层为Ngimbang 组碳酸盐岩、CD灰岩段，盖层为Ngimbang 组页岩。圈闭类型主要为地层–构造–不整合圈闭，包括有生物礁、古地形、不整合面形成的地层圈闭和背斜圈闭。据统计，该成藏组合带石油储量9.7×10^6t，占盆地总储量5%；凝析油储量0.44×10^6t，占盆地总储量3%；天然气储量$2.1\times10^9m^3$，不足盆地总储量的1%。

Ngimbang构造成藏组合：位于Cepu次盆，马都拉地区的海上部分和Kangean隆起。储层主要为Ngimbang 碳酸盐岩和Ngimbang碎屑岩，层间页岩可作为局部盖层，构造圈闭主要包括断块背斜、反转背斜和扭动背斜。Pagerungan气田主要为构造圈闭，为一个狭长的东西向背斜，该构造在始新世期间是一个地堑，后来由于挤压、高角度反转形成现今的格局。据统计，该成藏组合带石油储量0.7×10^6t，不足盆地总储量1%；凝析油储量2×10^6t，占盆地总储量12%，天然气储量$41.8\times10^9m^3$，占盆地总储量12%。

Orbitoid Kalk地层成藏组合：位于Cepu地区和马都拉海上地区。储层为Rancak灰岩段，盖层为Tuban组的页岩和泥岩。圈闭类型主要为地层圈闭，以生物礁圈闭为主。据统计，该成藏组合石油储量8.4×10^6t，占盆地总储量5%；天然气储量$2.99\times10^9m^3$，不足盆地总储量1%。

Orbitoid Kalk构造成藏组合：储层为Ngrayong组石英砂岩、煤质石英砂岩，层内页岩可作为局部盖层。圈闭类型主要为地层–构造–不整合圈闭，包括岩性圈闭、背斜圈闭和不整合圈闭。据统计，该成藏组合天然气储量$22.12\times10^9m^3$，占盆地总储量6%。

综合分析认为，东爪哇盆地勘探重点仍集中在碳酸盐岩成藏组合中，尤其是在盆地北部的陆架方向。Kujung碳酸盐岩成藏组合是最近10年发现油气最多的成藏组合类型，在未来勘探中仍然具有非常大的潜力。

2-15-9 东爪哇盆地成藏组合评价表

成藏组合名称	成藏组合类型	石油（10^6t）及占比	天然气10^8m^3）及占比	凝析油（10^6t）及占比	储层	盖层	已发现油气藏个数	成藏组合级别
更新统 Lidah 成藏组合（未证实成藏条件是否优越）	Lidah 地层 – 构造	0.12（<1%）	0	0	Tambakromo 段	LIdah 组页岩	2	次要
	Lidah 构造	1.84（1%）	128.86（4%）	0	LIdah 组火山碎屑岩	LIdah 组页岩	4	次要
	小计	1.96（<2%）	128.86（4%）	0				
上中新统—上上新统 Globigerina 成藏组合（已证实具备优越成藏条件）	Globigerina 构造 – 不整合	1.63（<1%）	0.67（<1%）	0	Wonocolo 组石英砂岩	Wonocolo 组页岩和泥灰岩	1	有利
	Globigerina 构造	15.84（9%）	590.14（17%）	1.36（9%）	Wonocolo 组石英砂岩、Ledok 组海绿石砂岩、Mundu 组火山碎屑岩、Paciran 灰岩段	Ledok 组页岩、Mundu 组页岩和泥灰岩	29	主要
	Globigerina 地层 – 构造	1.69（<1%）	0	0	Wonocolo 组石英砂岩、Mundu 组火山碎屑岩	Wonocolo 组页岩和泥灰岩、Mundu 组页岩和泥灰岩	6	有利
	小计	19.16（<10%）	590.81（<18%）	1.36（9%）				
下—中中新统 Orbitoid Kalk 成藏组合（已证实具备优越成藏条件）	Orbitoid Kalk 构造	30.00（16%）	103.84（3%）	5.15（32%）	Tuban 组、Ngrayong 组	Tuban 组、Ngrayong 组、Tawun 段	29	主要
	Orbitoid Kalk 地层 – 构造 – 不整合	0	221.20（6%）	0	Ngrayong 组	Ngrayong 组	2	有利
	Orbitoid Kalk 地层 – 构造	1.32（<1%）	0	0	Ngrayong 组	Ngrayong 组	2	有利
	Orbitoid Kalk 地层	8.38（5%）	30.00（<1%）	0	Rancak 灰岩段	Tuban 组	3	有利
	小计	39.70（<22%）	355.03（<10%）	5.15（32%）				
中渐新统—下中新统 Kujung 成藏组合（已证实具备优越成藏条件）	Kujung 地层 – 构造 – 不整合	68.16（37%）	654.71（19%）	0	Kujung Ⅰ～Ⅲ段	Kujung Ⅰ～Ⅲ段、Tuban 组	12	主要
	Kujung 地层 – 构造	11.61（6%）	587.16（17%）	1.35（8%）	Kujung Ⅰ～Ⅲ段	Kujung Ⅰ～Ⅲ段、Tuban 组	20	主要
	Kujung 地层	30.59（17%）	566.64（16%）	5.48（34%）	Kujung Ⅰ段	Tuban 组	12	主要
	小计	110.36（60%）	1,808.51（52%）	6.82（42%）				
中—上始新统 Ngimbang 成藏组合（已证实具备优越成藏条件）	Ngimbang 构造 – 不整合	0	110.63（3%）	0.20（1%）	Ngimbang 碎屑岩组、Ngimbang 碳酸盐岩组	Ngimbang 碎屑岩组、Ngimbang 页岩组	1	有利
	Ngimbang 构造	0.70（< 1%）	418.04（12%）	2.00（12%）	Ngimbang 碎屑岩组、Ngimbang 碳酸盐岩组	Ngimbang 碎屑岩组、Ngimbang 页岩组	4	主要
	Ngimbang 地层 – 不整合	1.70（<1%）	1.82（<1%）	0	Ngimbang 碳酸盐岩组	Ngimbang 页岩组	1	有利
	Ngimbang 地层 – 构造 – 不整合	9.70（5%）	21.03（<1%）	0.44（3%）	Ngimbang 碳酸盐岩组、CD 灰岩段	Ngimbang 页岩组、Kujung Ⅲ段	6	有利
	小计	12.07（<6%）	551.52（<13%）	2.64（16%）				

2-16 帝汶盆地区

2-16-1 帝汶盆地区域构造位置与油气田分布图

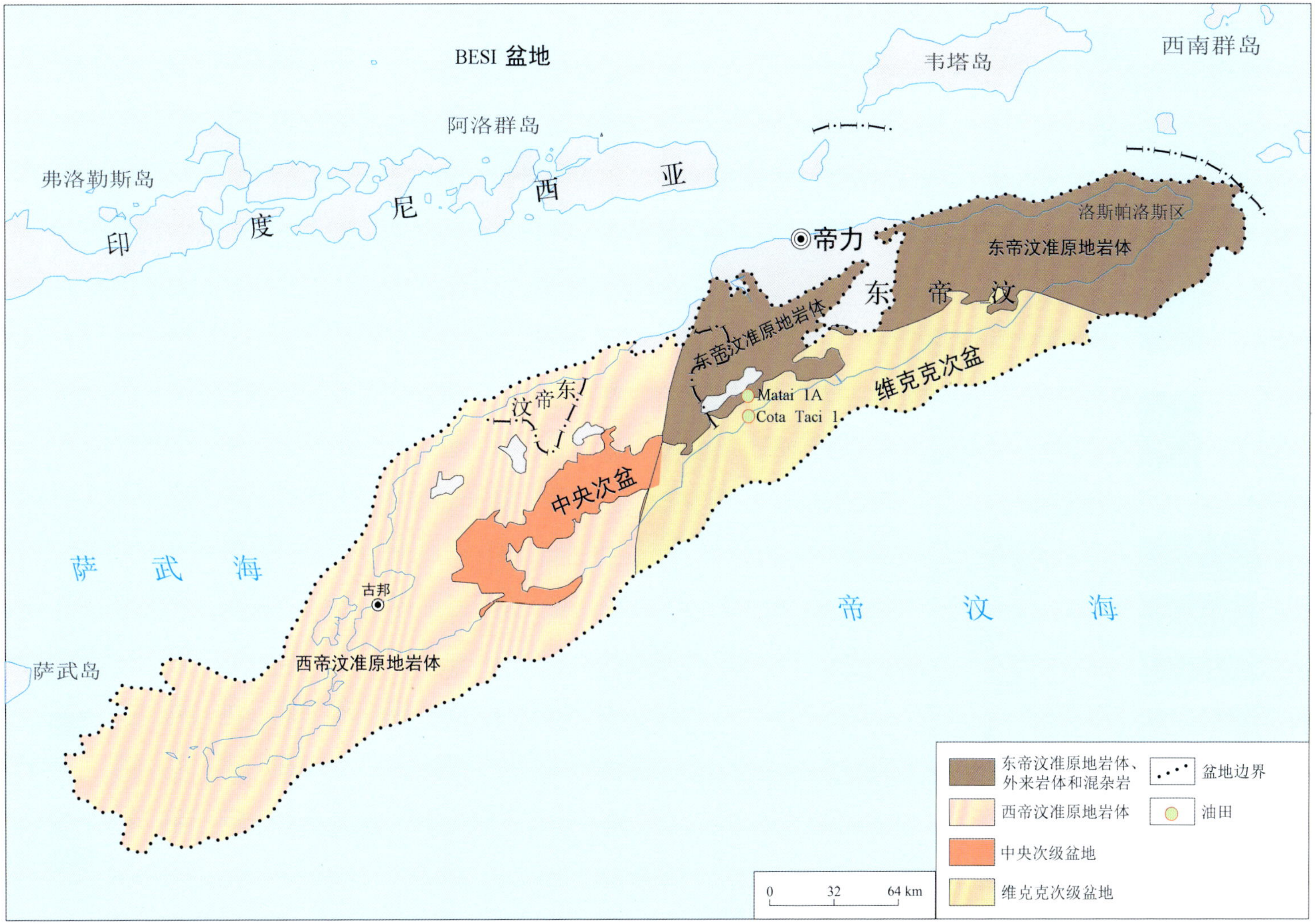

帝汶盆地（Timor Basin）包括帝汶、罗地岛和相邻的大陆架。帝汶岛位于澳大利亚西北约600 km处（8° 30 '—10° 30 ' S，122° 31 '—127° 30 ' E），盆地面积约5.1 × 10^4 km^2，大部分位于陆上。帝汶盆地的油气勘探工作很少，所有的钻井尚不能有效地探明盆地的构造情况，由于只有两个油气小发现，盆地目前尚未投入油气开发，盆地的勘探程度甚低。

2-16-2 帝汶盆地地层与石油地质综合柱状图

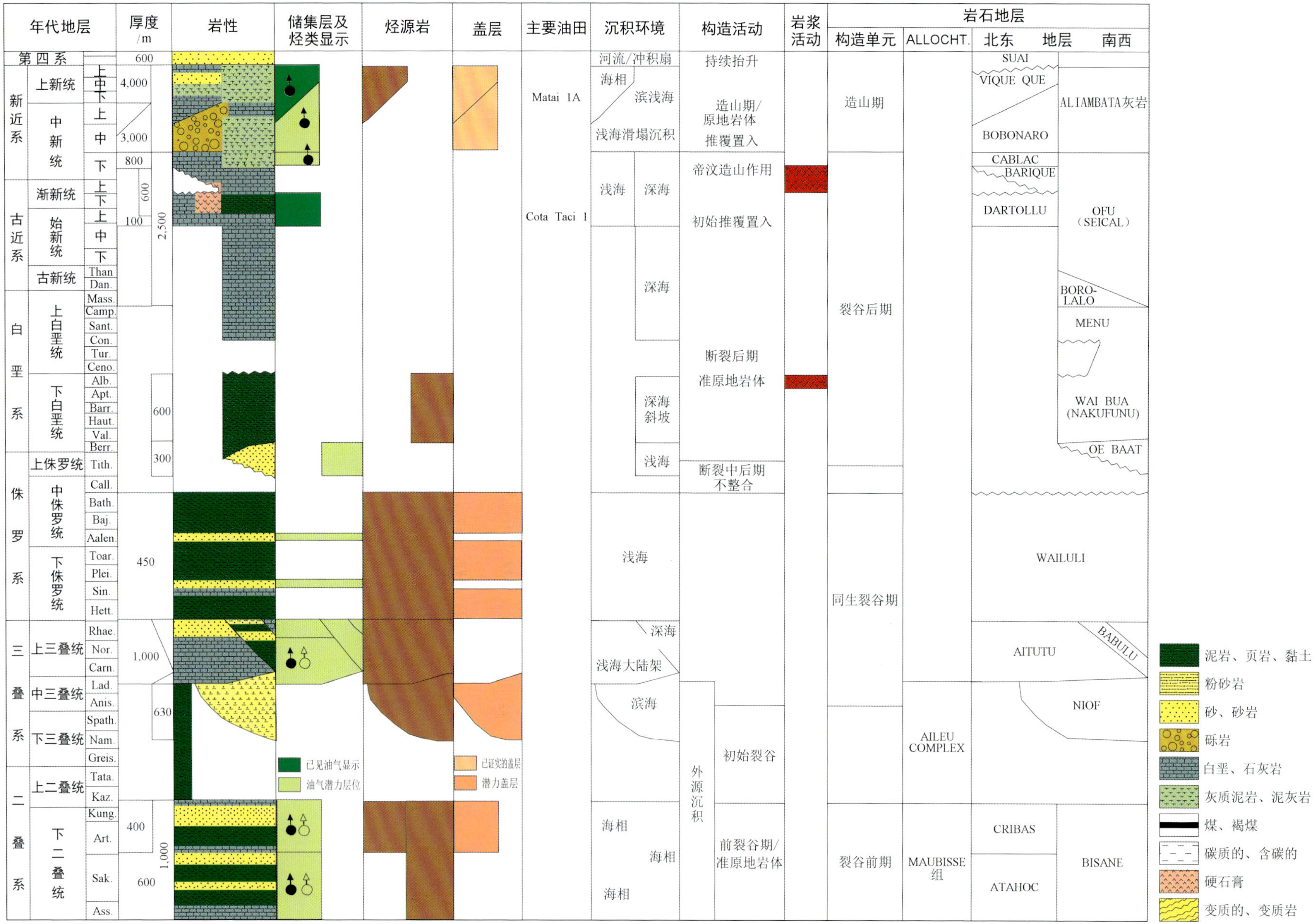

帝汶盆地主要发育晚古生代以来地层，其地层特征如下。

下二叠统：Maubisse组（东帝汶）为低能开阔海条件下沉积的灰岩和页岩，主要由砂屑灰岩、灰质页岩、玄武岩和火山碎屑岩组成。与上覆Cribas组不整合接触，Ailen Complex以冲断层面接触，与下伏Atahoc组不整合接触。Maubisse组（印尼）为陆相和海相沉积环境，主要由灰岩、玄武岩、火山碎屑岩、钙质黏土和灰质泥岩组成。Atahoc组为海相沉积环境，主要由页岩、砂岩、灰岩和火成岩组成，地层最大厚度600 m。Cribas组（东帝汶）为浅海–深海斜坡沉积环境，主要由页岩、粉砂质页岩、粉砂岩、石英砂岩、灰岩、灰泥岩和凝灰岩组成，地层厚度300~400 m。Bisane组为浅海和深海沉积环境，主要由页岩、灰质砂岩、安山岩、玄武岩和灰岩组成，地层厚度1 000~1 500 m。

上二叠统—下三叠统：Aileu Complex组（东帝汶）为浅海–深海相沉积环境，主要由板岩、石英岩、片岩、大理岩和闪岩组成。Niof组（印尼）为开阔海沉积环境，主要由页岩、粉砂岩、灰岩和砾岩组成，最大沉积厚度630 m。

上三叠统：Aitutu组（印尼）为浅海沉积环境，主要由灰质泥岩、页岩和灰屑岩组成，最大地层厚度1 000 m。Babulu组（印尼）为深海沉积环境，主要由页岩、砂岩、灰岩和粉砂岩组成。

下—中侏罗统：Wai Luli组（印尼）为浅海和受限海沉积环境，岩性主要为页岩、砂屑灰岩，最大地层厚度450 m。

下白垩统：Oe Baat组（印尼）为浅海至大陆斜坡沉积环境，沉积物主要是海绿石砂岩，地层厚度100~300 m。Wai Bua组为深海斜坡沉积环境，地层主要沉积含锰质结核的页石和富含软锰矿的泥岩，最大地层厚度600 m。

上白垩统：Menu组（印尼）为深海相沉积环境，岩性主要是灰岩。

古新统：Borolalo灰岩组为浅海相沉积环境，主要由灰泥岩和燧岩组成，最大地层厚度200 m。

始新统—渐新统：Ofu组（印尼）为深海相沉积环境，主要由放射虫岩、页岩、燧岩和泥灰岩组成，最大地层厚度2 500 m。Seical组（帝汶）为深海相沉积环境，主要由放射虫岩、页岩、燧岩和泥灰岩组成。Dartollu灰岩组（东帝汶）为浅海相沉积环境，主要由灰岩和灰屑岩组成，最大地层厚度100 m。

中新统：Barique组（东帝汶）为浅海相沉积环境，主要由凝灰岩、石英砂岩、玄武岩和蛇纹岩组成，广泛发育火山岩枕状构造。Cablac灰岩组为深海沉积环境，主要由灰质泥岩、鲕粒灰岩、灰屑岩和砾岩组成，最大地层厚度800 m，平均厚度为400 m。Bobonaro组（印尼）主要为海相沉积环境，由泥岩和角砾岩组成，最大地层厚度3 000 m，其中泥岩为深海斜坡相。该套地层由蓝灰色至灰、黑色长约500 m的泥岩组成，并包括砂岩、灰岩、变质岩以及二叠世至中新世的火山岩，地层在结构上是变化的，无层理，没有明显的水平标志，这些泥岩可塑性很强，形成底辟构造和泥火山。Bobonaro 组是一个构造混杂体，包括构造单元的滑动、刺穿和冲断层作用。

更新统：Aliambata灰岩组（印尼）为开阔海沉积环境，主要由灰岩和灰质泥岩组成，沉积物包括黄色的灰岩并夹杂有孔虫类。

上新统：Viqueque组（印尼）为海相沉积环境，以砂岩、泥灰岩和灰岩为主，在印尼最大地层厚度4 000 m，而在东帝汶以泥灰岩、黏土、白垩质灰岩、凝灰岩、石英砂岩为主最大地层沉积厚度130 m，地层向上沉积颗粒变粗，表明海退旋回开始，海盆变浅出现岛屿。

更新统：Suai组（印尼）为海相沉积环境，主要由砂岩组成，在东帝汶最大地层厚度600 m，主要为高能海退沉积环境的产物，广泛发育有孔虫类化石，是由海底泥岩重力滑塌形成的。在印尼主要沉积砂岩，与下伏Alianbata灰岩组不整合接触。

2-16-3 帝汶盆地地质图

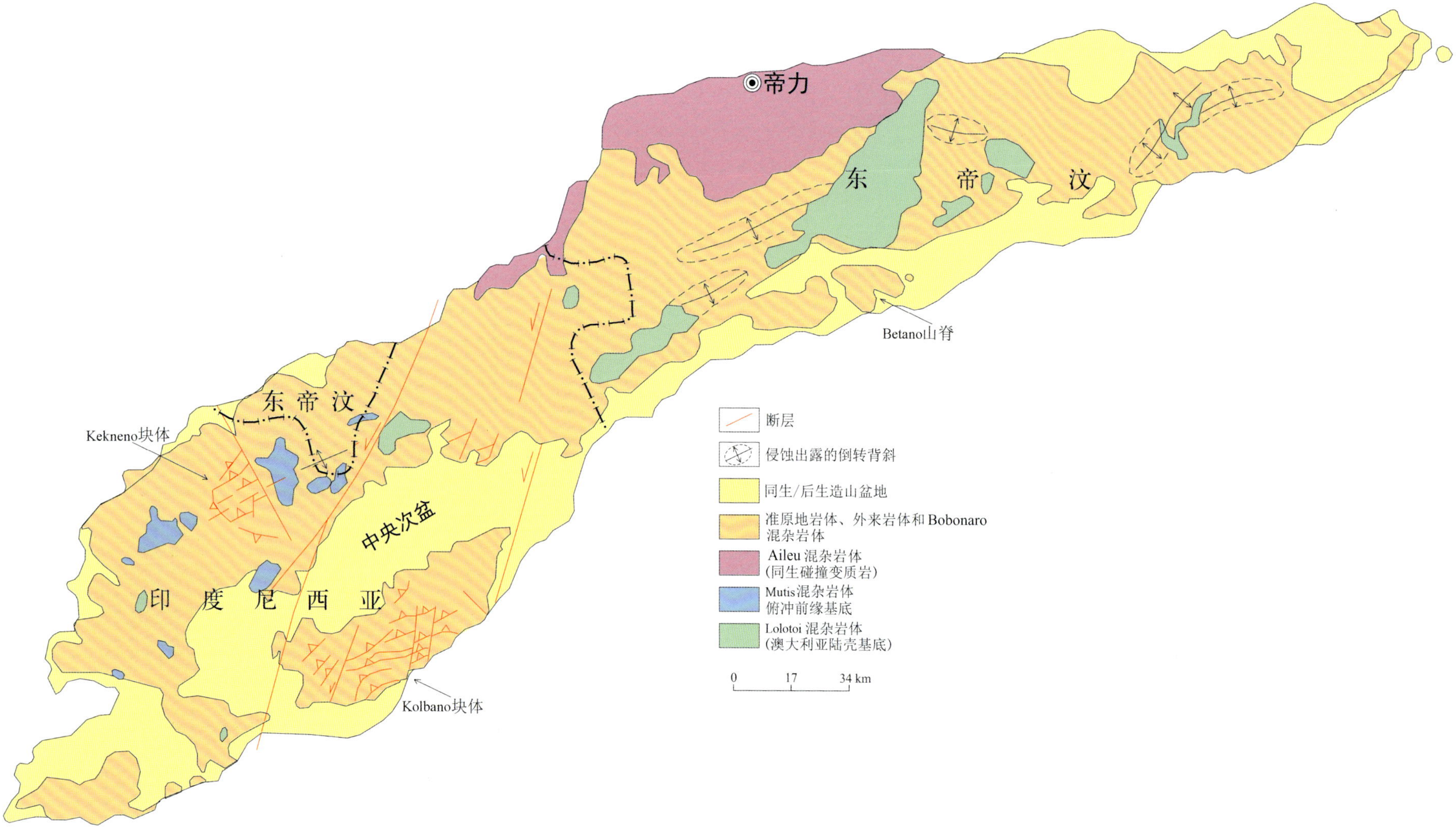

帝汶盆地是澳大利亚大陆边缘的强烈变形部分。沿澳大利亚西北陆架分布的大陆边缘沉积层序，称之为准原地沉积层序，沉积间断前的地层由二叠纪至中侏罗世陆架碎屑岩和碳酸盐岩组成，在晚侏罗纪形成了不整合，其上覆沉积了白垩系至古近系—新近系。外来层序包括前二叠纪至中新世的沉积岩和一系列冲断片体中的火山岩。主要的造山运动始于中新世末期，与澳大利亚板块和印度尼西亚岛弧系产生弧陆碰撞有关。同造山期与造山期后地层均称之为原地层序，帝汶岛的隆起始于这一时期。

2-16-4 帝汶盆地沉积层序与构造事件图

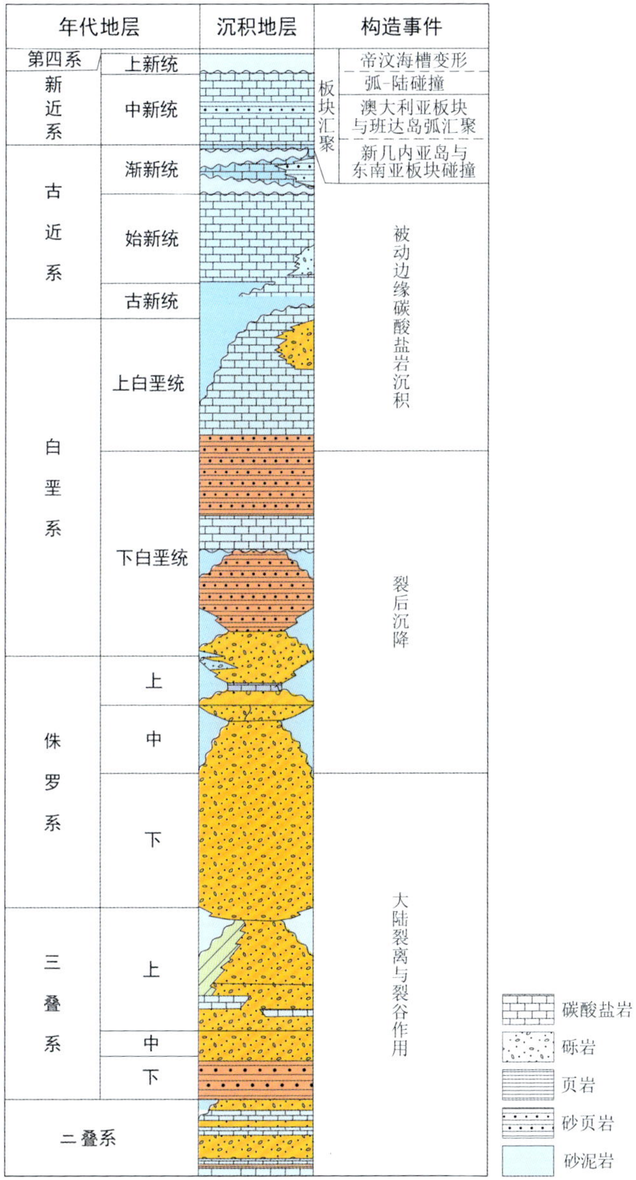

准原地沉积层序（澳洲边缘大陆架层序）：位于大陆架层序之下的基底由结晶千枚岩、片麻岩和变辉长岩的Lolotoi混杂岩体组成。大陆架（被动边缘）层序由二叠系至白垩系组成，最大沉积厚度约4 000 m。这一时期包括澳大利亚西北大陆架的卡洛夫斯沉积间断，因此，大陆架层序被细分为间断前和间断后的地层单元。间断前最老的沉积单元是二叠系Bisane组，其上覆于Lolotoi混杂岩体之上。间断后中生界由Anisian至Ladinia Niof组构成，岩性为灰岩、泥灰岩和粉砂岩。侏罗系Wai Luli组由页岩和泥灰岩组成，厚450~1 500 m，位于间断前地层单元的顶部。

外来沉积层序（前二叠系至中新统）：最老的外来沉积层序是Motis混杂岩体，位于帝汶岛的西南部，由片麻岩、千枚岩、蛇纹岩、燧石和低质火山岩组成。Mutis混杂岩体是前二叠纪形成，构成了外来单元的基底，其上覆的外来沉积单元向东运移到西帝汶岛，最老的地层是Maubisse混杂岩体。

造山运动和造山运动后（原地）的沉积层序：在碰撞、构造位移和岛屿形成之后，帝汶岛大部分区域被剥蚀，同时伴随着相邻低洼处的快速沉积和凹陷的形成。中新世末至现今，外来沉积单元的构造位移造成帝汶褶皱带，在帝汶岛东缘陆架区地壳拗陷并形成了前陆盆地。此外，不同地块的位移以及板块快速汇聚形成了大型左旋平移断层，将帝汶岛错开。新近纪至今的造山运动及造山运动后的沉积层序由Bobonaro组和Viqlleque组所组成的构造混杂岩或滑动沉积岩。

2-16-5 帝汶盆地构造格架和典型地质剖面图

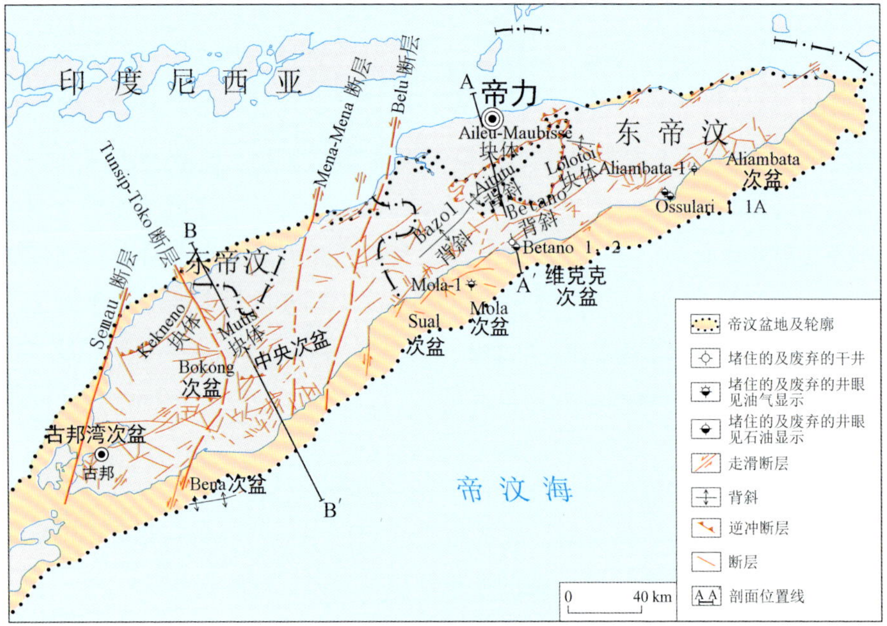

帝汶盆地构造格架图

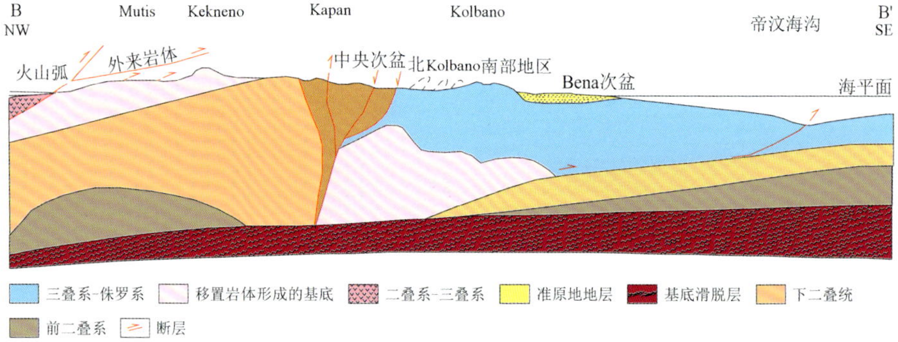

帝汶盆地B-B'地质剖面图

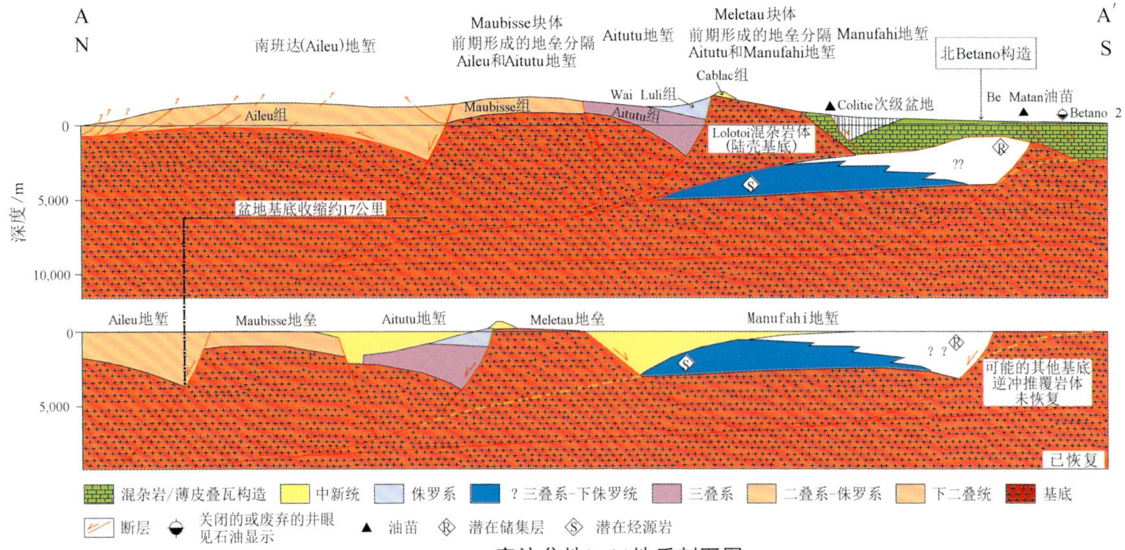

帝汶盆地A-A'地质剖面图

帝汶盆地是在晚侏罗世形成NE—SE向的裂谷构造。在古近纪—新近纪挤压期，裂谷构造又重新活跃，晚中新世至今的造山运动形成了现今的盆地构造格局，包括冲断岩席和NNE向左旋断层，以及冲断背斜和泥岩底辟构造。

2-16-6 帝汶盆地成藏组合评价表

成藏组合名称	石油储量（10^6 t）及占比	天然气储量(10^8 m^3)及占比	凝析油储量（10^6 t）及占比	储层	盖层	已发现油气藏个数	成藏组合级别
中新统—上新统 Viqueque 成藏组合 （未证实成藏条件是否优越）	0.001 （9%）	0	0	Viqueque 组 石英砂岩	Viqueque 组 泥灰岩	1	次要
	0.001 （9%）	0	0				
始新统—渐新统 Dartollu 成藏组合 （已证实具备优越成藏条件）	0.014 （91%）	0	0	Dartollu 灰岩	Viqueque 组 泥灰岩	1	主要
	0.014 （91%）	0	0				

帝汶盆地发育5套烃源岩，分别是下中新统Aitutu组页岩、中新统Aliambata灰岩组灰岩和灰质泥岩、下Sakmarian阶Atahoc组页岩和灰岩、下三叠系Babulu组页岩和下中新世Cablac灰岩组鲕粒灰岩。其中，始新世地层中的煤和页岩是盆地的主要烃源岩，而Laungshe和Yaw两套烃源岩的煤比页岩多。

帝汶岛上尚无可供商业开采的储层，迄今发现两个规模很小油气田，没有代表性。但在二叠纪至上新世的地层存在潜在的储层。Matai发现井在Viqueque组晚中新世石英砂岩中进行了测试，储层性质未知，Matai 1井日产油22 t。Cota Taci发现井位于Dartollu组礁灰岩中，地层的孔隙度和渗透率均较低，经测试日产油27.4 t。

帝汶盆地沉积中心原地地层单元，尤其是Bobonaro组泥岩可作为中生代和晚古生代的准原地陆架储层的区域性盖层。此外，在Bobonaro组盖层不发育的盆缘，Viqueque组泥岩和页岩可作为局部盖层，Wai Luli组泥灰岩和页岩为Aitutu组的局部盖层。

帝汶盆地目前勘探程度很低，发现的油气主要位于构造圈闭中，地层–构造复合圈闭也局部发现油气。

帝汶盆地主要发育Dartollu地层–构造成藏组合和Viqueque构造成藏组合。

Dartollu地层–构造成藏组合（次要成藏组合）：储层为Dartollu灰岩组灰岩，盖层为Viqueque组泥灰岩。圈闭类型主要为地层–构造圈闭，包括背斜构造圈闭和生物礁地层圈闭。该成藏组合中，仅仅发现了一个非商业性的油气藏（东帝汶最西部南海岸Cota Taci油气藏），油气藏的圈闭类型是一个NE—SW向的背斜圈闭，储层为Dartollu灰岩组（始新统），低孔低渗，晚始新世的造山期后沉积岩不整合地超覆在Dartollu灰岩组之上，形成地层圈闭。经统计在该成藏组合发现石油储量为0.014×10^6 t，占盆地总储量91%。

Viqueque构造成藏组合（次要成藏组合）：储层为Viqueque组石英砂岩，盖层为Viqueque组泥灰岩。圈闭类型主要为构造圈闭，包括背斜圈闭和断层圈闭。Viqueque构造成藏组合仅包含一个非商业性的Matai油气藏，距东帝汶最西部的Cota Taci 1岛约5 km。Matai油气藏的储层为晚中新统Viqueque组的海相砂岩，盖层是由海相页岩形成的层内盖层。经统计在这个成藏组合发现石油储量达0.0014×10^6 t，占盆地总储量9%。

帝汶盆地陆上和海上勘探都不成熟，盆地构造的复杂性使得目前还没有发现大型的油气田，而一些大型的构造仍具有勘探潜力。

2-17 北塞兰盆地

2-17-1 北塞兰盆地构造位置图

北塞兰盆地（North Seram Basin）位于印度尼西亚东部，紧靠班达岛弧的西北缘，面积为5.13×10^4 km^2。盆地一部分处于塞兰海的近海地带，一部分处于塞兰岛的滨海岸带。在大地构造上，北塞兰盆地处于印度—澳大利亚板块的澳大利亚大陆克拉通和太平洋、加罗林板块群之间，向东和向北均以塞兰海槽为界，盆地南部边界为一条大型平移断层。北塞兰盆地沿着滨岸的变质岩系展布，并继续延伸至塔卢提湾（Taluti Bay）的北部，成为东塞兰岛的南海岸带。塞兰岛是澳大利亚板块俯冲到班达岛弧之下形成的叠瓦状增生棱柱体，在主体增生楔处发育了一系列逆冲断层带，从而导致了增生棱柱体内部产生盆地或坳陷，形成北塞兰前陆盆地。

北塞兰盆地没有进行过广泛的地震勘探，最大的一次地震资料采集计划完成于1991年。在100多年的勘探中，共7次发现油气，而最大的发现是1994年的Oseil 井。1988年Nief Timur1井首次发现了深达2 000 m的储油层。Oseil 1井在2 300 m深处试油成功，推动了对该盆地的进一步地震勘探和钻探。目前，北塞兰盆地陆地的勘探程度较高，海上勘探程度较低。

2-17-2 北塞兰盆地地层与石油地质综合柱状图

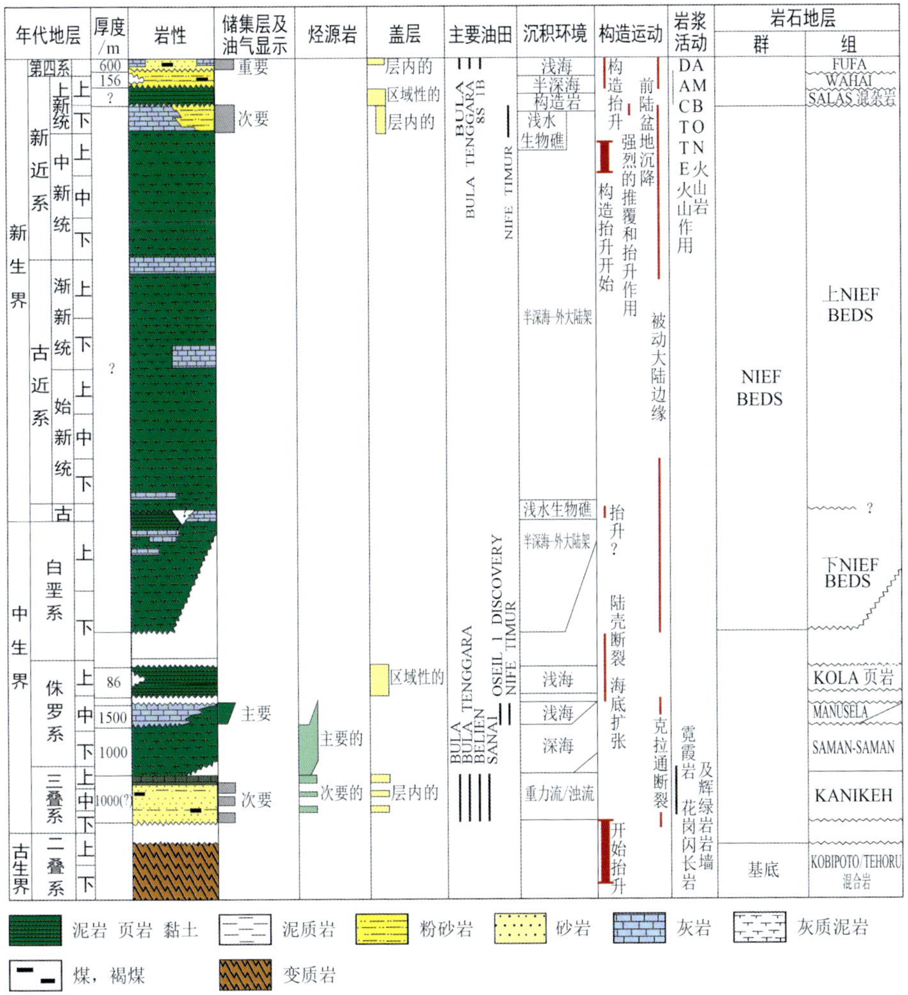

北塞兰盆地发育二叠纪以来的晚古生代、中生代和新生代地层，其地层特征如下。

二叠系基底：包括片岩和片麻岩，上覆地层缺失，其沉积年代是二叠系的阿瑟尔（Asselian）期至Tatarian期。

三叠系：Kanikeh组为近海至深海相沉积环境，由石质砂岩、粉砂岩、泥岩、灰屑岩、灰岩、砾岩和煤组成，最大地层厚度是1 000 m。

侏罗系：包括Saman–Saman灰岩组、Manusela组和Kola页岩组。Saman–Saman灰岩组为深海相沉积环境，岩性主要为泥灰岩、灰岩和燧岩，最大沉积厚度是1 000 m。Manusela组为浅海沉积环境，发育鲕粒灰岩，最大厚度为1 500 m，与上覆Kola页岩组不整合接触。Kola页岩组为近海至外大陆架沉积环境，主要由页岩和泥岩组成，与上覆Nief Beds和下伏Manusela组呈不整合接触。

白垩系—中新统：Nief Beds群为浅海—半深海相沉积环境，由灰质泥岩、灰质粉砂岩、泥灰岩和灰岩组成，与上覆Salas 混杂岩组以及下伏Kola页岩组呈不整合接触。

上新统：包括Salas 混杂岩组、Wahai组和Fufa组。Salas 混杂岩组为外陆架至半深海相沉积环境，由泥岩、石英砂岩、碳质粉砂岩和鲕粒灰岩组成，与上覆Wahai组以及下伏Nief Beds呈不整合接触。Wahai组为前海—深海沉积环境，由黏土、泥岩、粉砂岩和凝灰岩组成，最大地层厚度是156 m，与上覆Fufa组以及下伏Salas 混杂岩组呈不整合接触。

第四系：Fufa组为浅海相沉积环境，由砂岩、砾岩、灰岩、灰屑岩、泥岩、灰质粉砂岩、粉砂质砾石和褐煤组成，最大地层厚度是600 m，与下伏Wahai组不整合接触。在塞兰岛（Seram）海区Fufa组朝海方向地层变厚。

2-17-3 北塞兰盆地构造格架和典型地质剖面图

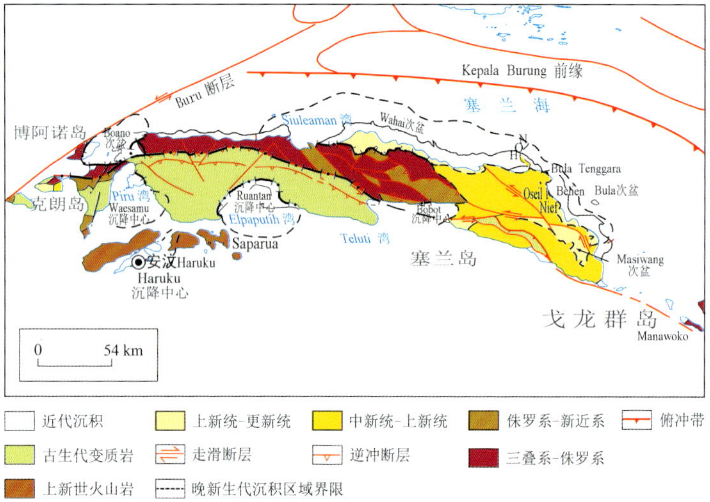

北塞兰盆地构造格架图

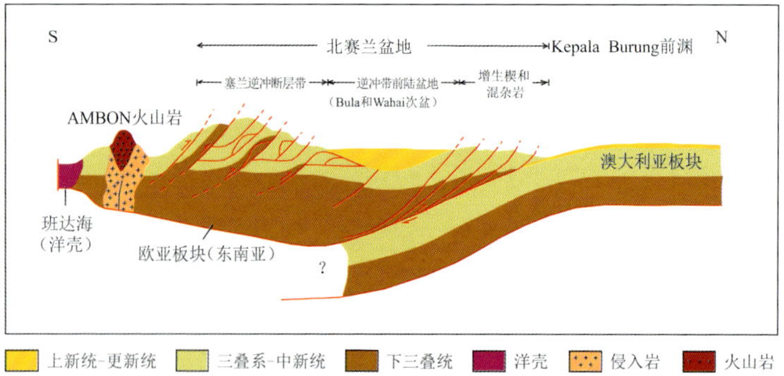

北塞兰盆地典型地质剖面图

综合分析认为，北塞兰盆地的构造演化可划分为7个阶段。

前裂谷阶段（早三叠世之前）：基底由变质程度从高到低的3个混杂岩体和Saku组构成。Kobipoto和Taunusa混杂岩体为深变质的二叠纪岩石，出露于塞兰中部。Tehoru混杂岩体以二叠纪低变质岩类为特征。盆地的西部和中西部发育Saku组的低级变质的板岩、变质碎屑岩和变质灰岩。

同裂谷阶段（早三叠世至中侏罗世）：三叠纪—侏罗纪，北塞兰盆地为广泛的沉降作用以及克拉通内断裂作用，并影响整个澳大利亚西北大陆边缘。早—中三叠世发生了一次海退，出露的基底被剥蚀，大量碎屑物质沉积在较深的地堑中，形成了河流—三角洲体系。中—晚三叠世，复理石沉积形成Kanikeh组，以不整合于变质混杂岩体上，伴随着海侵发生，盆地以碳酸盐岩沉积为主，使半深水至深水的碳酸盐岩沉积（Saman-Saman灰岩）逐渐覆盖在Kanikeh组碎屑岩之上。类似的沉积环境从晚三叠世一直持续到早侏罗世。

大陆破裂、海底扩张阶段（中侏罗世晚期至早白垩世）：晚侏罗世北塞兰盆地从克拉通内断裂向大陆破裂转变。沿着澳大利亚西北大陆边缘发生了海底扩张，形成了开阔海沉积。破裂和海底扩张作用使塞兰西部的三叠系陆壳与澳大利亚板块分离。破裂期以抬升、剥蚀和局部火山作用为特征，形成了一系列断层和半地堑构造。

裂后被动边缘阶段（早白垩世至晚中新世）：破裂期结束以后，构造处于平静期，主要以边缘坳陷盆地充填为特征，海侵作用使沉积环境迅速从外陆棚向陆棚斜坡和半深海环境转变，巨厚的深水钙质泥屑岩、燧石质页岩及泥灰岩在氧化的开阔条件下沉积。

晚期碰撞阶段（晚中新世至早上新世）：晚中新世至早上新世，向西北漂移的澳大利亚板块、向东漂移的欧亚板块和向西俯冲的太平洋板块之间发生了一次大规模俯冲碰撞，导致了塞兰岛大规模逆冲、抬升和剥蚀。沿NE—SW向的挤压作用使早期中生代扩张构造受到再次改造，在塞兰岛东部发育了NW—SE走向的背斜和逆冲断层。早上新世的逆冲和抬升阶段沉积的Salas混杂岩体，是滑塌堆积的沉积作用所致。

晚期坳陷阶段（晚上新世至早更新世）：晚上新世至早更新世以沉降为主，构造活动减弱。上新世以后，塞兰海槽的沉降速度降低，其构造机制由聚敛转变为以走滑为主。晚上新世至早更新世，沿着逆冲断层带分布一系列小的沉积中心，其沉积环境从重力滑塌为主转变为正常的外陆棚碎屑沉积和半深海沉积。

晚期挤压阶段（晚更新世至今）：晚更新世，伊里安查亚大陆与岛弧发生碰撞，使原有的挤压变形进一步发展成抬升和差异沉降，形成宽缓褶皱以及倾斜构造。这次构造事件使北塞兰盆地中部的中新世和更新世地层遭受剥蚀。

2-17-4 北塞兰盆地Kanikeh组构造和地层剖面图

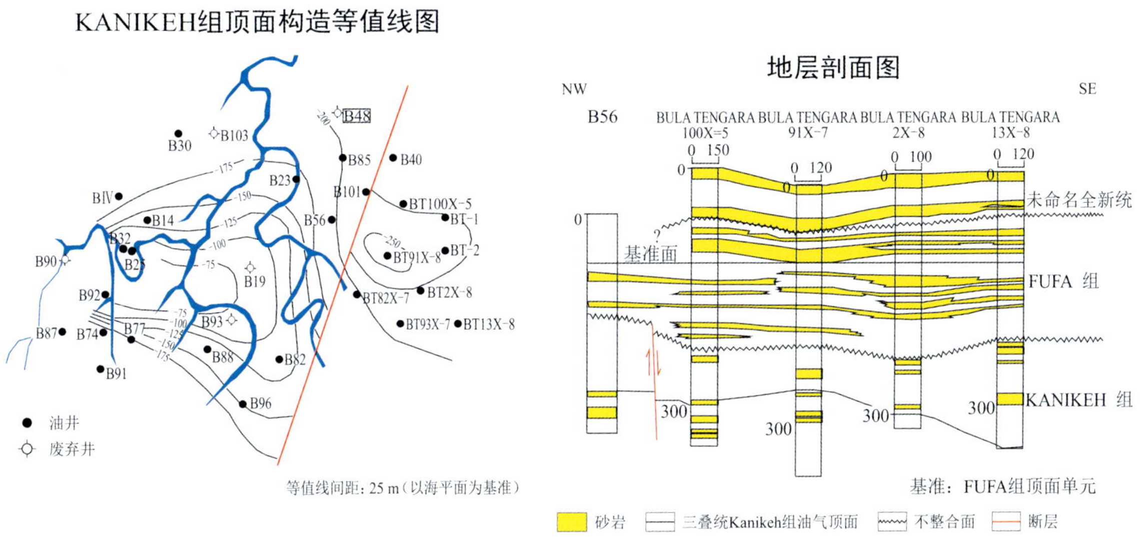

北塞兰盆地发育两套烃源岩，分别是中—上晚三叠统Kanikeh组和上晚三叠统—中侏罗统Saman–Saman灰岩组。其中，Kanikeh组内陆相生成的煤和碳质页岩可作为次要的烃源岩，地层深部成熟度高。Saman–Saman灰岩组的泥灰岩可作为盆地主要的烃源岩。

北塞兰盆地的石油储集于不同的地层中，其储层主要为三叠系Kanikeh组的碎屑岩和下侏罗统Mamusela组的沥青灰岩，其次为Nief组的灰岩和更新统Fufa组的砂岩和碳酸盐岩。

北塞兰盆地发育4套盖层：中三叠统—上三叠统的泥岩为Kanikeh组油藏的盖层；上侏罗统的Kola页岩为ManIlsela组油藏的盖层；下白垩统—始新统的致密深水灰岩和泥岩为Nief组油藏的盖层；更新统的泥岩为Fufa组碎屑岩和灰岩储集体的盖层。

北塞兰盆地圈闭类型主要为构造圈闭和地层圈闭（如不整合圈闭）。地层圈闭存在于Fufa组地层–构造成藏组合、Kanikeh组地层–构造成藏组、Fufa组构造–不整合成藏组合、Manusela组构造–不整合成藏组合和Nief组地层–构造成藏组合中，主要包括岩性圈闭和不整合圈闭等地层圈闭。构造圈闭存在于Fufa地层–构造成藏组合、Fufa组构造–不整合成藏组合、Kanikeh组地层–构造成藏组合、Manusela组构造成藏组合、Manusela组构造–不整合成藏组合和Nief组地层–构造成藏组合中，主要包括背斜圈闭、断层圈闭和冲断层圈闭。

2-17-5 北塞兰盆地Bula油气构造和剖面图

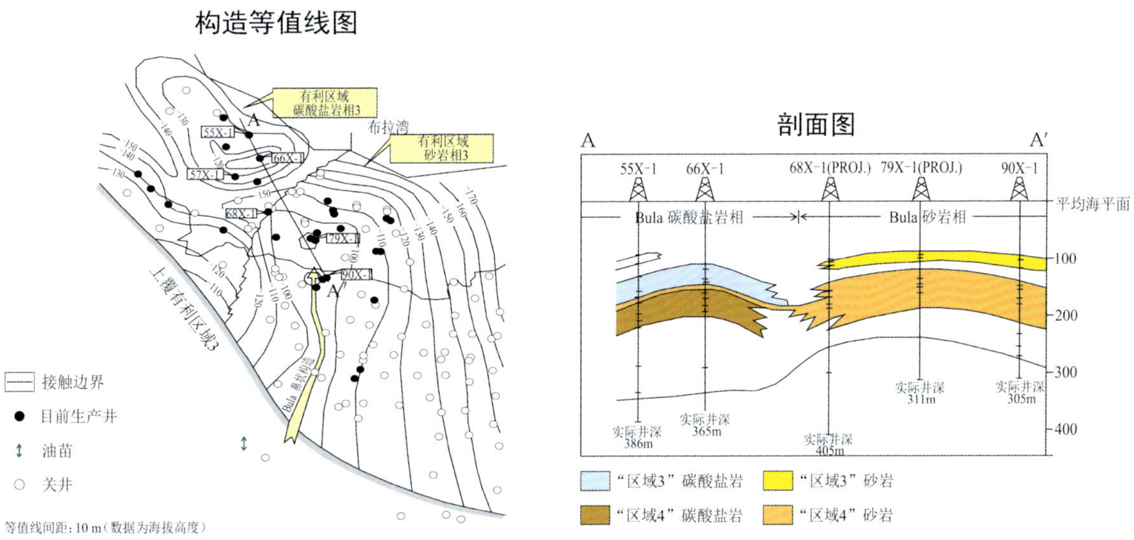

2-17-6 北塞兰盆地成藏组合评价表

成藏组合名称	成藏组合类型	石油储量（10^6t）及占比	天然气储量（10^9m^3）及占比	凝析油储量（10^6t）及占比	储层	盖层	已发现油气藏个数	成藏组合级别
更新统 Fufa 组成藏组合 （已证实具备优越成藏条件）	Fufa 组地层－构造成藏组合	1.38（10%）	0.06（6%）	0	Fufa 组砂岩	—	3	主要
	Fufa 组构造－不整合成藏组合	3.11（22%）	0	0	Fufa 组砂岩	—	1	主要
	小计	4.49（32%）	0.06（6%）	0				
下白垩统—中新统 Nief 组成藏组合 （未证实成藏条件是否优越）	Nief 组地层－构造成藏组合	0	0	0	Nief Beds 组灰岩	Salas Complex 组泥岩	1	次要
	小计	0	0	0				
下—中侏罗统 Manusela 成藏组合 （已证实具备优越成藏条件）	Manusela 组构造－不整合成藏组合	0	0	0	Manusela 组鲕粒灰岩	Nief Beds 组灰质泥岩	1	有利
	Manusela 组构造成藏组合	8.24（59%）	0.77（86%）	0	Manusela 组鲕粒灰岩	Saman-Saman 灰岩组 Kola 页岩组	2	主要
	小计	8.24（59%）	0.77（86%）	0				
三叠系 Kanikeh 组成藏组合 （未证实成藏条件是否优越）	Kanikeh 组地层－构造成藏组合	1.17（8%）	0.07（8%）	0	Kanikeh 组砂岩	--		主要
	小计	1.18（8%）	0.07（8%）	0				

2-17-7 北塞兰盆地Nief Timur典型油田构造剖面图

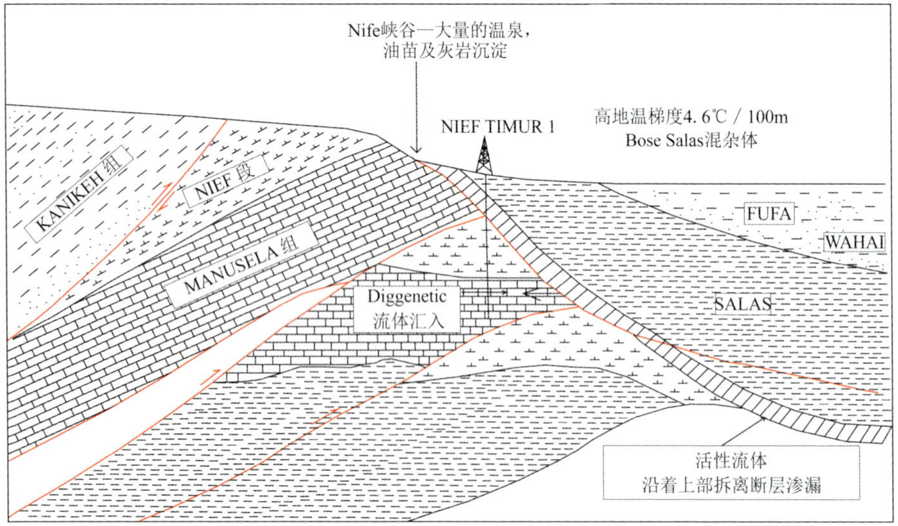

北塞兰盆地主要发育4个成藏组合，分别为Fufa组成藏组合、Kanikeh组成藏组合、Manusela组成藏组合和Nief组成藏组合，已发现石油储量为14.24 × 10^6t，天然气储量为1.04 × 10^9m^3。

北塞兰盆地Nief Timur油田储层为Manusela组，于2008年在Manusela组构造成藏组合内发现，石油储量为1.82 × 10^6t 油当量，圈闭主要为发育大量逆断层的背斜构造。

2-18 萨拉瓦蒂盆地

2-18-1 萨拉瓦蒂盆地构造位置图

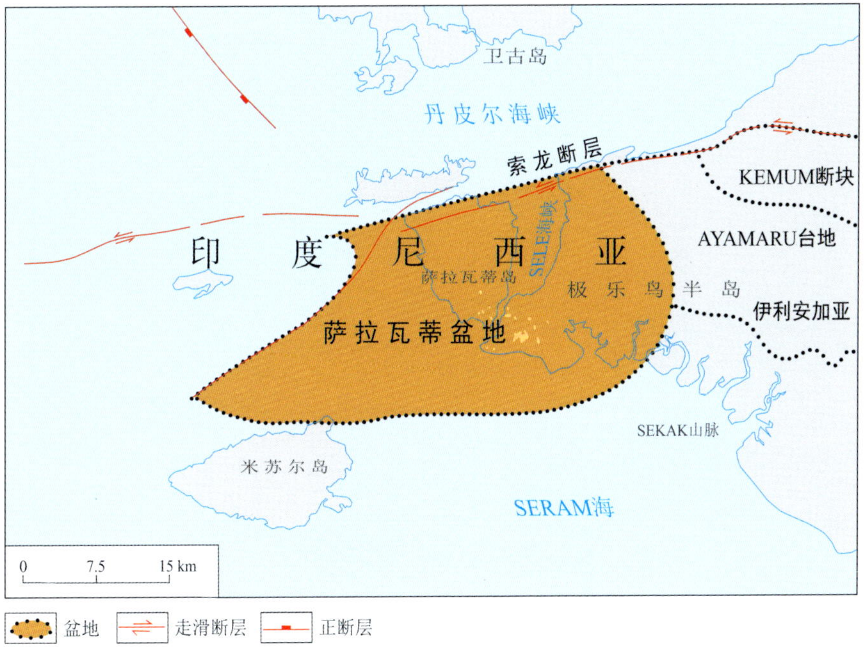

萨拉瓦蒂盆地（Salawati Basin）位于印度尼西亚伊利安加亚西部，盆地面积$1.22 \times 10^4 km^2$，其中滨海部分占58%，陆上部分包括整个萨拉瓦蒂岛和鸟头（Vogelkop）半岛的一部分。盆地东部和东南部的Sekak山脉及其北部延伸部分的Ayamaru地台将该盆地与宾图尼盆地隔开，西南边界为Onin–Kunawa隆起，北部和西部以索龙（Sorong）左行走滑断层为边界。萨拉瓦蒂盆地是一个非对称的盆地，向索龙断层方向地层变厚，在北部沉积最大厚度达3 500 m，为走滑拉分盆地。

萨拉瓦蒂盆地的油气勘探始于1935年，作业者为NNGPM，其早期勘探主要集中在背斜构造上，中生界和古近系—新近系均发现油苗，1936年第一口发现井在中新统的Kais组发现油气。20世纪40—50年代，盆地的油气勘探主要集中在陆上，其成功率较低（9%）。1966年Pertamina公司获得了一勘探开发区块，20世纪60年代没有从事任何钻井活动，到20世纪70年代才恢复勘探活动，勘探目标主要集中在古近系—新近系成藏组合带的尖礁和障壁礁，钻井达102口，并在Kais组中有26处油气发现。1989年Trend公司Terumbu–1井在上新统Klasaman组发现了天然气，揭示了一个新的成藏组合类型。

至1994年，萨拉瓦蒂盆地发现了36个油田，已发现油气储量的80%都是之前发现的，虽然20世纪90年代勘探成功率增长到57.1%，但大多发现都是小规模的油气田。

伊利安加亚西部是个高勘探成本地区。盆地的陆上部分地形起伏大，植被茂密，远离印度尼西亚的主要工业和人口中心，通信困难，勘探作业需要直升机协助。海上作业较容易，为浅水区。

2-18-2 萨拉瓦蒂盆地地层与石油地质综合柱状图

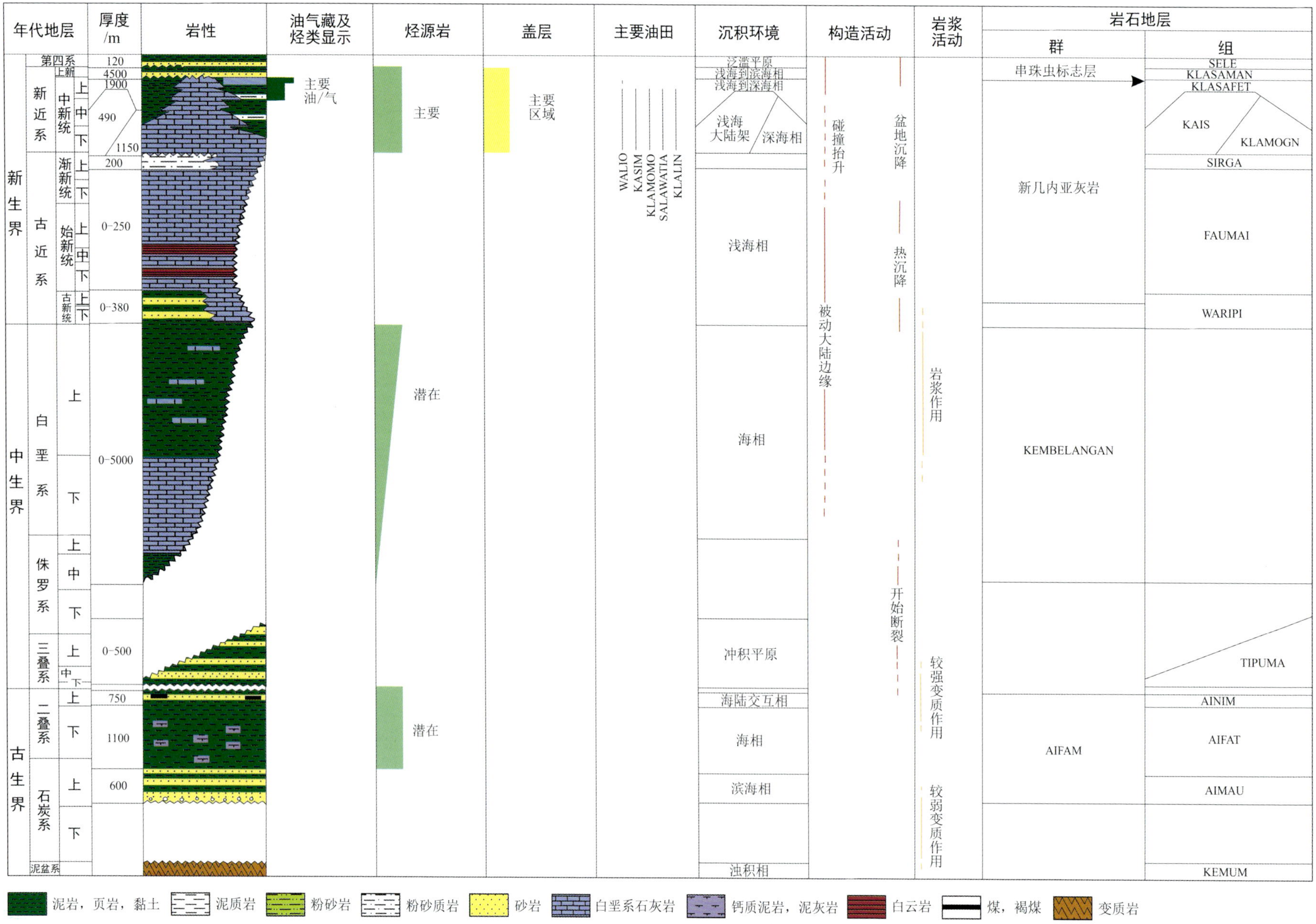

萨拉瓦蒂盆地发育石炭纪以来的晚古生代、中生代和新生代的地层，其地层特征如下。

盆地基底：为古生界志留系—泥盆系Kemum组板岩、板状页岩、杂砂岩和石英岩，主要沉积残余远端浊积岩。泥盆纪或石炭纪早中期，该组地层发生区域变形和弱变质，在二叠—三叠系边界表现为高度变质的特征，与上覆地层呈角度不整合接触。

上石炭统：Aimau组为海侵向海退过渡的海陆交互相地层，主要由薄互层的砾岩、砂岩和页岩组成，并覆盖较厚杂砂岩，地层厚度600 m。

上石炭统—下二叠系：Aifat组为浅海和深海相沉积环境，由灰质页岩、泥灰岩、灰岩和砂岩组成，最大地层厚度1 100 m。

上二叠系：Ainim组为海陆交互相沉积环境，由粉砂质页岩、石英砂岩、粉砂岩和煤组成，地层厚度750 m。

三叠系：Tipuma组为河流陆相沉积环境，由粉砂质泥岩、砂岩和泥岩组成，最大地层厚度536 m。

中侏罗系—白垩系：Kembelangan群为浅海相沉积环境，由页岩、砂岩、灰岩和砾岩组成，地层厚度超过了1 500 m。

古新统：Waripi组为浅海相沉积环境，由砂质灰岩、石英砂岩和砂屑石英岩组成，最大地层厚度380 m，近海滩的砂岩和页岩向地层上部及向盆地内部变为蒸发岩和灰岩。

始新统—下渐新统：Faumai组为浅海相沉积环境，由灰岩、砂岩和蒸发岩组成，不整合地超覆在较老的地层上，最大地层厚度250 m。

上渐新统：Sirga组为海陆交互相至浅海相沉积环境，由粉砂岩、泥岩、砂岩、砾岩和灰岩组成，最大地层厚度200 m。

下—中中新统：Klamogun组为深海相沉积环境，由页岩、泥灰岩和灰岩组成，平均地层厚度1 150 m。深灰—褐色的灰岩主要出现在盆地中央，并夹杂有灰质页岩，不同的区域之间会出现尖礁，局部陆架边缘礁灰岩厚度超过460 m。

下—中中新统：Kais组为浅海相沉积环境，主要是由有孔虫灰岩组成，并夹杂层状的泥灰岩、碳质粉砂岩和煤，覆盖在较老的岩石，地层最大厚度490 m。

上中新统：Klasafet组为深海和浅海相沉积环境，由灰质页岩和灰岩组成，地层最大厚度1 925 m。

上新统：Klasaman组为海陆交互相和浅海相沉积环境，由砂质黏土、灰质砂岩、砂质砾岩和煤组成，最大地层厚度4 500 m。Sele砾岩组为河流陆相沉积环境，由砾岩和砂岩组成，最大地层厚度120 m。

2-18-3 萨拉瓦蒂盆地构造格架和典型地质剖面图

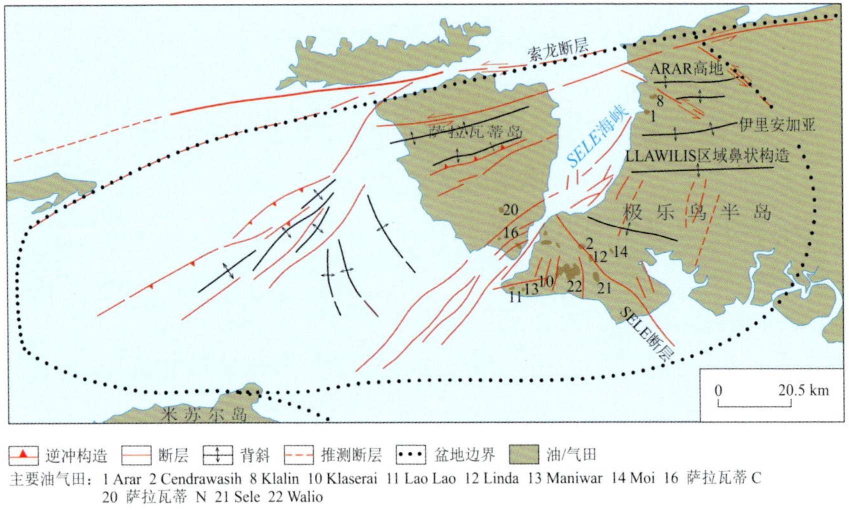

萨拉瓦蒂盆地构造格架图

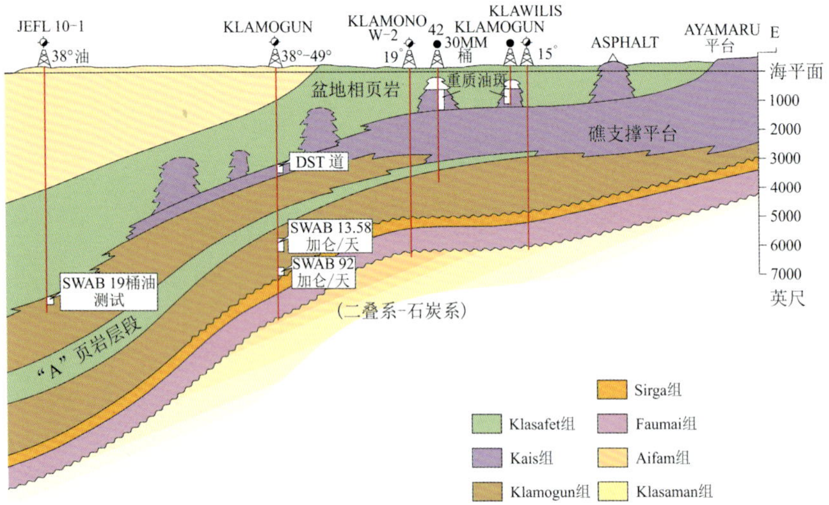

萨拉瓦蒂盆地典型地质剖面图

萨拉瓦蒂盆地位于印度—澳大利亚板块北部边缘，是在古生界变质岩之上发育的一个多旋回叠合盆地。盆地在古生代以来大致经历了前裂谷阶段、早期同生裂谷阶段、后裂谷作用和坳陷沉降阶段以及晚期挤压和坳陷沉降阶段4个演化阶段。

前裂谷阶段：从石炭纪晚期至三叠纪末，沉积了Aifam群海侵至海退沉积层序，以不整合覆盖在基底之上。中侏罗系以Tipuma组开阔海砂岩、页岩相为特征。

同生裂谷阶段：早侏罗世至中侏罗世末，在区域应力作用下，沿澳大利亚北部大陆边缘出现NWW—SEE向伸展断裂作用，构造活动控制着沉积作用，海相沉积超覆于伊里安查亚西部的大部分地区，形成了Kembelangan群碎屑岩沉积。白垩纪晚期，萨拉瓦蒂地区发生强烈花岗岩侵入，其上沉积物遭受剥蚀。

后裂谷作用和坳陷沉降阶段：白垩纪晚期发生裂谷作用。古新世至中新世晚期，澳大利亚板块北部大陆边缘发生坳陷沉降，导致大规模海侵，萨拉瓦蒂盆地与伊利安查亚是一个整体，以碳酸盐岩沉积为主。

晚期挤压和坳陷沉降阶段：自中新世以来，澳大利亚北部大陆边缘以汇聚挤压和走滑作用为主，这一构造运动至今仍在继续，但强度已大幅降低。此时，萨拉瓦蒂盆地北部由于索龙左旋走滑断层作用，形成一系列NW—SE向背斜及不整合面，盆地出现沉降。

2-18-4 萨拉瓦蒂盆地成熟烃源岩和油田分布图

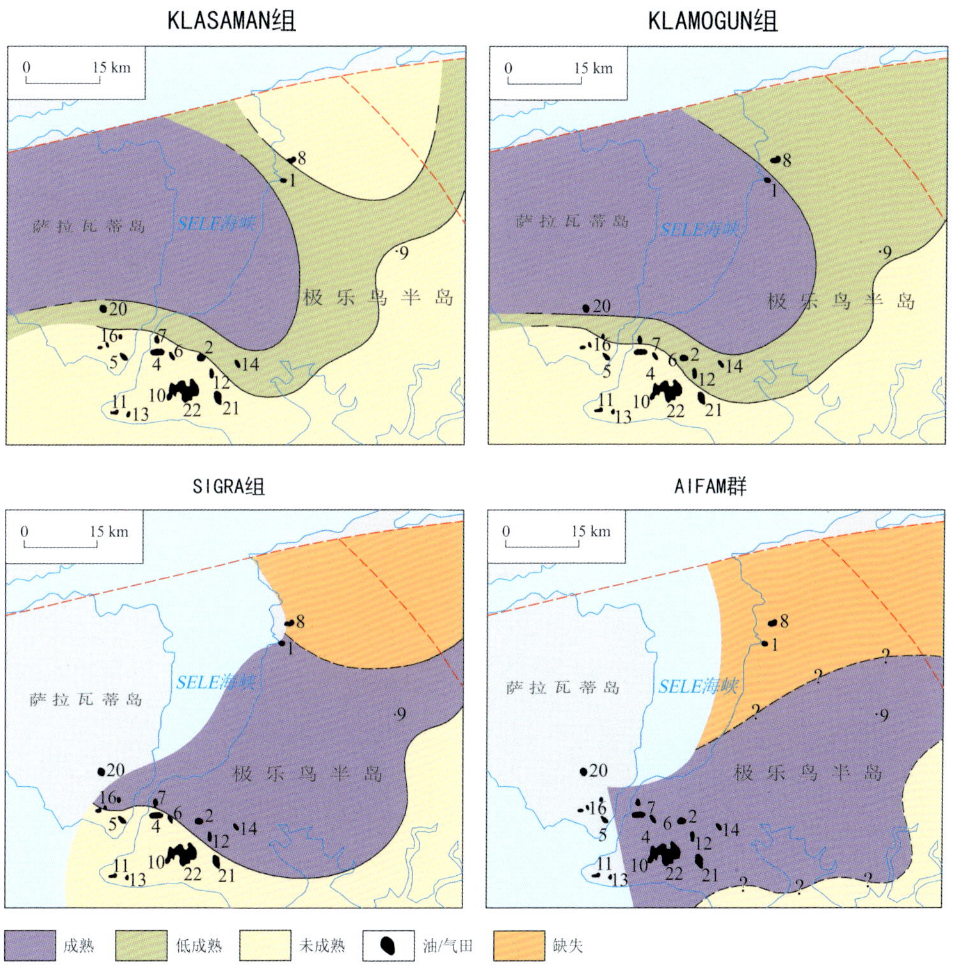

1 Arar　2 Cendrawasih　4 Kasim　5 Kasim Barat　6 Kasim Tengah　7 Kasim Utara　8 Klalin　9 Klamono　10 Klaserai
11 Lao Lao　12 Linda　13 Maniwar　14 Moi　16 萨拉瓦蒂 C　20 萨拉瓦蒂 N　21 Sele　22 Walio

萨拉瓦蒂盆地发育多套富有机质页岩，常规油气主要集中在中新统Kais组塔礁（袁浩等，2012）。富有机质页岩包括中新统Klasafet组的海相页岩、上新统Klamogun组海相页岩和上渐新统—下中新统Sirga组薄层泥岩，其中中新统Klasafet组海相页岩和Klamogun组深水页岩是盆地主要的烃源岩。Klasafet组海相页岩横向上与Kais组相邻或覆盖其上，其有机碳含量较高（0.3%~11%）（陈榕等，2018），主要为Ⅱ型和Ⅲ型干酪根，通常未成熟（除盆地最深处外），镜质体反射率小于0.65%，生油窗上限为2 100 m。Klasaman组页岩有机碳含量高，但成熟度低，其富有机质泥页岩尚未达到生油窗。渐新统上部至中新统下部Sirga组，由有机质薄层组成页岩，总有机碳含量约2%，干酪根类型含Ⅰ、Ⅱ、Ⅲ型的混合—腐泥型，部分已成熟。二叠系的Aifat组可作为主要的生油层，由厚层灰黑色钙质页岩和灰岩组成，有机碳含量0.7% ~1.8%，平均1.2%，干酪根类型为腐殖型（Ⅲ型），镜质体反射率Ro为1% ~1.2%。

2-18-5 萨拉瓦蒂盆地中新世古地理环境和生物礁发育图

2-18-6 萨拉瓦蒂盆地Arar典型油田剖面图

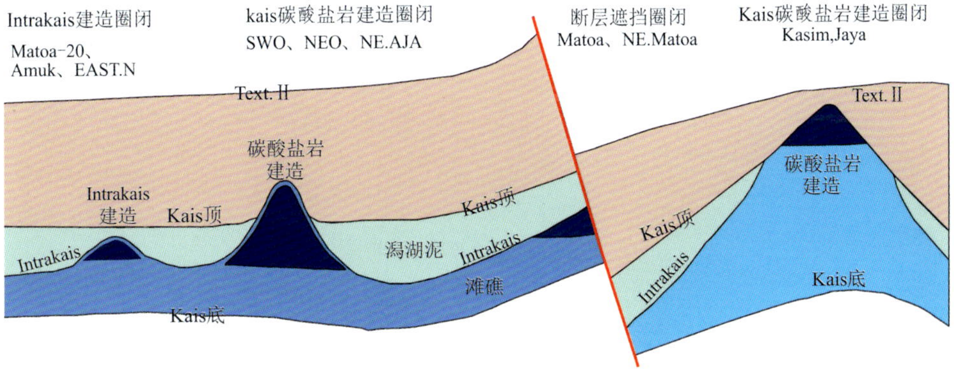

萨拉瓦蒂盆地Arar油田储层为Kais组，于1977年在Kais地层—构造成藏组合中发现油气，储量为3×10^6 t，油田东部和西部发育NNW—SSE向正断层，南部发育NE—SW向正断层，同时发育生物礁地层圈闭。

2-18-7 萨拉瓦蒂盆地Kais组碳酸盐岩圈闭类型示意图

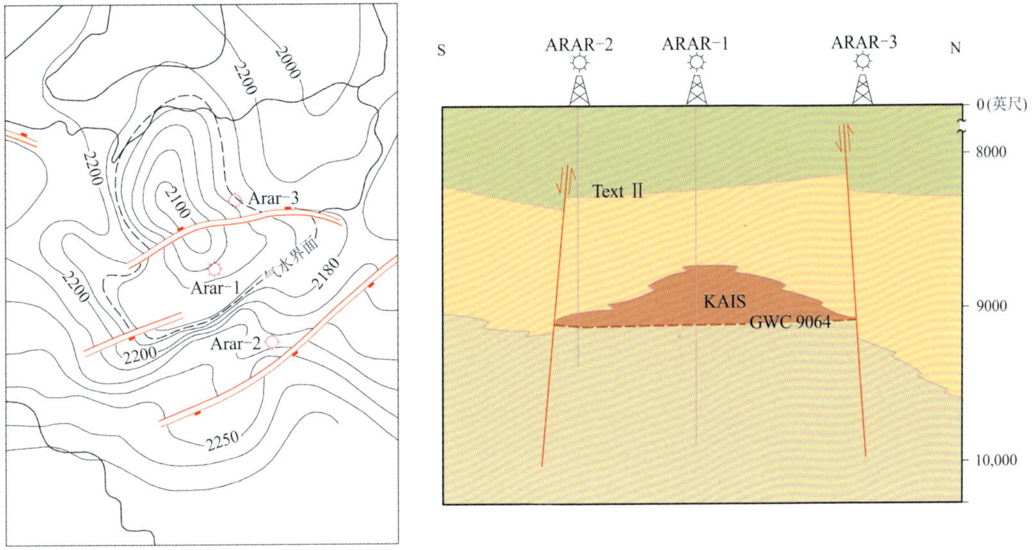

萨拉瓦蒂盆地几乎所有的石油都产自Kais组上部的中新世礁体，平均孔隙度为20%，储层中夹有页岩致密层。

盆地横向上和垂向上的区域盖层分别为Klasafet和Klasaman组的泥岩和非渗透性泥质灰岩，Kais组内的致密灰岩也可作为区域性盖层。

萨拉瓦蒂盆地主要发育地层圈闭、构造圈闭以及复合圈闭。构造圈闭主要为生物礁聚集成的背斜构造，披覆构造主要是由于碳酸盐岩生物礁的压实作用形成的。地层圈闭主要是由尖礁或生物礁形成的。复合圈闭主要为地层–构造圈闭。

萨拉瓦蒂盆地发育4个成藏组合，分别为Kais地层成藏组合、Kais地层–构造成藏组合、Kais构造成藏组合和Textularia Ⅱ成藏组合。目前，盆地的油气勘探主要集中在ARAR地区和萨拉瓦蒂背斜区，浅海区是盆地下一步进行页岩气勘探的重点区域。

3 东南亚南部岛弧带盆地群对比研究

3-1 岛弧带盆地群地质构造特征

3-1-1 岛弧带沉积盆地类型分布图

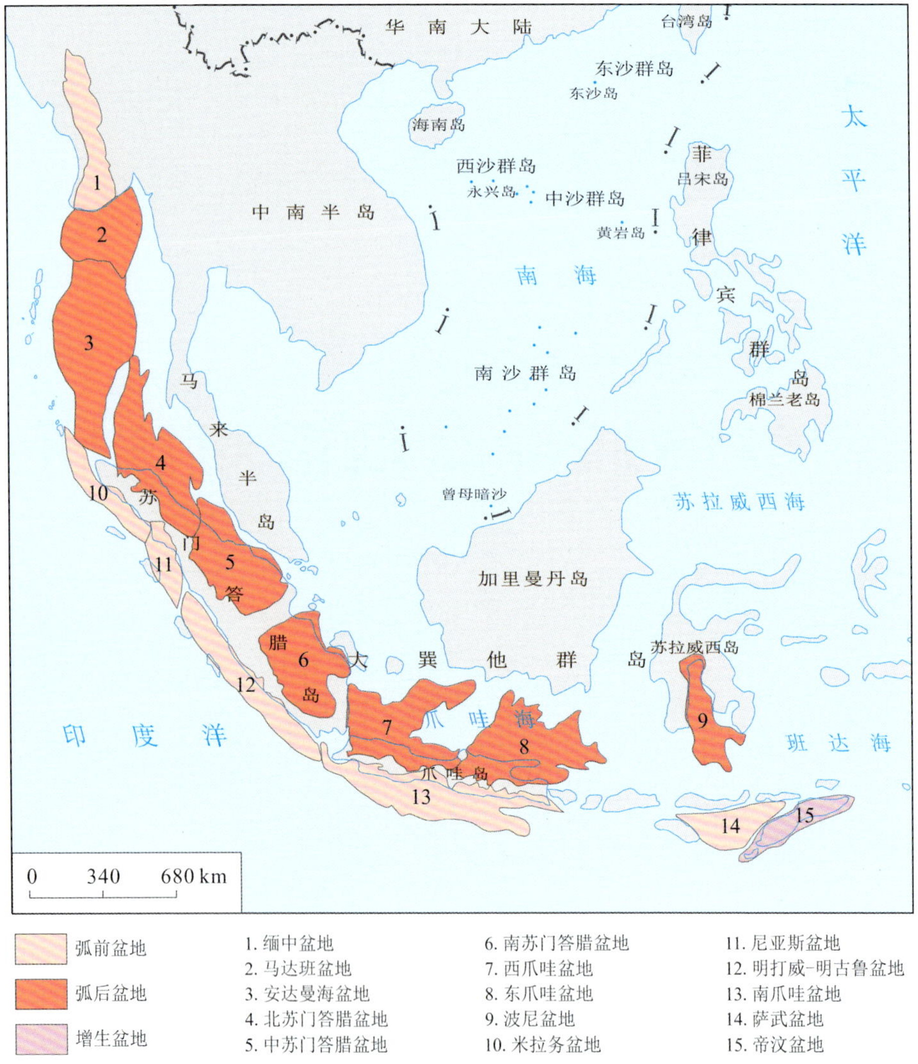

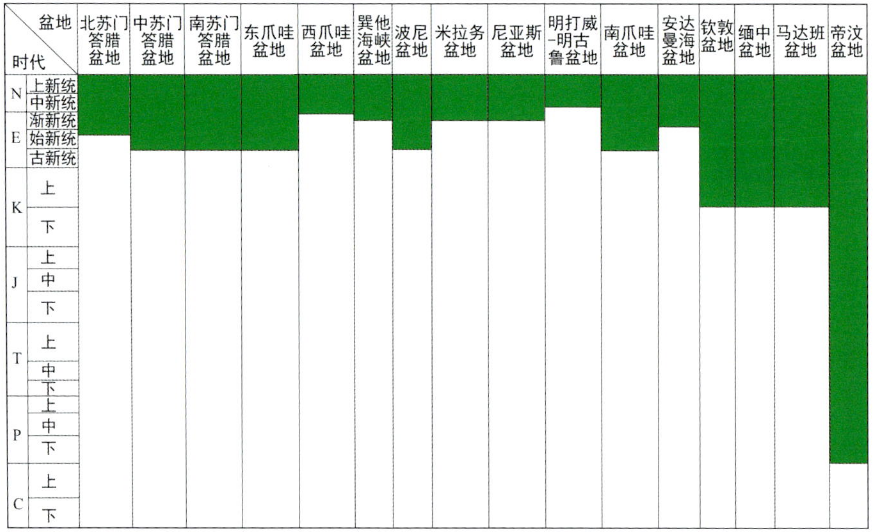

东南亚南部缅甸—安达曼—苏门答腊—爪哇（巽他）沟弧盆体系是始新世以来印度—澳大利亚板块向欧亚大陆俯冲形成的活动大陆边缘，其上发育有弧后盆地、弧前盆地和增生盆地3种类型盆地，位于岛弧带不同位置上。其中，岛弧带内侧的弧后盆地是局部伸展环境中形成，而岛弧带外侧的弧前盆地和增生盆地是局部挤压环境中形成。根据盆地类型、地层充填、构造和沉积特征，将岛弧带盆地分成岛弧主带弧后盆地群和弧前盆地群，以及岛弧西翼弧前和弧后盆地群。

岛弧主带弧后盆地群和弧前盆地群都位于苏门答腊—爪哇沟弧体系上。岛弧主带弧后盆地群主要包括北苏门答腊盆地、中苏门答腊盆地、南苏门答腊盆地、西爪哇盆地、东爪哇盆地和波尼盆地等。岛弧主带弧前盆地群包括米拉务盆地、尼亚斯盆地、明打威—明古鲁盆地、南爪哇盆地、帝汶盆地、萨武盆地等。岛弧西翼盆地群位于缅甸—安达曼沟弧体系上，包括钦敦和缅中弧前盆地、马达班和安达曼海弧后盆地。苏门答腊—爪哇岛弧带上的弧后盆地是目前东南亚地区勘探程度较高的富油气盆地，也是印度尼西亚第一大油气富集区，近5年发现新增油气储量呈上升趋势，待发现资源量大，具有较大的勘探潜力。通过对比分析岛弧带盆地群的共性和差异性，对深入认识东南亚区域油气资源的分布规律具有重要意义。

3-1-2 岛弧带盆地群构造、沉积演化对比分析表

盆地群	盆地	盆地类型	构造演化	沉积演化
岛弧西翼附带盆地群	钦敦盆地	弧前	岛弧带西翼盆地群是在早期自西向东漂移过来的微陆块的基础上，由于澳大利亚板块和印度板块俯冲的共同作用下发育起来的中生代—新生代叠合盆地群，新生代盆地演化的阶段性不明显	新生代基本以陆相碎屑沉积为主，晚中新世以来，在苏门答腊—爪哇岛弧主体盆地群海侵期，西翼附带盆地群也发生了海侵，说明晚渐新世—中新世末的海侵是区域性的，在上新世以来区域挤压反转背景下，该盆地群也发生了挤压抬升，沉积了陆相粗粒碎屑岩
	缅中盆地			
	马达班盆地	弧后		
	安达曼海盆地			
岛弧主带盆地群	北苏门答腊盆地		苏门答腊—爪哇岛弧主体盆地群的构造演化具有相似性，分3个阶段：始新世—晚渐新世同生裂谷早期；晚渐新世—中中新世末的同生裂谷晚期（坳陷期），发生了一个海进—海退旋回，是盆地发育的繁盛期；晚中新世以来的挤压反转期	始新世—晚渐新世同生裂谷早期，各盆地的沉积差异比较大，在西爪哇盆地发育了火山碎屑岩，东爪哇盆地发育了海陆交互相，而苏门答腊盆地，则发育陆相砂泥岩沉积。晚渐新世—中中新世末的同生裂谷晚期（坳陷期），苏门答腊—爪哇岛弧主体带上的盆地发育一次海进—海退沉积旋回，区域上各盆地的沉积具有可对比性，从北苏门答腊到东爪哇盆地，越往东部，具有海相沉积越发育的趋势。晚中新世以来的挤压反转期，各盆地以陆相碎屑沉积为主，但在东爪哇盆地，依然发育海相碳酸盐岩沉积，推测挤压反转作用主要是印度板块和太平洋板块的强烈俯冲活动引起的
	中苏门答腊盆地			
	南苏门答腊盆地			
	西爪哇盆地			
	东爪哇盆地			
岛弧带东部盆地	帝汶盆地	增生	帝汶盆地群是在早期澳大利亚大陆架沉积层序的基础上，由于澳大利亚板块和太平洋板块俯冲的共同作用下发育起来的古生代—新生代叠合盆地群，新生代盆地演化的阶段性不明显。晚中新世以来，在苏门答腊—爪哇岛弧主带盆地群表现为挤压反转时候，帝汶盆地也有反映，呈现出挤压反转和海退的特征	新生代基本以海相沉积为主，晚中新世以来，在区域挤压反转背景下，发生海退，沉积了陆相碎屑岩

3-1-3 岛弧主带弧后盆地群地层对比图

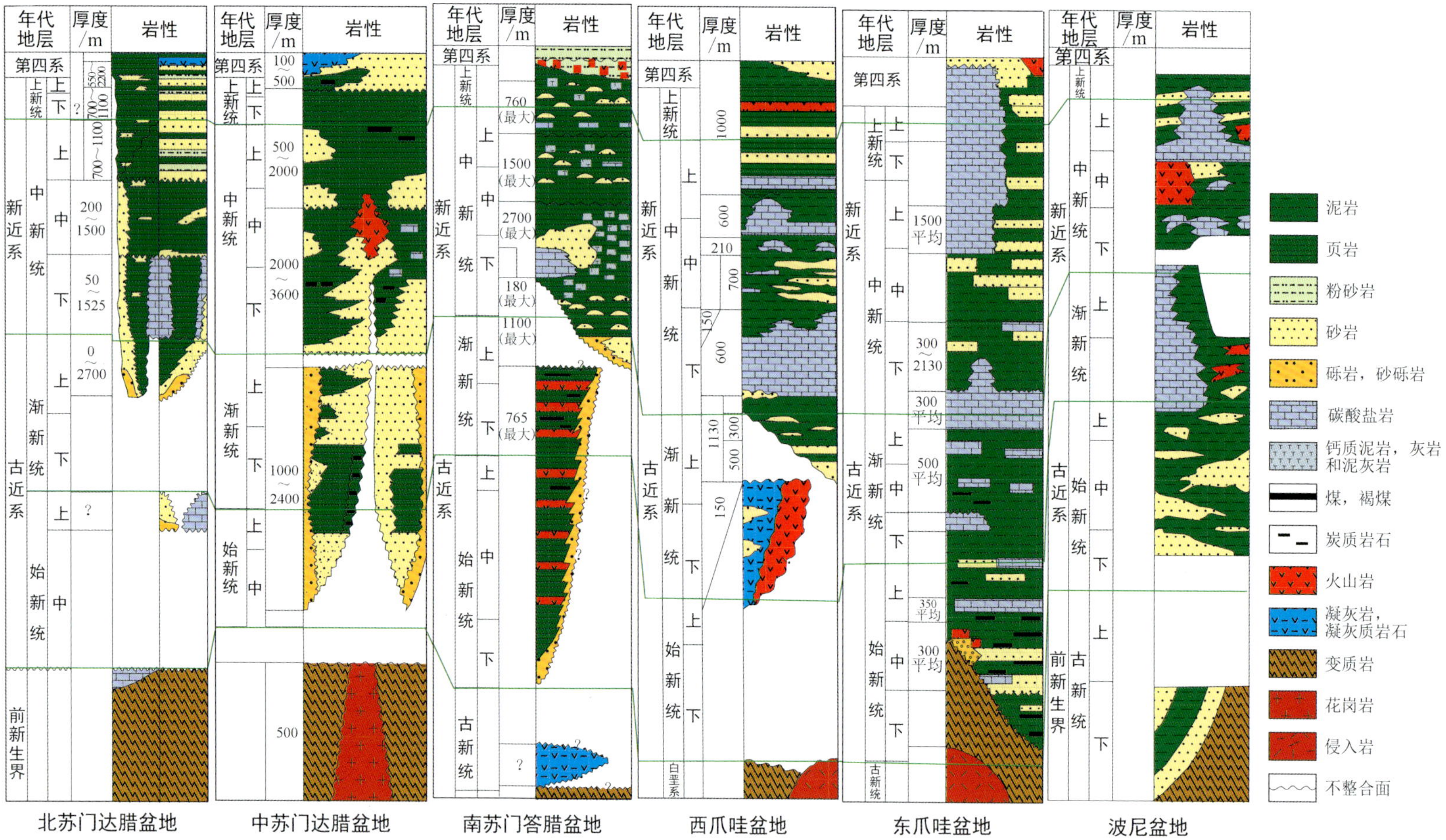

东南亚南部岛弧主带盆地群是在前新生界基底上形成的新生代盆地，发育始新统—第四系。该盆地群一般始于始新世中期，始新世—早渐新世同生裂谷早期，各盆地的沉积差异比较大，西爪哇盆地发育了火山碎屑岩，东爪哇盆地沉积了海陆交互相，而苏门答腊盆地群则为陆相砂泥岩沉积。晚渐新世—中新世末的同生裂谷晚期（坳陷期），发育一个海进—海退旋回，沉积了河流、湖泊、沼泽、滨海、三角洲、浅海—半深海相泥岩、页岩、煤及碳酸盐岩，浅海相碳酸盐岩分布广泛，在区域上各盆地的沉积具有可对比性，从北苏门答腊盆地到东爪哇盆地，越往东部，海相沉积越发育。上新世以来的挤压反转期，各盆地以陆相碎屑沉积为主，但在东爪哇盆地，依然发育海相碳酸盐岩沉积作用。

3-1-4 岛弧西翼附带弧前-弧后盆地群地层对比图

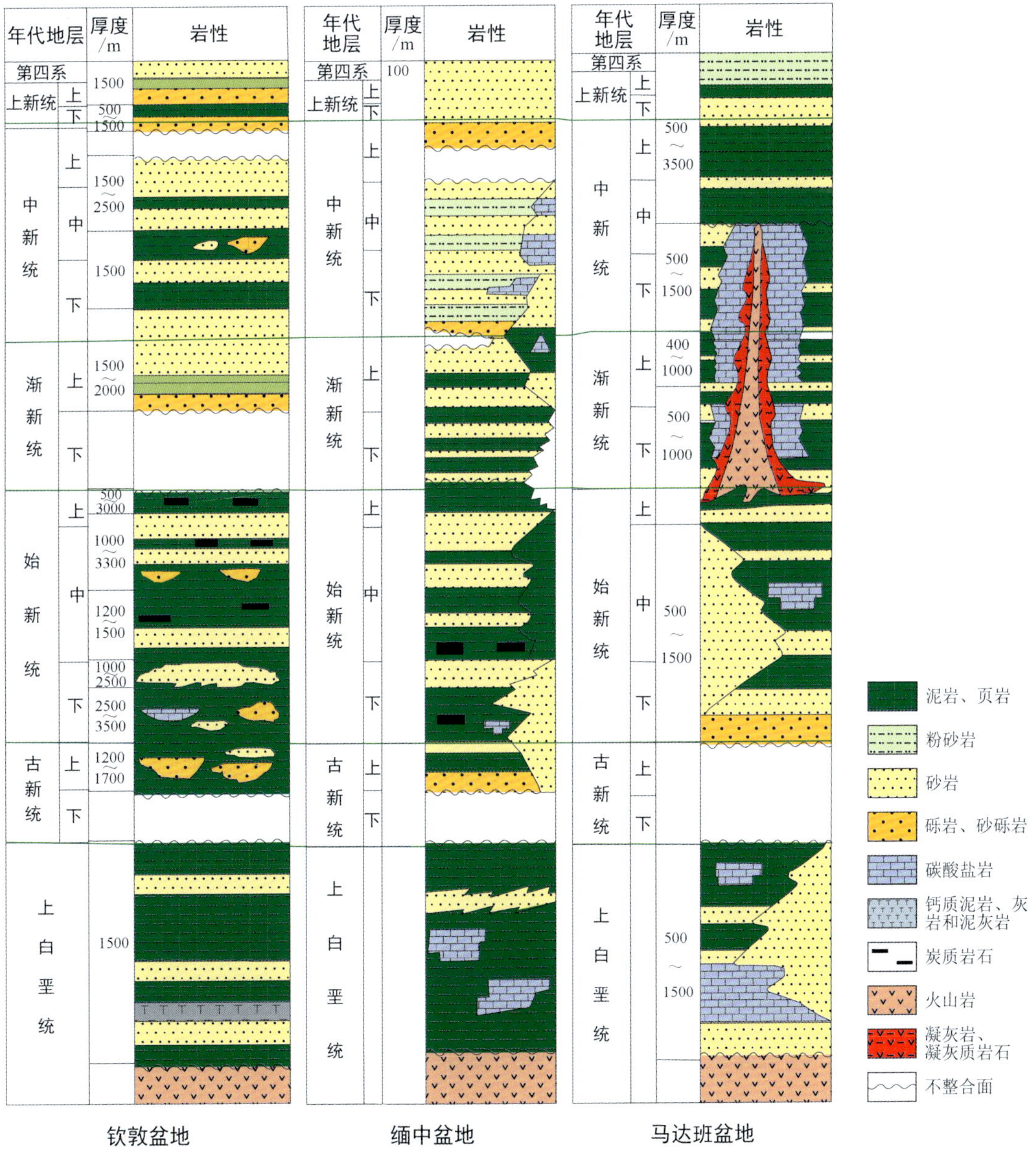

岛弧西翼附带盆地群为中—新生代叠合盆地，在前白垩纪基底之上主要发育上白垩统、上古新统、始新统、渐新统、中新统、上新统及第四系。在晚白垩世末期，由于印度板块边缘的汇聚俯冲，缅甸陆块西侧演变成俯冲海沟，向东则渐变为斜坡沉积环境，东部的掸邦高原处于抬升剥蚀阶段。该时期这些盆地群西部局部沉积了上白垩统卡巴组（以浅灰色页岩为主），在北部和中部常见安山岩和巨厚的火山碎屑岩沉积。

新生代盆地以碎屑岩沉积为主。晚古新世盆地沉积主要为快速堆积的砾岩、粗砂岩等粗粒碎屑岩。始新世地层发育较全，分布广、厚度大，是缅甸主要的油气勘探目的层。渐新世时期因北部构造抬升而缺失大部分渐新统，中部持续堆积了碎屑岩沉积，南部在中央火山弧附近发育了较薄的上渐新统礁灰岩沉积。中新统分布范围较广。上新世初期，现今盆地群位置基本形成北高南低的构造格局，北部地区主要发育冲积扇—河流相沉积，南部发育了较厚的的三角洲相沉积。总之，始新世中期之前，这些盆地西部深坳带的构造相对稳定，具有相似的地层沉积特征，至中始新世，水深自西向东逐渐变浅，比较有利于有机质富集。中始新世以来，西部深坳带发育了较厚的滨海—陆棚相砂、泥岩沉积。晚渐新世以来，在苏门答腊—爪哇岛弧主体盆地群海侵期，西翼附带盆地群也发生了海侵，表明晚渐新世—中新世末的海侵是区域性的，上新世以来在区域挤压反转背景下，该盆地群发生了挤压抬升，沉积了陆相粗粒碎屑岩。

3-1-5 岛弧主带弧前盆地群地层对比图

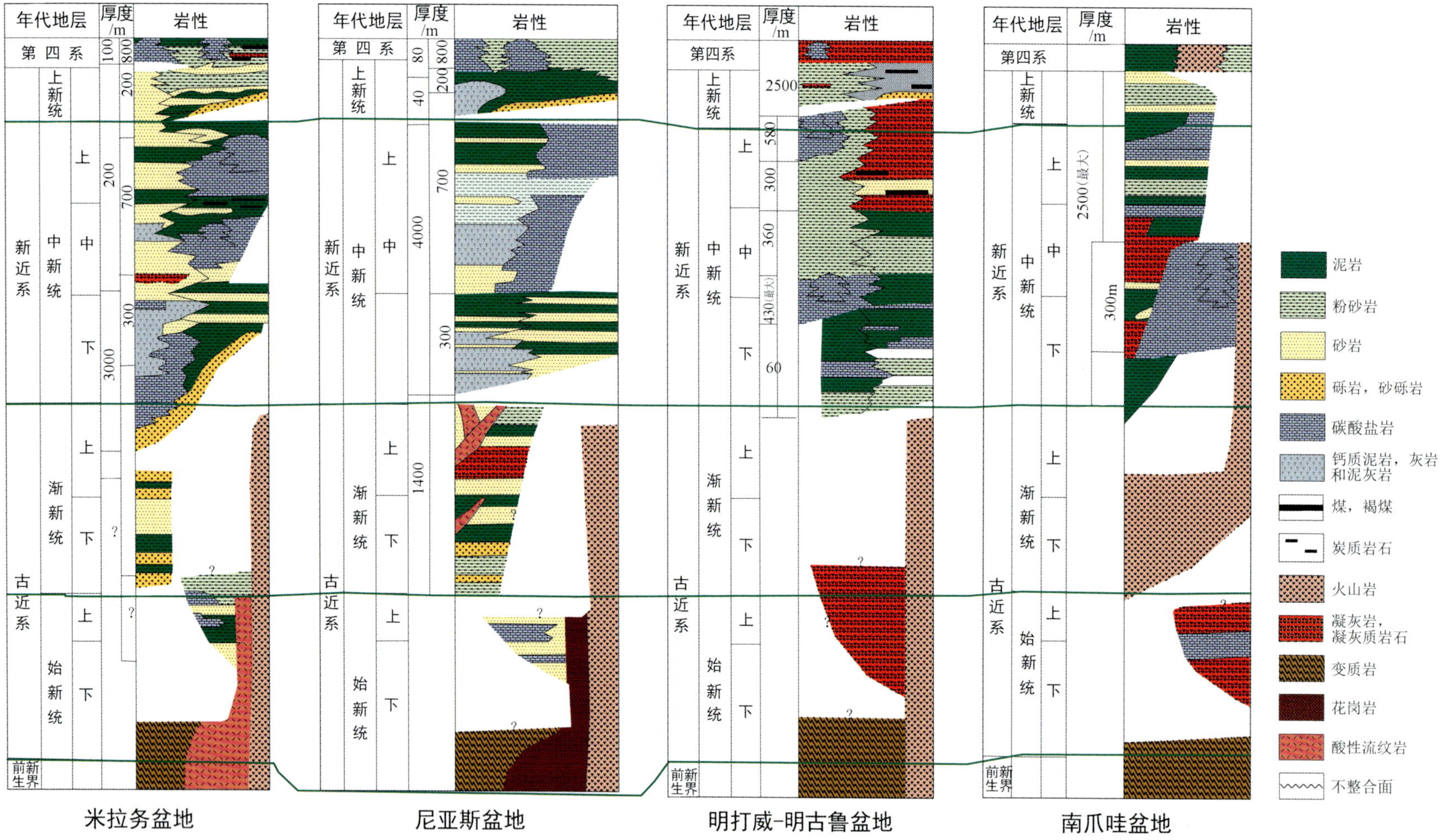

岛弧主带弧前盆地群大多发育于中新世，晚渐新世—中新世末处于同生裂谷晚期（坳陷期），发育海进—海退旋回，主要沉积浅海相碳酸盐岩。上新世以来处于挤压反转期，造成了沉积间断，主要沉积海退碎屑岩。总体上，中新世开始盆地的沉积演化过程，充填中新统—第四系。该盆地群渐新世海相（滨海亚相）烃源岩不发育，中新世海相烃源岩是否发育（有无深海相）成为盆地资源潜力的关键。根据中新统沉积相图，在明打威–明古鲁盆地、南爪哇盆地和帝汶增生盆地发育中新统深海相沉积，推测岛弧主带其他弧前盆地群也发育有中新统烃源岩。钻探表明，明打威–明古鲁盆地和南爪哇盆地均有油气显示，帝汶盆地探明油气当量0.1×10^6 bbl，预测明打威–明古鲁盆地和南爪哇盆地是未来弧前盆地油气勘探的突破口。

3-1-6 岛弧带盆地群渐新世至上新世岩相古地理演化图

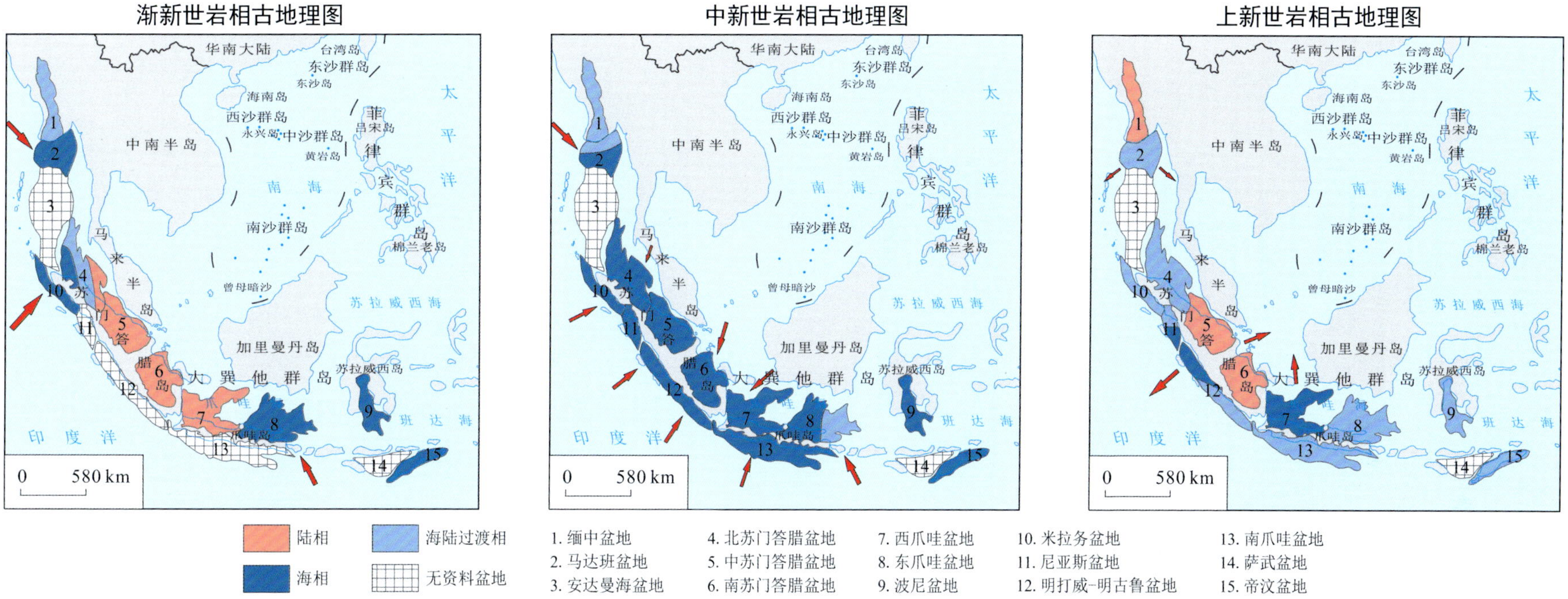

东南亚南部岛弧带盆地群自渐新世以来经历了不同的沉积演化过程。渐新世海侵来自NW和SE方向，弧后裂谷型陆相盆地主要分布岛弧主带中苏门答腊盆地、南苏门答腊盆地和西爪哇盆地，以及岛弧西翼附带的缅中盆地，而海相裂谷型盆地主要分布在岛弧主带东爪哇盆地北苏门答腊盆地中西部以及岛弧西翼附带马达班盆地，以陆相弧后裂谷盆地为主，岛弧带盆地群由陆相逐渐过渡为海陆交互相、海相。中新世广泛海侵，岛弧带除东爪哇盆地东部、缅中盆地和马达班盆地北部为海陆过渡相盆地外，其他弧后盆地、弧前盆地和帝汶盆地均为海相盆地。岛弧主带盆地群广泛发育中新统礁灰岩，孔隙度、渗透率较好，可作为良好的储层。岛弧西翼附带盆地群主要沉积海陆过渡相碎屑岩。上新世区域挤压背景下，海水大规模退出，岛弧主带弧后盆地群基本以陆相—海陆过渡相为主，中苏门答腊盆地和南苏门答腊盆地、岛弧西翼附带缅中盆地为陆相盆地，北苏门答腊盆地和东爪哇盆地为海陆过渡相盆地，但东爪哇盆地依然发育海相碳酸盐岩，而西爪哇盆地仍处于海相沉积。岛弧主带弧前盆地群基本以海陆过渡相—浅海相为主，晚中新世/早上新世的海退在明打威-明古鲁盆地形成了海退的碎屑沉积物，在尼亚斯盆地、米拉务盆地造成了10 Ma左右的沉积间断，尼亚斯盆地局部发育礁灰岩。岛弧西翼附带盆地群除马达班盆地外，其余盆地基本以陆相为主，沉积粗粒碎屑岩。

3-1-7 岛弧带主要沉积盆地构造演化图

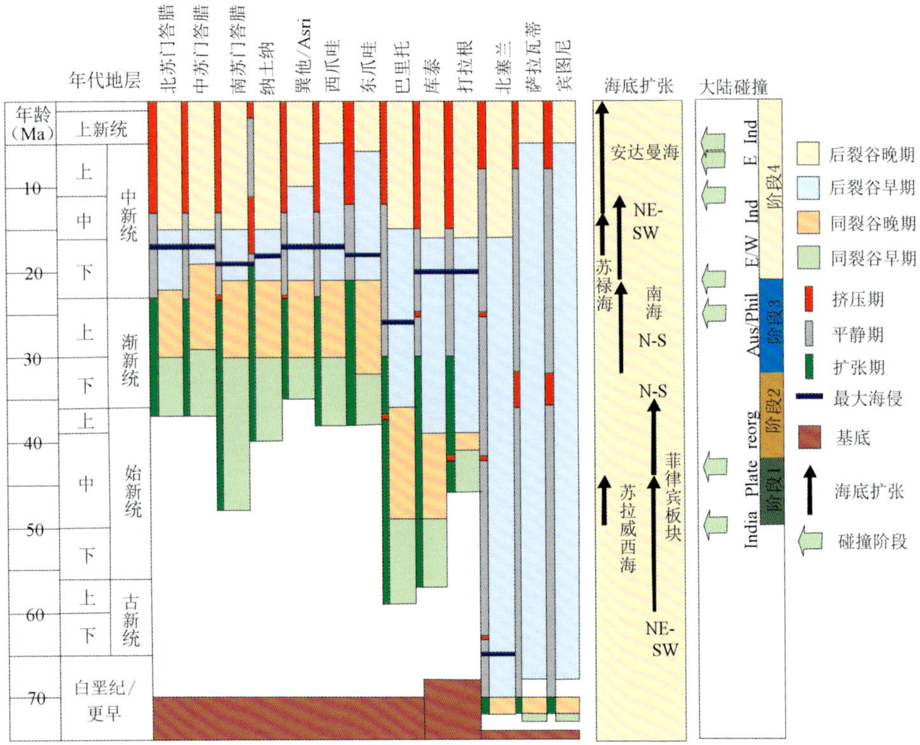

据Doust H & Noble R A, 2008，修改

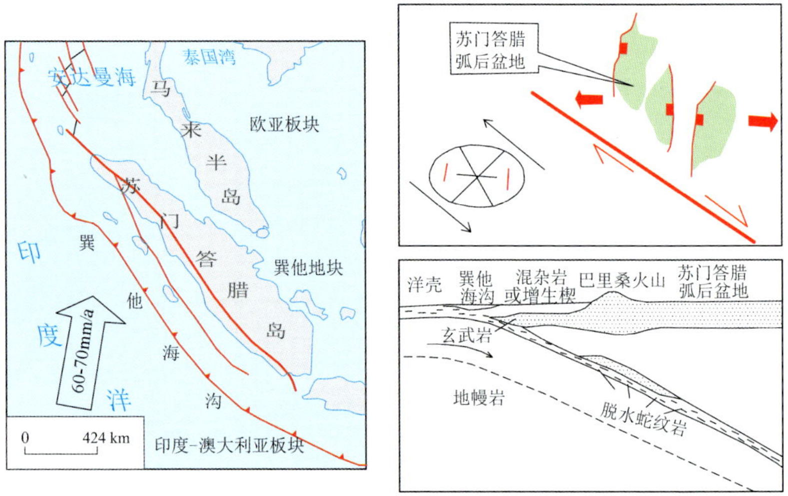

苏门答腊—爪哇岛弧系作用及弧后裂谷盆地形成示意图

（据Doust H, & Noble R A, 2008）

苏门答腊—爪哇岛弧主带盆地群是印度—澳大利亚板块向欧亚板块俯冲形成的弧后裂谷盆地，前期裂谷发育，后期以挤压作用为主。其构造演化具有相似性，可分为3个阶段：始新世—渐新世同生裂谷早期、晚渐新世末—中中新世同生裂谷晚期（坳陷期）和晚中新世至今的盆地挤压反转期。同生裂谷早期主要受澳大利亚板块向北俯冲的影响而发生弧后伸张作用，为弧后盆地的孕育期，并形成一系列近S—N向的地垒/地堑，不同盆地的地堑沉积充填序列存在一定的差异，早—中始新世海水难以入侵到中苏门答腊、南苏门答腊等弧后盆地，以湖相沉积和凝灰岩沉积为主。晚始新世—早渐新世，印度板块重组又一次减缓了汇聚速度，并且沿着巽他岛弧产生第二次扩张期，并最终导致在大多数盆地沉积了冲积扇、三角洲和海相沉积层序。同生裂谷期晚期（坳陷期）为盆地繁盛期，与澳大利亚板块和欧亚板块间的应力松弛和再次俯冲有关，弧后裂谷期结束，开始同生裂谷后期热沉降，并发生大规模海侵，沉积了海相碎屑岩和碳酸盐岩。晚中新世以来盆地挤压反转期，与印度—澳大利亚板块、太平洋板块强烈向欧亚板块俯冲的碰撞有关，从中中新世末期开始发生挤压运动，到上新世—更新世挤压运动达到高潮，形成右旋扭压的断裂系统，巴里桑山脉开始隆起盆地抬升，形成了NW—SE向挤压构造。

3-1-8 岛弧西翼附带盆地群构造纲要图

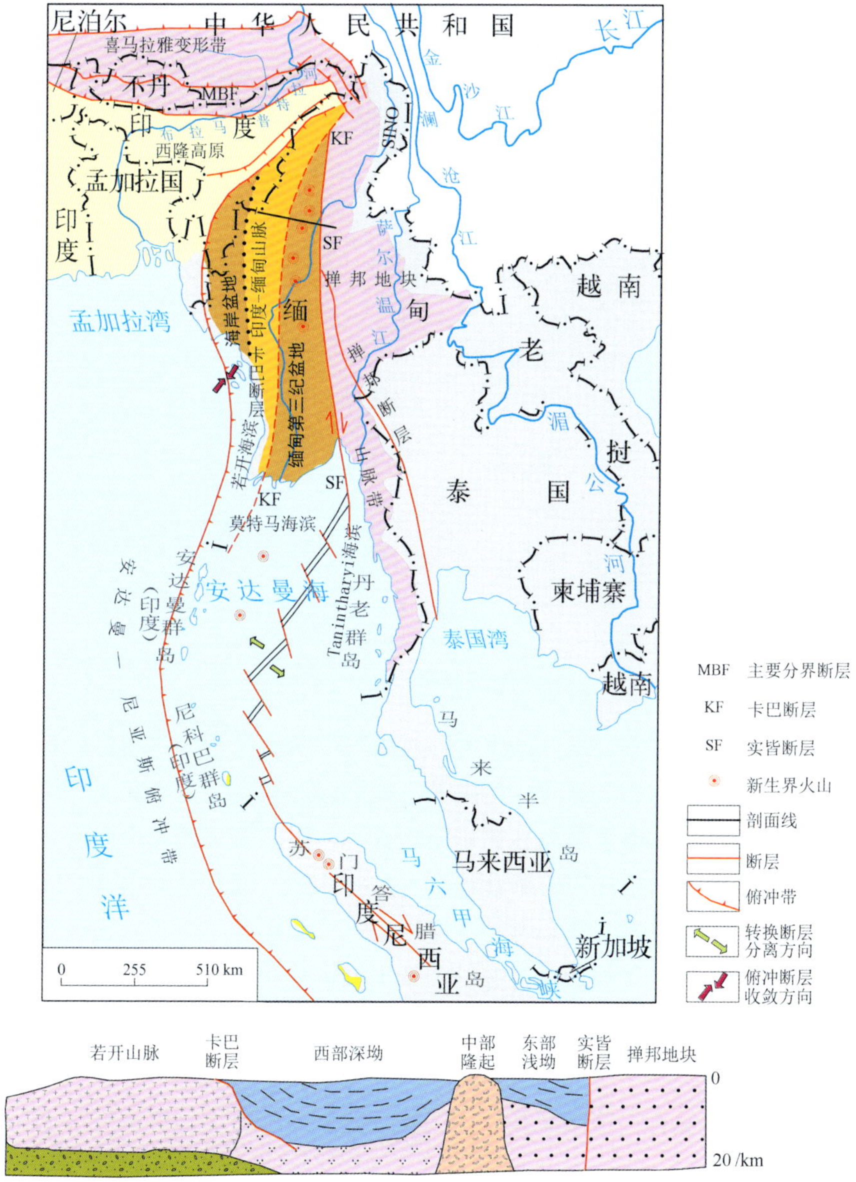

（据袁书坤，2015）

岛弧西翼附带除安达曼海盆地外，其余盆地均为中生代—新生代叠合盆地。在构造上，缅甸钦敦盆地、缅中盆地和马达班盆地介于西部印缅山脉（若开山脉）与东部掸邦高原之间，西部和东部分别被卡巴逆冲断层和实皆走滑断层所控制，这些盆地群具有典型南北分块、东西分带特征，自西向东可划分为西部深坳、中部新生代火山隆起和东部浅坳3个二级构造单元。其中，这些盆地群西部深坳是缅甸最主要的油气勘探开发区。西翼附带盆地群的形成演化过程与印度板块向北漂移并向欧亚板块的俯冲碰撞历史密切相关，随着印度板块与欧亚大陆发生软碰撞和硬碰撞及板块作用方向的变化，造成区域应力场相应的改变，进而控制着整个盆地的形成及构造演化。因此，西翼附带盆地群在形成后主要受到两期构造应力场的影响：晚白垩—古新世早期与俯冲消减和挠曲相关的张应力场，渐新世（始新世末）至今俯冲消减以后的右旋走滑应力场（钟大赉等，1996），形成南北向凹凸相间的构造格局。

与苏门答腊—爪哇岛弧主体盆地群新生代的构造演化相比可概括为"早期有异，后期趋同"，始新世之前为前裂谷基底和始新世—晚渐新世同生裂谷早期构造演化阶段，晚渐新世—中新世末与苏门答腊—爪哇岛弧主体盆地群在区域演化上统一起来，共同受到区域性沉降和抬升旋回的控制，上新世以来同样表现挤压反转作用。

总之，始新世—晚渐新世同生裂谷早期是苏门答腊—爪哇岛弧主体盆地群的孕育阶段，这一阶段的发生与澳大利亚板块向北俯冲作用密切相关。晚渐新世以来，苏门答腊—爪哇岛弧主体盆地群、岛弧西翼附带中生代—新生代叠合盆地群在构造演化出现了一致性，晚渐新世—中新世末的同生裂谷晚期（坳陷期）的海进—海退旋回与澳大利亚板块和欧亚板块间的应力松弛和再次俯冲有关，而在上新世以来发生的区域性挤压反转可能与印度板块和太平洋板块向欧亚板块的强烈俯冲密切相关，在东南亚乃至我国西部都有高度的一致性。

3-2 岛弧带盆地群油气地质特征

3-2-1 岛弧带盆地群烃源岩对比表

盆地群	盆地	盆地类型	主要烃源岩时代	有机质类型	油、气比例
岛弧西翼附带盆地群	钦敦盆地	弧前	始新世	Ⅱ、Ⅲ型	油气
	缅中盆地		始新世	Ⅱ、Ⅲ型	油气
	马达班盆地	弧后	渐新世	Ⅲ型为主	气为主
	安达曼海盆地		始新世	Ⅲ型为主	气为主
岛弧主带盆地群	北苏门答腊盆地		中新世	Ⅱ、Ⅲ型（Ⅲ型为主）	气为主
	中苏门答腊盆地		渐新世	Ⅰ、Ⅱ、Ⅲ型（Ⅰ、Ⅱ型为主）	油为主
	南苏门答腊		中新世	Ⅰ、Ⅱ、Ⅲ型（Ⅲ型为主）	凝析油、气为主
	西爪哇盆地		渐新世	Ⅰ、Ⅱ型	油为主
	东爪哇盆地		始新世	Ⅰ、Ⅱ、Ⅲ型（Ⅲ型为主）	气为主
	明打威－明古鲁盆地	弧前	中新世	Ⅰ、Ⅱ型	油为主
	米拉务盆地		中新世		
	尼亚斯盆地				
	南爪哇盆地				气为主
	帝汶盆地	增生	晚三叠—早中侏罗世	Ⅱ、Ⅲ型（Ⅲ型为主）	气为主

东南亚岛弧带盆地群的烃源岩沉积相类型多样，基本上涵盖了海相、海陆过渡相和陆相的所有类型，其中海陆过渡相烃源岩是东南亚岛弧带新生代沉积盆地的主要烃源岩，其次为湖相和海相烃源岩。岛弧主带同生裂谷早期地垒/地堑发育的盆地，地堑中的湖相、海陆过渡相泥岩是一套主要的烃源岩，不同盆地沉积充填特点不同，很大程度上决定了盆地的资源潜力差异。在构造上，这些盆地发育与岛弧带演化具有一定的相关性，烃源岩沉积体系的发育存有差异。同生裂谷早期地堑中的湖相泥岩相对发育的盆地，烃源岩生烃潜力大，如中苏门答腊盆地和西爪哇盆地，油气资源丰富。同生裂谷晚期（坳陷期）的海侵阶段，发育另一套重要的烃源岩。地堑中的湖相泥岩不发育，以海陆过渡相和海相的泥岩为主，如南苏门答腊盆地、东爪哇盆地、北苏门答腊盆地和马达班盆地，烃源岩生烃潜力较大，油气相对丰富，以气为主。岛弧主带盆地资源潜力从大到小依次为中苏门答腊盆地、西爪哇盆地、南苏门答腊盆地、东爪哇盆地和北苏门答腊盆地。西翼附带盆地群烃源岩发育于始新世，对应于岛弧主带盆地的同生裂谷早期和同生裂谷晚期烃源岩。

总体上，岛弧带整体发育新生代烃源岩，始新世和中新世的古气候环境有利于烃源岩的发育，这两套烃源岩的发育程度，与具体的沉积环境密切相关。

3-2-2 岛弧主带弧后盆地群主要烃源岩对比图

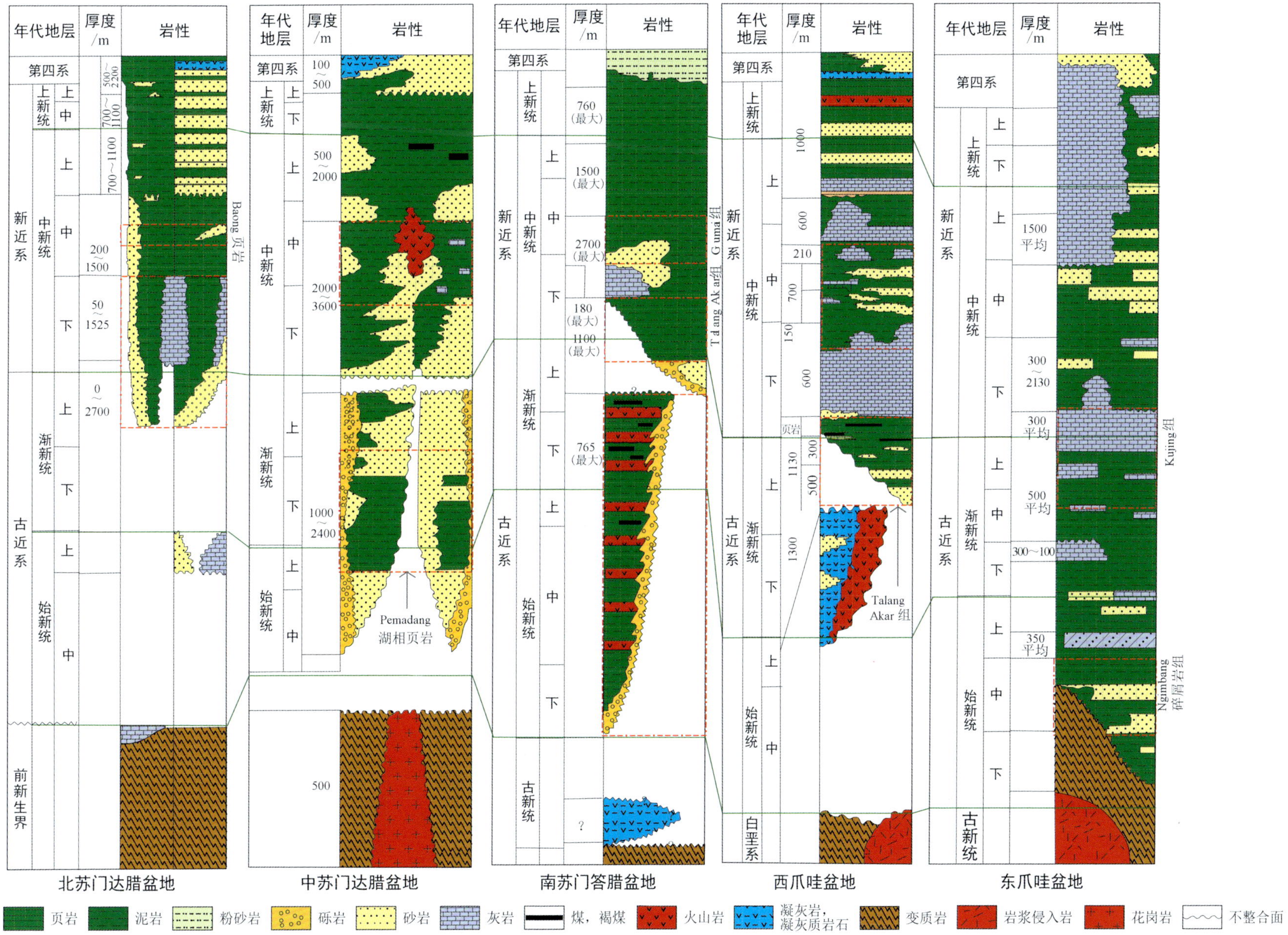

3-2-3 岛弧西翼附带弧前–弧后盆地群主要烃源岩对比图

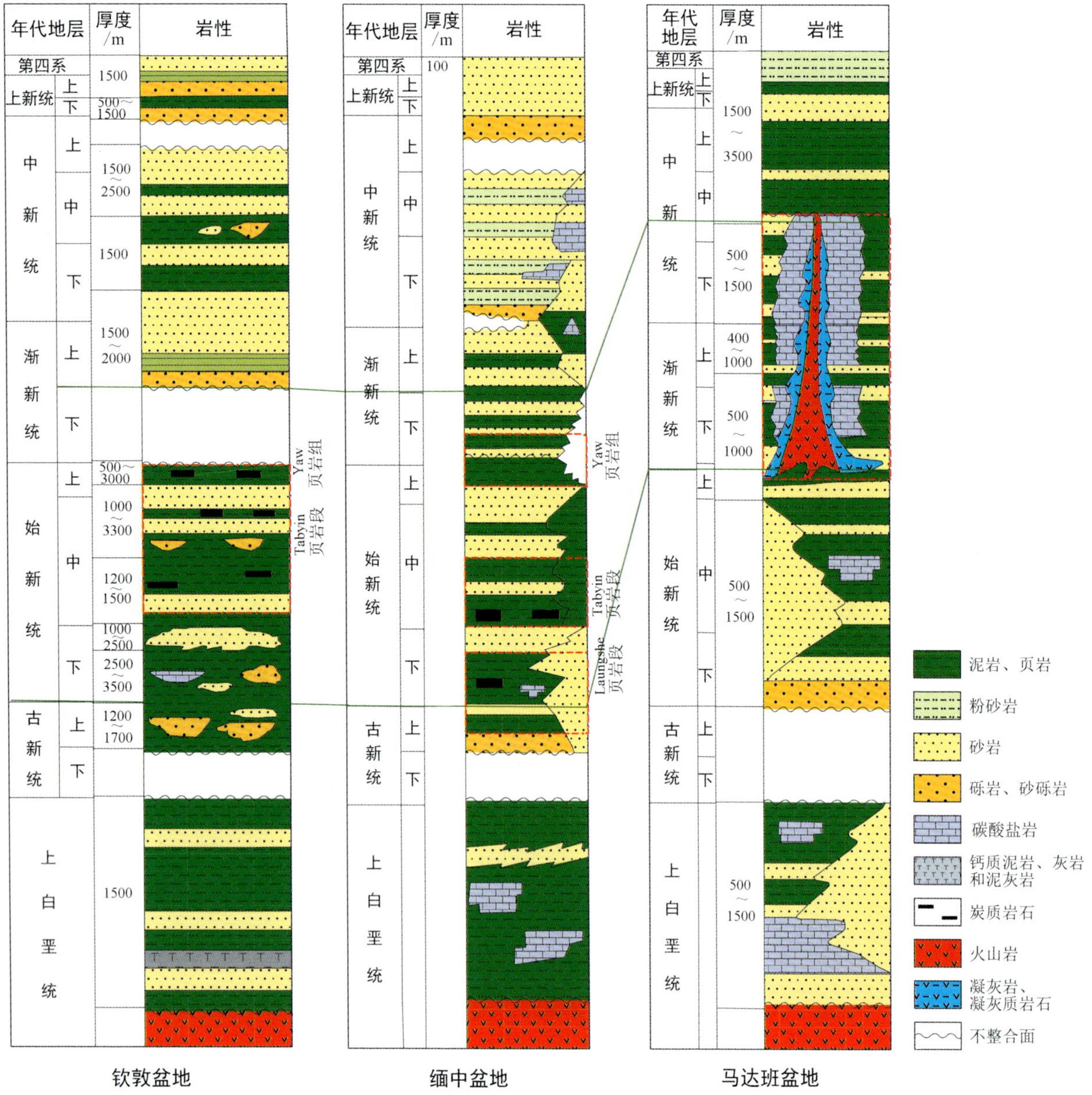

3-2-4 岛弧带盆地群主力烃源层系及其有机质类型分布图

中新统　渐新统　始新统　上三叠-下中侏罗统　无资料盆地

1. 缅中盆地　2. 马达班盆地　3. 安达曼海盆地　4. 北苏门答腊盆地　5. 中苏门答腊盆地　6. 南苏门答腊盆地　7. 西爪哇盆地　8. 东爪哇盆地　9. 波尼盆地　10. 米拉务盆地　11. 尼亚斯盆地　12. 明打威-明古鲁盆地　13. 南爪哇盆地　14. 萨武盆地　15. 帝汶盆地

岛弧带盆地群主力烃源岩分布图

Ⅰ-Ⅱ型　无资料盆地　Ⅱ-Ⅲ型　Ⅲ型

1. 缅中盆地　2. 马达班盆地　3. 安达曼海盆地　4. 北苏门答腊盆地　5. 中苏门答腊盆地　6. 南苏门答腊盆地　7. 西爪哇盆地　8. 东爪哇盆地　9. 波尼盆地　10. 米拉务盆地　11. 尼亚斯盆地　12. 明打威-明古鲁盆地　13. 南爪哇盆地　14. 萨武盆地　15. 帝汶盆地

岛弧带盆地群主力烃源岩有机质类型分布图

通过岛弧带各盆地烃源岩沉积时代对比，沉积演化控制了烃源岩垂向分布，构造演化控制不同类型的生储盖组合。岛弧主带弧后盆地群烃源岩以中新统和渐新统为主，岛弧主带弧前盆地群烃源岩以中新统为主，岛弧西翼附带盆地群烃源岩以始新统和渐新统为主。

岛弧主带弧后盆地群有机质类型主要为Ⅲ型干酪根，生气为主。但是中苏门答腊盆地和西爪哇盆地主要为Ⅰ—Ⅱ型干酪根，生油或油气为主。岛弧主带弧前盆地群资料较少，明打威–明古鲁盆地主要为Ⅰ型干酪根，生油为主。岛弧西翼附带盆地群有机质类型主要为Ⅱ—Ⅲ型干酪根，生气为主。

3-2-5 岛弧主带弧后盆地群主要储层对比图

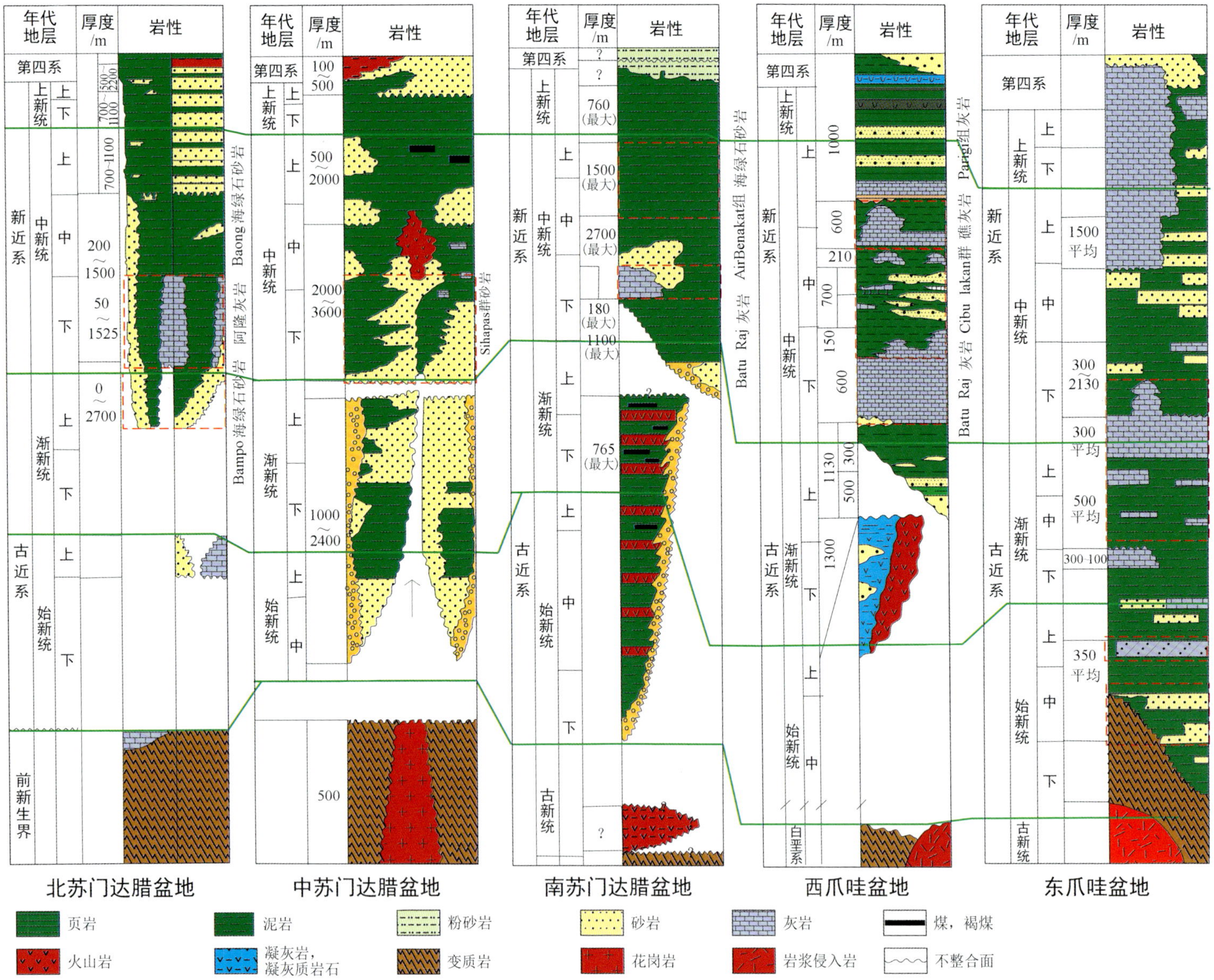

岛弧主带盆地群同生裂谷期储层包括早期与晚期两套。早期储层为始新统陆相湖泊、冲积扇以及河流沉积体系，主要发育于中苏门答腊盆地和南苏门答腊盆地。晚期储层为始新世晚期到渐新世，中苏门答腊盆地和南苏门答腊盆地主要发育退积三角洲及少量的湖相砂岩储层，这套以砂岩为主的储层是苏门答腊盆地丰富的产油气层。后裂谷期储层包括早期的海相碳酸盐岩储层与海陆过渡相砂岩储层，以及晚期的河流—三角洲砂岩储层（陈龙博等，2015）。后裂谷早期的储层中，礁滩相灰岩广泛发育，是北苏门答腊盆地最大的气田—阿朱那气田的产层，海陆过渡相砂岩是中苏门答腊盆地多个世界级大油田，如著名的米纳斯油田和杜里油田的产层。

3-2-6 岛弧西翼附带弧前–弧后盆地群主要储层对比图

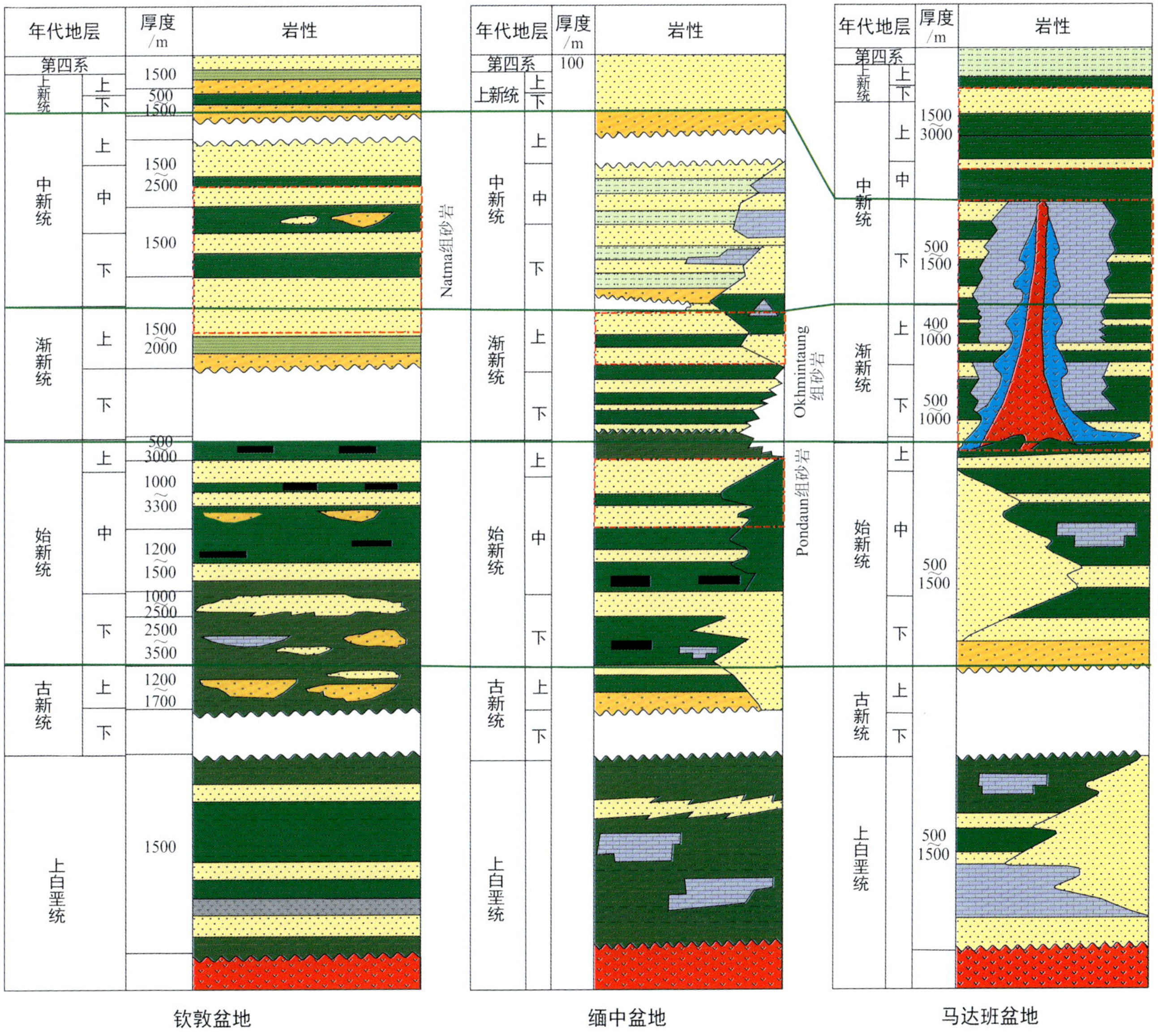

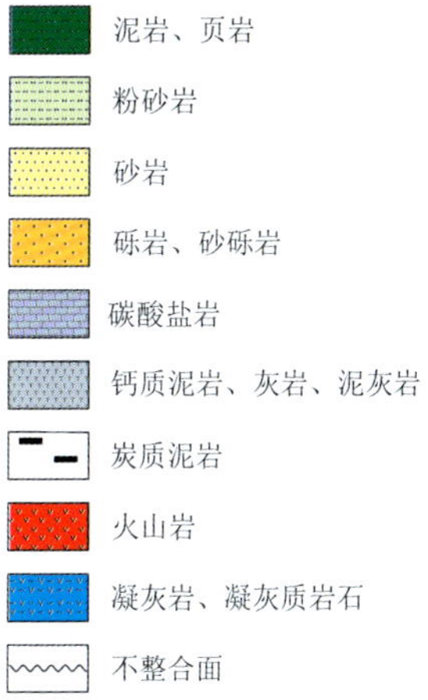

后裂谷早期的储层中，礁滩相灰岩发育较广，是北苏门答腊盆地最大的气田—阿朱那（Arun）气田（可采储量达3 879.429 × 10^8 m^3）的产层。后裂谷早期的海陆过渡相砂岩亦是优良储层，中苏门答腊盆地多个世界级大油田，如著名的米纳斯（Minas）油田（油气可采储量7.07 × 10^8 t）和杜里（Duri）油田（油气可采储量3.95 × 10^8 t）产生Sihapas群。

岛弧西翼附带盆地群储层以始新统—中新统的砂岩为主，局部发育灰岩储层。

3-2-7 岛弧带盆地群中新统沉积相和含礁灰岩盆地分布图

岛弧带盆地群中新统下段沉积相图　　岛弧带盆地群中新统上段沉积相图　　岛弧带盆地群中新统中段沉积相图

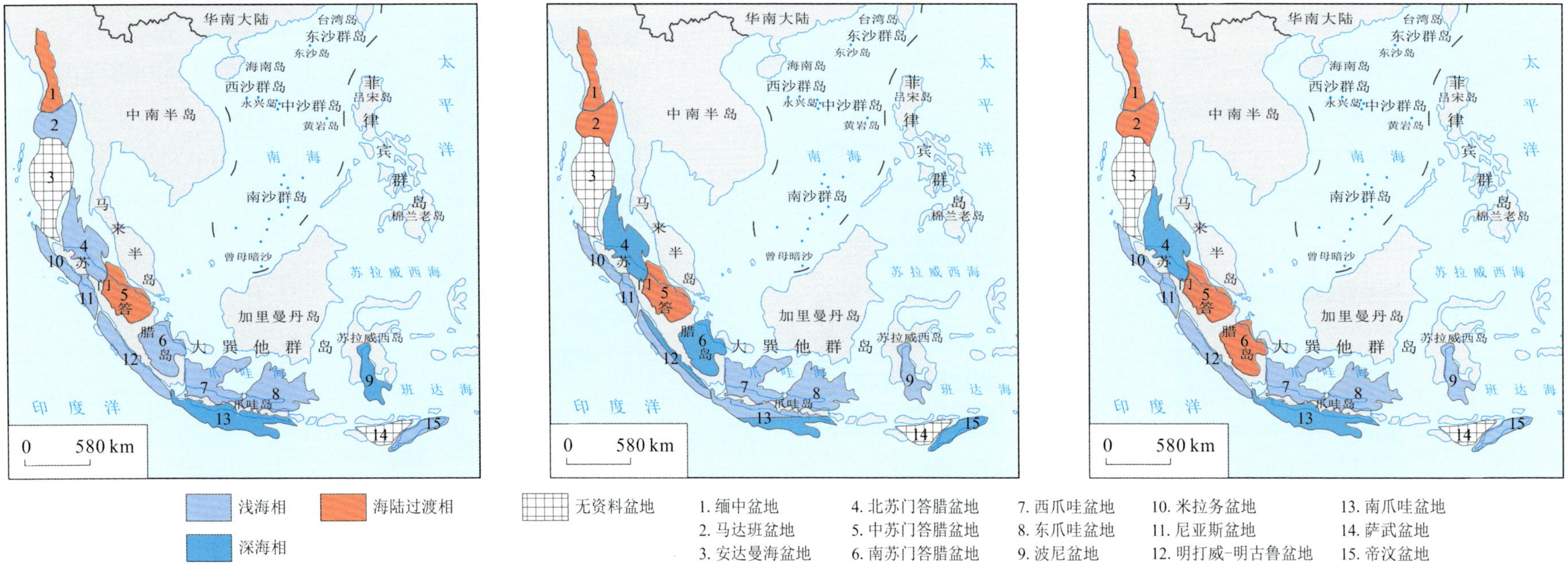

岛弧带盆地群中新统下段含礁灰岩盆地分布图

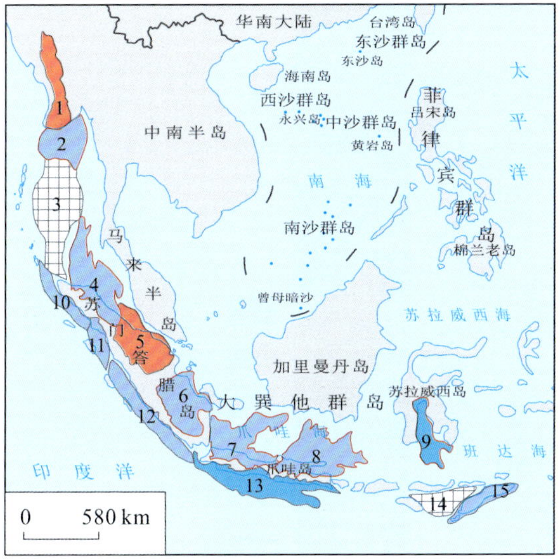

岛弧带盆地群中新统中段沉积相图

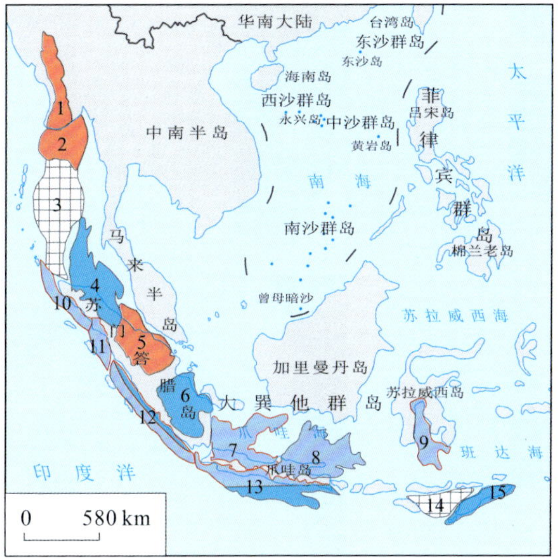

岛弧带盆地群中新统上段含礁灰岩盆地分布图

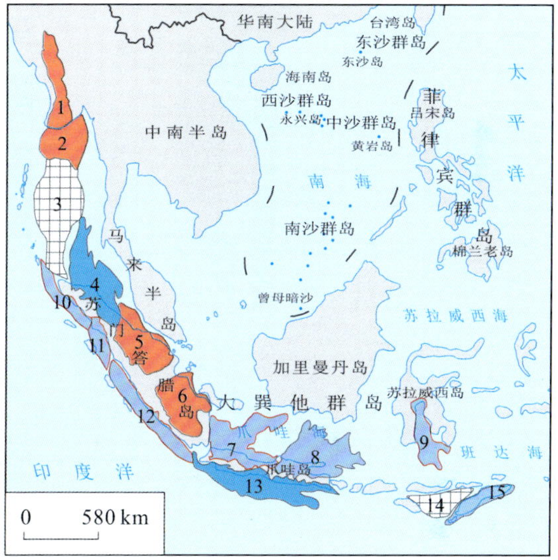

浅海相　海陆过渡相　无资料盆地

深海相　礁灰岩发育的盆地

1. 缅中盆地　2. 马达班盆地　3. 安达曼海盆地　4. 北苏门答腊盆地　5. 中苏门答腊盆地　6. 南苏门答腊盆地　7. 西爪哇盆地　8. 东爪哇盆地　9. 波尼盆地　10. 米拉务盆地　11. 尼亚斯盆地　12. 明打威-明古鲁盆地　13. 南爪哇盆地　14. 萨武盆地　15. 帝汶盆地

东南亚岛弧带后裂谷期广泛发育一套中新统礁灰岩，几乎分布在所有盆地中。礁灰岩不仅储集物性良好，具有高的孔隙度（平均20%～30%）和渗透率（平均50～100 mD），可以作为高质量的储层，而且礁及其礁复合体发育良好的生储盖组合，极易形成有效圈闭而成藏，在北苏门答腊盆地、西爪哇盆地、南苏门答腊盆地、马达班盆地，已经取得了很好的勘探开发效果，发现了大型礁灰岩油气田，在油气勘探中具有重要地位，礁灰岩油气田储量占比约40%。而在弧前盆地虽然油气勘探仍不成熟，资料较少，但是仅有的几口探井发现了天然气，生产测试结果以及同期地层对比同样显示这些礁灰岩具有良好的物性，可以作为潜在储层。

3-2-8岛弧主带弧后盆地群盖层对比图

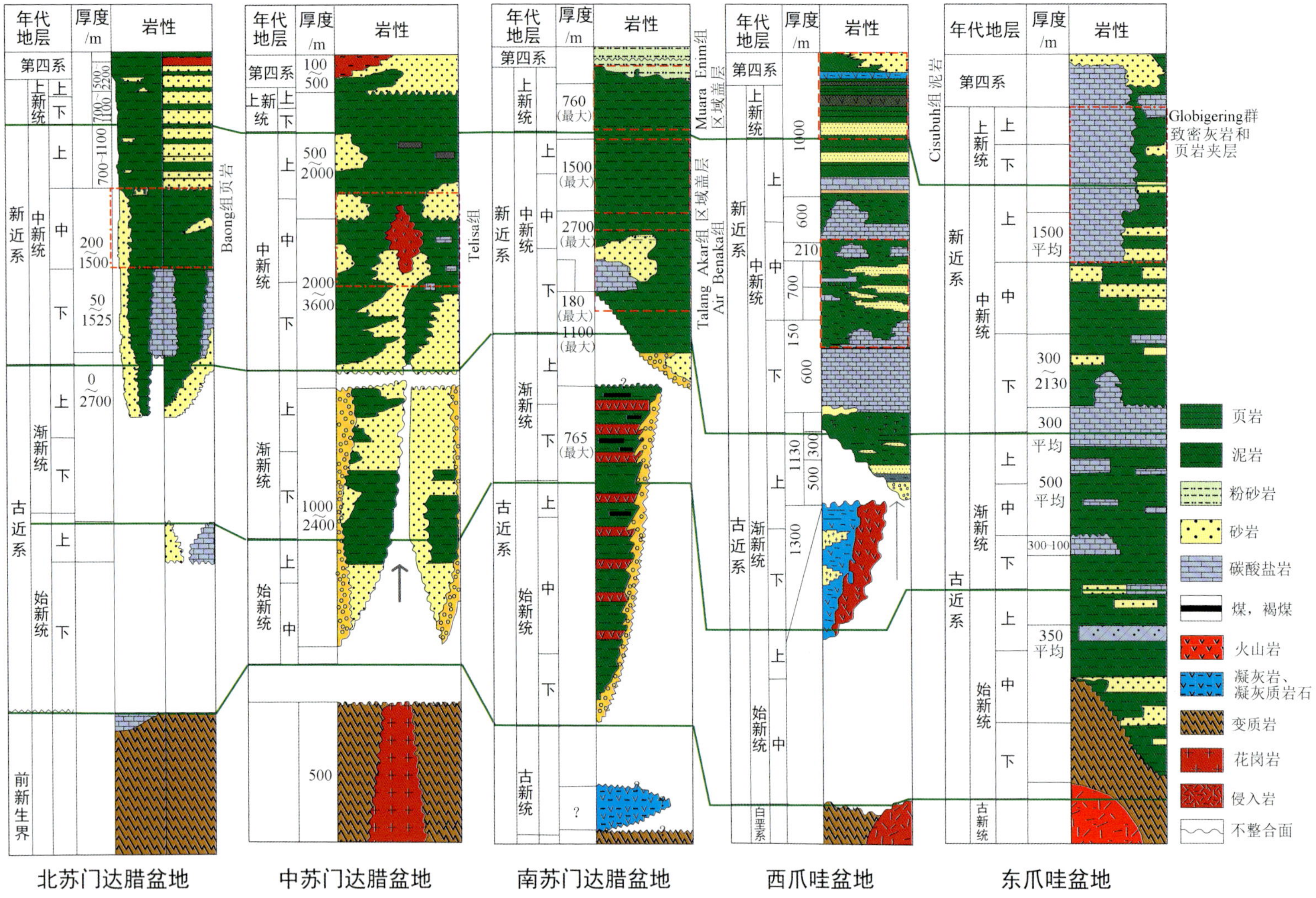

南亚岛弧带盆地群均发育多套区域盖层及层间盖层，特别是后裂谷期，盆地沉积范围变大，沉积的中新统海进/海退的泥岩/灰岩是盆地主要的区域盖层。如北苏门答腊盆地既发育有Baong 组页岩作为区域盖层，也发育有Keutapang组页岩作为层间盖层（陈龙博等，2015）。

3-2-9 岛弧西翼附带弧前–弧后盆地群盖层对比图

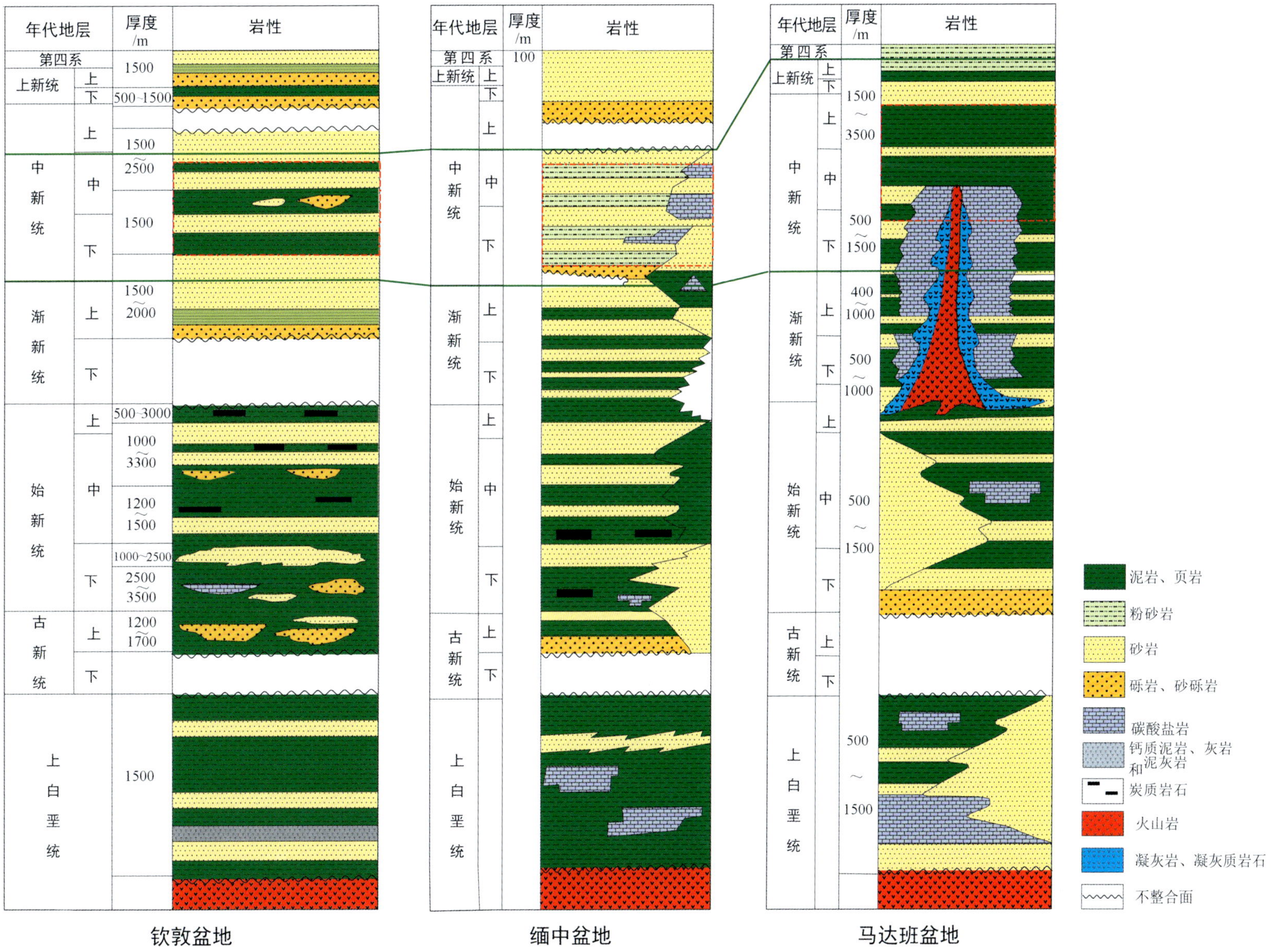

3-2-10 岛弧带盆地群成藏组合分布图

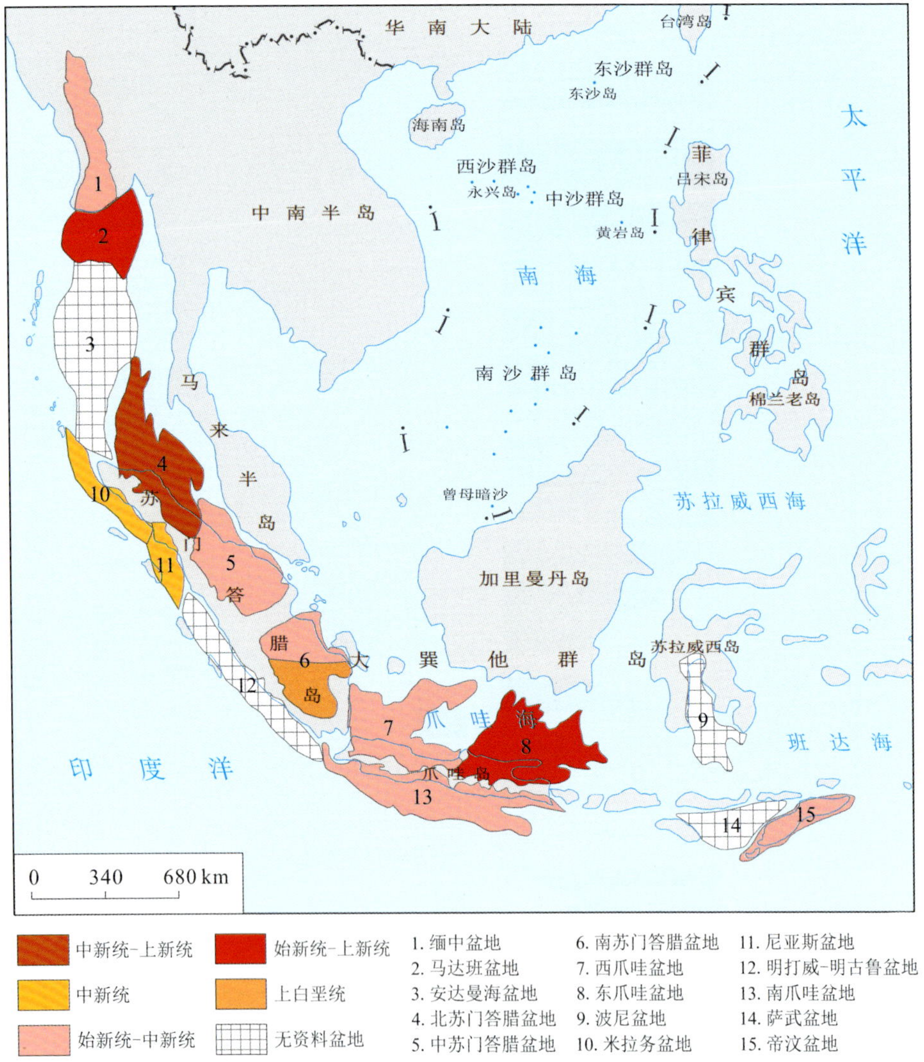

通过统计岛弧带盆地的主要成藏组合时代和储层岩性，各盆地主要发育古近系、新近系成藏组合，以砂岩储层、礁灰岩储层为主，以中新统成藏组合分布最广、最重要。

岛弧主带盆地群的储层主要形成于晚渐新世—中新世。其中，中苏门答腊盆地主要为砂岩储层，北苏门答腊盆地和南苏门答腊盆地以砂岩储层为主，兼有礁灰岩储层，南苏门答腊盆地还发育前新生代基岩储层。西爪哇盆地和东爪哇盆地以礁灰岩储层为主，此外，西爪哇盆地还发育火山岩储层，东爪哇盆地也见到始新统的砂岩储层。南爪哇盆地发育有砂岩、礁灰岩储层，米拉务盆地主要为礁灰岩储层，尼亚斯盆地、明打威—明古鲁盆地虽然尚没有被证实的储层，但是存在潜在礁灰岩储层。岛弧西翼附带盆地群，其储层主要形成于始新世—中新世，以砂岩为主，马达班盆地局部可见灰岩储层。

据IHS Markit 2023年数据统计，北苏门答腊盆地天然气和石油可采储量油气比为1∶7；中苏门答腊盆地石油可采储量约为天然气可采储量的20倍，呈现以油为主、气为辅的分布特征；南苏门答腊盆地天然气资源略多于石油。岛弧主带盆地群裂谷期的差异沉积演化影响主力烃源岩的发育以及地壳浅部岩浆作用引起的热流控制着有机质的热演化，使得苏门答腊盆地群形成现今油气类型和资源量分布不均一的格局（周增园等，2024）。

岛弧带盆地群主要成藏组合、储层岩性表

盆地名称	主要成藏组合	储层岩性
钦敦盆地	渐新统—中新统构造成藏组合 上古新统—始新统构造成藏组合	砂岩
缅中盆地	下—中中新统成藏组合 渐新统—中中新统成藏组合	砂岩
马达班盆地	渐新统—中中新统碳酸盐岩成藏组合 中中新统—上新统构造成藏组合	砂岩、碳酸盐岩
北苏门答腊盆地	上中新统—下上新统后巴翁组成藏组合 中新统碳酸盐岩成藏组合 中中新统巴翁组碎屑岩成藏组合	砂岩、礁灰岩
中苏门答腊盆地	上中新统佩塔尼群成藏组合 下中新统锡哈佩斯群成藏组合 上始新统—下渐新统佩马丹群成藏组合	砂岩
南苏门答腊盆地	上渐新统—下中新统塔郎阿卡尔组成藏组合 上白垩统—前新生界基底成藏组合 下中新统巴都拉惹组成藏组合	砂岩、礁灰岩
巽他海峡盆地		礁灰岩（潜在）
西爪哇盆地	上渐新统—下中新统下西布拉坎群成藏组合	礁灰岩、砂岩
东爪哇盆地	中渐新统—下中新统 Kujung 组成藏组合 上中新统—上上新统 Globigerina 群成藏组合 下—中中新统 Orbitoid Kalk 群成藏组合	礁灰岩、砂岩
明打威 – 明古鲁盆地		礁灰岩（潜在）
米拉务盆地	中新统碳酸盐岩成藏组合	礁灰岩
尼亚斯盆地	上中新统碳酸盐岩成藏组合	礁灰岩（潜在）
南爪哇盆地	上渐新统—下中新统塔郎阿卡尔组成藏组合 下中新统巴都拉惹组成藏组合	砂岩、礁灰岩
帝汶盆地	上始新统—下渐新统 Dartollu 组成藏组合	砂岩、碳酸盐岩

3-2-11 岛弧主带弧后盆地群不同地层发现的最终可采储量比

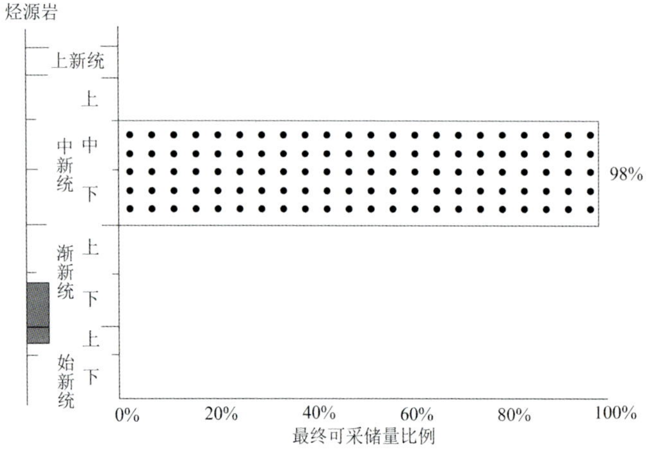

a. 中苏门答腊盆地

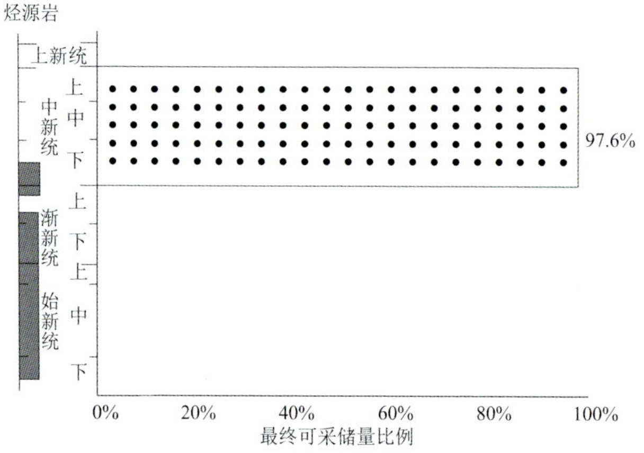

b. 南苏门答腊盆地

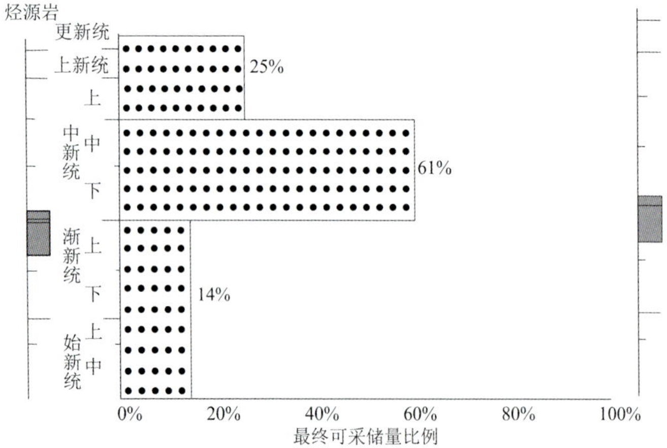

c. 西爪哇盆地

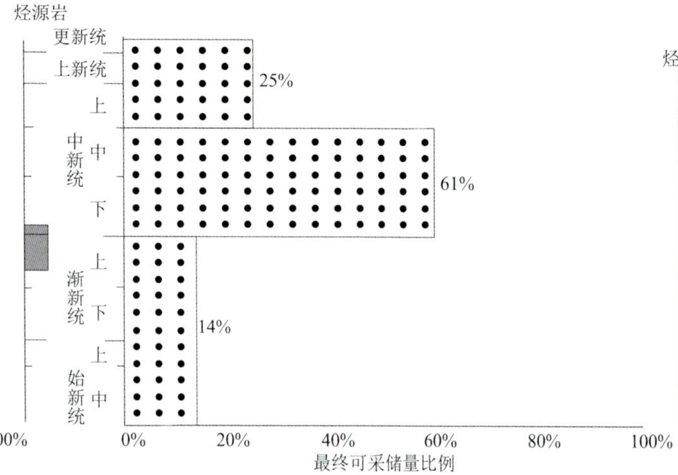

d. 北苏门答腊盆地

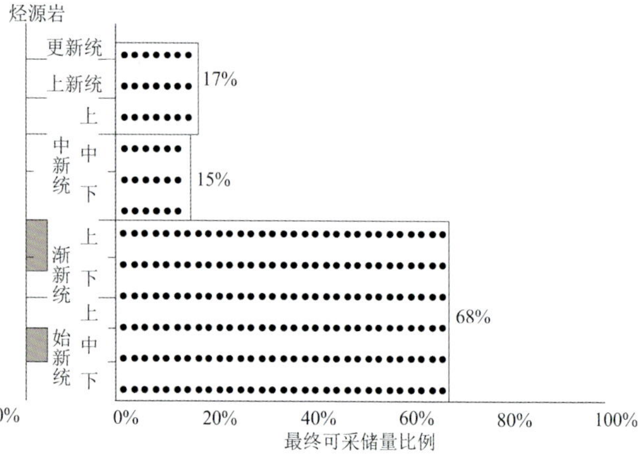

e. 东爪哇盆地

注：灰色阴影代表烃源岩地层；长方形填充黑色圆圈代表可采储量在储层中所占比例

3-2-12 岛弧主带弧后盆地群不同圈闭类型发现的最终可采储量比

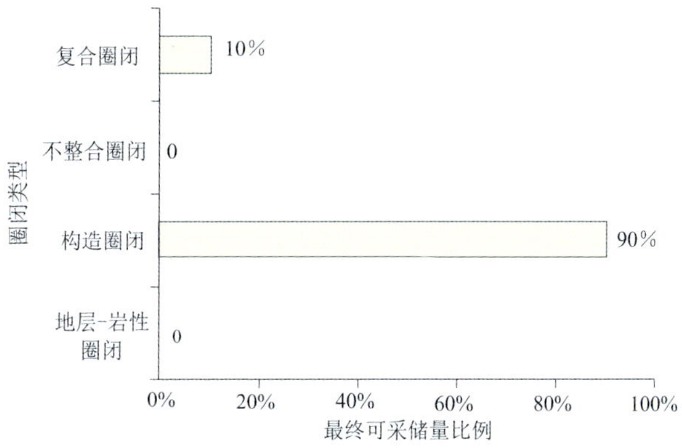

a. 中苏门答腊盆地

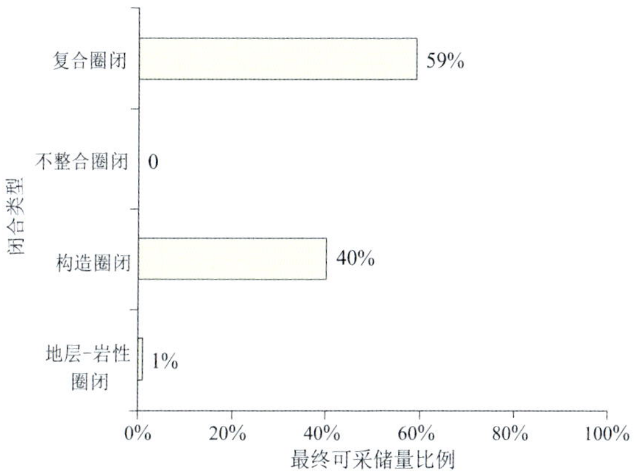

b. 南苏门答腊盆地

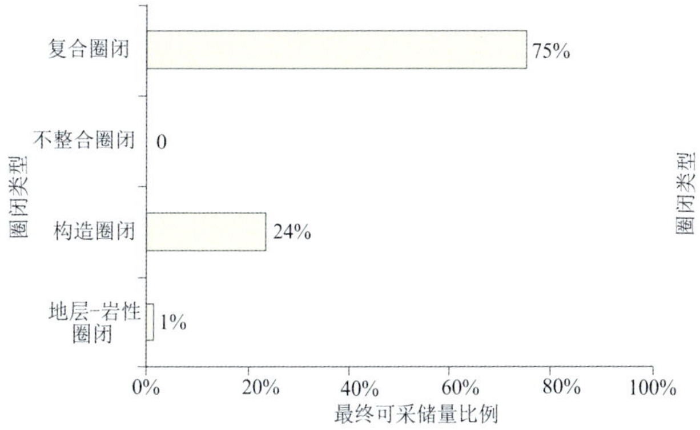

c. 西爪哇盆地

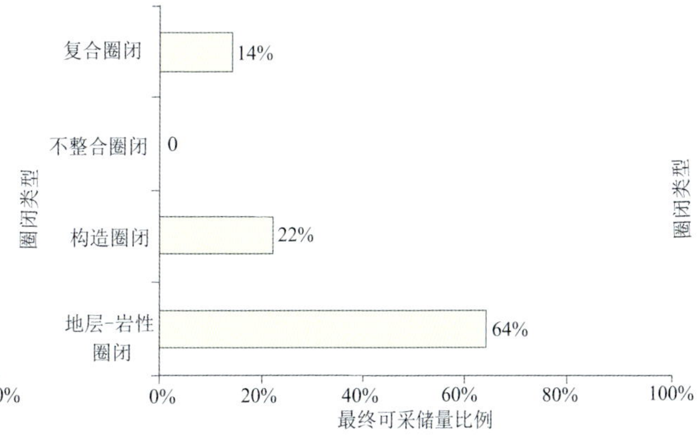

d. 北苏门答腊盆地

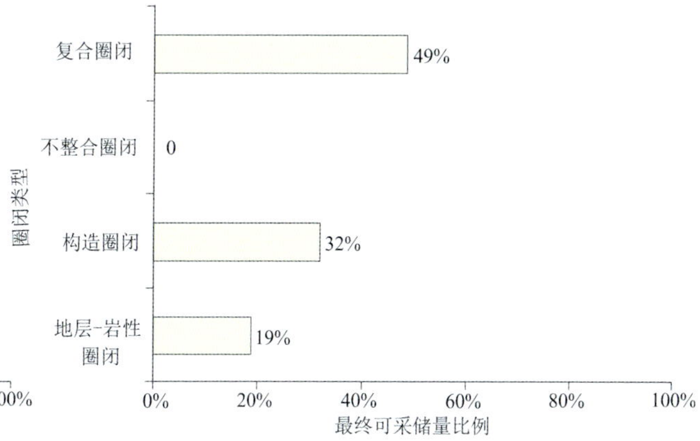

e. 东爪哇盆地

参 考 文 献

车自成，刘良，罗金海，2002.中国及其邻区区域大地构造学[M].北京：科学出版社.

陈建宏，栾锡武，魏新元，等，2022.安达曼海丹老盆地油气地质特征及勘探潜力分析[J].科学技术与工程，22(13)：5154-5162.

陈龙博，何登发，2015.苏门答腊弧后盆地带裂谷作用对油气成藏组合的控制[J].海相油气地质，20(2)：8-14.

陈榕，贺敬博，2018.印度尼西亚富有机质页岩分布情况与页岩气资源潜力[J].中国矿业，27(增刊1)：164-168.

董国栋，张琴，朱筱敏，等，2013.中苏门答腊盆地新生代沉积演化及其油气意义[J]. 重庆科技学院学报(自然科学版)，15(3)：5-8.

龚再升，李思田，谢泰俊，等，1997.南海北部大陆边缘盆地分析与油气聚集[M].北京：科学出版社.

龚建明译，1996.越南即将对外招标其主要油气发现区附近的区块[J].海洋地质，(1)：6-78.

黄汲清，陈炳蔚，1987.中国及邻区特提斯海的演化[M].北京：地质出版社.

洪国良，薛良清，孔丽萍，等，2007.印尼SP区块层序地层研究与勘探目标评价[J]. 中国石油勘探，(3)：72-76.

黄众，胡孝林，杨松岭，等，2017.中苏门答腊盆地基底油气藏主控因素及勘探潜力分析[J].科学技术与工程，17(32)：81-86.

康安，杨磊，2010.中国近海及东南亚地区古近纪断陷盆地湖相烃源岩及油气藏分布[J].新疆石油地质，31(4)：337-340.

谯汉生，于兴河，2004.裂谷盆地石油地质[M].北京：石油工业出版社.

金庆焕，1989.南海地质与油气资源[M].北京：地质出版社.

李国玉，唐养吾，1997.世界油田图集[M].北京：石油工业出版社.

李国玉，金之钧，等，2005.世界含油气盆地图集[M].北京：石油工业出版社.

刘世翔，赵志刚，谢晓军，等，2018.文莱—沙巴盆地油气地质特征及勘探前景[J].科学技术与工程，18(4)：29-34.

刘振湖，2003.南沙海域沉积盆地与油气地质条件[C]//中国地址调查局，广州海洋地质调查局.南海地质研究.北京：地质出版社：35-45

鲁银涛，杨涛涛，许小勇，2022.印度尼西亚库泰盆地下中新统混积序列特征研究[J].海洋地质与第四纪地质，42(2)：158-166.

鲁银涛，栾锡武，史卜庆，等，2017.加里曼丹岛库泰盆地Naga Utara-1井下中新统油、气样品特征分析[J].地质学报，91(4)：928-941.

鲁银涛，栾锡武，史卜庆，等，2019.加里曼丹岛库泰盆地海相成藏组合特征及油气富集区分带性分析[J].海洋科学，43(1)：38-49.

毛治国，樊太亮，王宏语，等，2009.层序地层格架下岩性-地层油气藏成藏与分布——以南苏门答腊盆地北部为例[J].石油勘探与开发，36(1)：120-127.

潘继平，金之均，2004.中国油气资源潜力及勘探战略[J].石油学报，25(2)：1-6.

潘继平，李春荣，等译，Paul Mann，Lisa Gahagan.2005.世界大油气田形成的区域构造背景[J].石油地质科技动态，(4)：1-85.

裴宗诚，刘励，黄仙英，等，1996.巽他含油气区[M].北京：石油工业出版社.

史卜庆，徐宁，鲁银涛，等，2015.印尼库泰盆地新成藏组合的发现及其石油地质意义[C]//童晓光.跨国油气勘探开发研究论文集.北京:石油工业出版社:118-127.

童晓光，2009.论成藏组合在勘探评价中的意义[J].西南石油大学学报，31(6)：1-8.

童晓光，关增森，等，2005.世界石油勘探开发图集[M].北京：石油工业出版社.

王越，姚永坚，潘继平，等，2020.东南亚地区油气地质综合研究与区域优选[M].北京：石油工业出版社.

魏新元，栾锡武，冉伟民，等，2021.东帝汶海槽断裂特征与构造演化模式[J].地质通报，40(2~3)：364-375.

吴进民，1997.南沙海域万安、曾母盆地的区域构造[J].海洋地质(4)：1-15.

许凡，康永尚，李水静，等，2010.中苏门答腊盆地油气成藏分析与勘探潜力预测[J].特种油气藏，17(1)：41-48.

杨登维，周庆凡，郭宝申，等，2009.油气资源地质风险分析与管理[M].北京：石油工业出版社.

杨楚鹏，姚永坚，李学杰，等，2011.万安盆地新生代层序地层格架与岩性地层圈闭[J].地球科学-中国地质大学学报，36(5)：845-852.

杨福忠，罗良，贾东，等，2011.印尼东爪哇盆地新生代构造演化[J].高校地质学报，7(2)：240-248.

杨磊，2011.中苏门答腊盆地石油地质特征与油气勘探潜力[J]. 新疆石油地质，32(3)：329-331.

杨木壮，吴进民，杨锐，等，1996.南沙海域西南部地层划分及命名[J].南海地质研究，(8)：37-47.

杨木壮，王明君，梁金强，等，2003.南海万安盆地构造沉降及其油气成藏控制作用[J].海洋地质与第四纪地质，23(2)：85-88.

姚伯初，刘振湖，2006.南沙海域沉积盆地及油气资源分布[J].中国海上油气，18(3)：150-160.

姚永坚，姜玉坤，曾祥辉，2002.南沙海域新生代构造运动特征[J].中国海上油气（地质），16(2)：113-124.

姚永坚，吕彩丽，王利杰，等，2018.南沙海域万安盆地构造演化与成因机制[J].海洋学报，40(5)：62-74.

姚永坚，吴能友，夏斌，等，2008.南海南部海域南薇西盆地油气地质特征[J].中国地质，35(3)：503-513.

姚永坚，夏斌，徐行，2005.南海南部海域主要沉积盆地构造演化特征[C]//中国地址调查局，广州海洋地质调查局.南海地质研究.北京：地质出版社：1-11.

姚永坚，杨楚鹏，李学杰，等，2013.南海南部海域中中新世（T3界面）构造变革界面地震反射特征及构造含义[J].地球物理学报，56(4)：1274-1285.

叶德燎，王骏，刘兰兰，等，2004.东南亚与南亚油气资源及其评价[M].北京：石油工业出版社.

叶德燎，2005.东南亚石油资源与勘探潜力[J].中国石油勘探，10(1)：55-64.

袁书坤，缅甸伊洛瓦底盆地构造演化及层序地层学研究[D/OL].北京：中国地质大学.

袁浩，张廷山，王海峰，等，2012.南苏门答腊盆地M区块古近系烃源岩特征及评价[J].天然气地球科学，234(4)：646-653.

张功成，李友川，谢晓军，等，2016. 南海边缘海构造旋回控制深水区烃源岩有序分布[J].中国海上油气，28(2)：23-36.

张功成，梁建设，徐建永，等，2013. 中国近海潜在富烃凹陷评价方法与烃源岩识别[J].中国海上油气，25(1)：13-20.

张功成，米立军，屈红军，等，2013. 中国海域深水区油气地质[J]. 石油学报，34(S2)：1-4.

张功成，屈红军，刘世翔，等，2015. 边缘海构造旋回控制南海深水区油气成藏[J]. 石油学报，05：533-545.

张厚和，廖宗宝，王登，2016. 文莱—沙巴盆地北内带构造区中中新统烃源岩地球化学特征及生烃史[J]. 长江大学学报(自然科学版)，13(14)：9-15.

张厚和，赫栓柱，刘鹏，等，2017. 万安盆地油气地质特征及其资源潜力新认识[J]. 石油实验地质，39(5)：625-632.

张强，吕福亮，毛超林，等，2012. 印度尼西亚库泰盆地油气地质特征及勘探方向[J]. 海相油气地质，17(4)：8-15.

张琴，朱筱敏，董国，等，2013. 南苏门答腊盆地构造演化对沉积演化及成藏条件的控制[J]. 油气地质与采收率，20(1)：16-19.

郑涛，王登，周世卿，等，2014. 文莱—沙巴盆地文莱区西南缘中—上中新统烃源岩地球化学特征[J]. 石油天然气学报（江汉石油学院学报），36(5)：20-24.

周增园，朱伟林，彭文绪，等，2024. 苏门答腊弧后盆地特征及其油气勘探进展[J]. 地球科学进展，39(3)：232-246.

朱伟林，2012. 南亚—东南亚含油气盆地[M]. 北京：科学出版社：16-21.

朱伟林，张功成，钟锴，等，2010. 中国南海油气资源前景[J]. 中国工程科学, 12(5)：46-50.

祝厚勤，洪国良，白振华，2022. 苏门答腊盆地地质特征与油气勘探潜力[J]. 中国石油勘探，27(2)：119-130.

赵志刚，刘世翔，谢晓军，等，2016. 万安盆地油气地质特征及成藏条件[J]. 中国海上油气，28(4)：9-15.

郑之逊，1993. 南海南部海域第三系沉积盆地石油地质概况[J]. 国外海上油气，3：1-131.

ARTHUR S, RUI L, JOHN D, 2008. Leaves in turbidite sands: The main source of oil and gas in the deep-water Kutei Basin, Indonesia[J]. AAPG Bulletin , 92(1): 139-141.

AUDLEY—CHARLES M G, 2004. Ocean trench blocked and obliterated by Banda forearc collision with Australian proximal continental slope[J]. Tectonophysics, 389: 65-79.

BOYD J D，PEACOCK S G, 1986. Sedimentological analysis of a Miocene deltaic systems：Air Benakat and Muara Enim Formations，Central Merangin Block，South Sumatra[C]. Proceedings of Indonesian Petroleum Association 15th Annual Convention, Jakarta, 245-258.

CCOP-IOC, 1980. Studies in East Asian tectonics and resources. Issued by CCOP Project Office, Technical Support for Regional Offshore Prospecting in East Asia. 141-151.

CLOKE I R, MOSS S J, 1999. Structural controls on the evolution of the Kutai Basin, East Kalimantan. Journal of Asian Earth Sciences, 17 (1-2): 137-156.

CULLEN A B，ZECHMEISTER M S，ELMORE R D, et al, 2012. Paleomagnetism of the crocker formation，northwest Borneo: implications for late Cenozoic tectonics. Geological Society of America, 8(5):1146-1169.

DOUST H, NOBLE A R, 2008. Petroleum systems of Indonesia[J]. Marine and Petroleum Geology, 25(2): 103-129.

FRANKE D, SAVVA D, PUBELLIER M, et al, 2014. The final rifting evolution in the South China Sea[J]. Marine and Petroleum Geology, 58: 704-720.

FULLER M, ALI J R, MOSS S J, et al, 1999. Paleomagnetism of Borneo[J]. Journal of Asian Earth Sciences, 17:3-24.

HUTCHISON C S, 2010. Oroclines and paleomagnetism in Borneo and Southeast Asia[J]. Tectonophysics, 496:53-67.

IHS Markit. IHS energy：EDIN［EB/OL］.（2023-01-01）［2023-09-30］.https：//www.spglobal.com/zh/.

KEEP M, HARROWFIELD M，CROWE W, 2007. The Neogene tectonic history of the North West Shelf，Australia[J]. Exploration Geophysics, 38 (3) : 151-174.

LEE G H, LEE K, JOEL S W, 2001. Geologic evolution of the Cuu Long and Nam Con Son basins, offshore southern Vietnam, South China Sea[J]. AAPG Bulletin, 85(6):1055-1082.

MATTHEWS S J, FRASER A J, LOWE S, et al, 1997. Structure, stratigraphy and petroleum geology of the SE Nam Con Son Basin, offshore Vietnam, Petroleum Geology of Southeast Asia[M]. Geological Society special publication, 126:89-106.

MCCLAY K, DOOLEY T, FERGUSON A, et al, 2000. Tectonic evolution of the sanga Sanga block, Mahakam delta, Kalimantan, Indonesia [J]. AAPG Bulletin, 84(6): 765-786.

MOSS S J, CHAMBERS J, CLOKE I, et al, 1997. New Observations on the Sedimentary and Tectonic Evolution of the Tertiary Kutai Basin, East Kalimantan. In: Fraser, A.J., Matthews, S.J. and FRASER A J，MATTHEWS S J，MURPHY R W，1997. Petro-leum Geology of Southeast Asia. London：Geological Society，341-353.

NGUYEN T T B, TOMOCHIKA T, HOANG P S, et al. 2007, Present-day stress and pore pressure fields in the Cuu Long and Nam Con Son Basin, offshore Vietnam [J]. Marine and Petroleum Geology, 24:607-615.

PETROLIAM NASIONAL BERHAD (PETRONAS), 1999. The Petroleum Geology and Resources of Malaysia [M]. Kuala Lumpur, Malaysia.

PIGOTT J D, SATTAYARAK N, 1993. Aspects of sedimentary basin evolution assessed through tectonic subsidence analysis. Example: northern Gulf of Thailand [J]. Southeast Asian Earth Sciences, 8(1-4): 407-420.

BESEMS R E, 1993. Dinoflagellate cyst biostratigraphy of Tertiary and Quaternary deposits of offshore NW Borneo[J]. Bulletin of the Geological Society of Malaysia, 33: 65-93.

ROUBY D, NALPAS T, JERMANNAUD P, et al, 2011. Gravity driven deformation controlled by the migration of the delta front: The Plio-Pleistocene of the Eastern Niger Delta[J]. Tectonophysics, 513(1):54-67.

SAMUEL L, 1980. Relation of depth to hydrocarbon distribution in Bunyu island, NE Kalimantan[C]. 9th Annual Convention Proceedings of Indonesian Petroleum Association, 417-431.

SHAW R D, 1997. Some Implications of Eurasian and Indo-Australian Plate Collision on the Petroleum Potential of Tertiary, Intra-Cratonic Basins of Southeast Asia[C]. Proceedings of an International Conference on Petroleum Systems of SE Asia and Australasia, 63-80.

SANDAL S T, 1996. The geology and hydrocarbon resources of negara brunei Darussalam. Brunei Shell Petroleum/Brunei Museum, Syabas Bandar Seri Begawan, Brunei Darussalam, 1-243.

TRIEU C D, TUYEN N H, DUNG L V, 2005. Evolution of faulting tectonics in Southeast Asia[J]. Journal of Geodesy and Geodynamics, 25(1): 51-60

ZHONG DAQIU, DING LIN，1996 . Rising process of the Qinghai-Xizang((Tibet)Plateau and its mechanism[J].Science China（EarthSciences），4:369-379.